Curtis Stone

AF881211

Der städtische Landwirt

Gewinn mit Anbau von Nahrungsmitteln
auf gepachtetem und geliehenem Land

Sudden Inspiration Verlag

© 2021 Sudden Inspiration Verlag.

Kein Teil des Buches darf ohne schriftliche Genehmigung kopiert oder weitergegeben werden.

Erstmalig veröffentlicht von New Society Publishers Ltd., Gabriola Island, British Columbia, Kanada.

Copyright © 2016 Curtis Stone

ISBN 978-3949204005

Download für verschiedene im Text genannte Dokumente:
https://sudden-inspiration.de/der-staedtische-landwirt/

Sudden Inspiration Verlag
Hoher Str. 1
01900 Großröhrsdorf
sw@sudden-inspiration.de
https://sudden-inspiration.de

Inhaltsverzeichnis

Anerkennung für *Der städtische Landwirt*

Der städtische Landwirt ist einfach die beste Anleitung für alle, die Gemüse für den Markt anbauen wollen. Dieses Buch enthält eine Fülle praktischer Informationen über Kosten, Geschäftsplanung, die besten Anbaupflanzen, die zu bewirtschaftenden Flächen, Anbautechniken und die Entwicklung von Märkten. Curtis Stone teilt sein hart erkämpftes Wissen über die Einrichtung und den Erfolg von SPIN (Small-Plot Intensive[1]) in lebendiger, leicht verständlicher Form und mit allen Details, die man für den Anfang benötigt. Curtis sagt uns nicht nur, was funktioniert, er verrät uns auch, was bei ihm nicht funktioniert hat, und das allein ist der Preis des Buches wert. Dies ist ein umfassendes Handbuch von jemandem, der es erlebt hat, und jeder Marktbauer wird vom Lesen des Buches sehr profitieren.

Toby Hemenway, Autor von *Gaia's Garden* und *The Permaculture City*

Ich zögere nicht zu sagen, dass *Der städtische Landwirt* von Curtis Stone eines der wichtigsten und überfälligeren Bücher über die städtische Landwirtschaft ist, die jemals veröffentlicht wurden. Es ist gleichzeitig zutiefst visionär und immens praktisch, immer ein aufregendes Unterfangen. Es erlaubt uns, städtisches Land auf eine ganz andere Art und Weise zu betrachten. Wenn ich wieder 18 wäre und angesichts dieses Buches, so würde es ein Feuer in meinem Innersten entfachen und mich auf diesen Karrierepfad führen, der hochmodern, zutiefst unternehmerisch und verantwortlich ist. Das Buch verdient es, ein Bestseller zu sein.

Rob Hopkins, Gründer der *Transition-Towns* Bewegung
und Autor von *The Power of Just Doing Stuff*

Curtis Stone steht an der Spitze einer aufwühlenden Revolution. Die städtische Landwirtschaft wird das, was lokale Lebensmittel bedeuten, verändern, und ich kenne keinen anderen Landwirt, der darin so erfolgreich ist wie er. Und das Beste daran ist seine Bereitschaft, das erfolgreiche Geschäftsmodell zu teilen. Wenn du daran interessiert bist, zu lernen, wie man mit einem kleinen Budget einen Hof gewinnbringend gründen kann, dann ist Curtis Stone der richtige Mann.

Jean-Martin Fortier, Autor von *The Market Gardener*

1 Intensivlandwirtschaft auf kleinen Flächen

Curtis Stone's *Der städtische Landwirt* ist ein erstklassiger, praktischer Führer für erfolgreiche und profitable Landwirtschaft in sehr kleinem Maßstab und sollte für jeden, der glaubt, dass der Anbau von Lebensmitteln Hunderte von Hektar auf dem Land erfordert, Pflichtlektüre sein. Sehr empfehlenswert.

John Michael Greer, Autor von *Green Wizardry*

Curtis Stone hat meine drei Lieblingsdinge – Unternehmertum, Unabhängigkeit und nachhaltige Lebensmittelproduktion – kunstvoll zu einem erstaunlichen Buch zusammengefügt. Er hat dies auch auf eine Art und Weise getan, die den Einstieg für jeden erleichtert, der wirklich motiviert ist und damit keine Ausrede mehr hat, nicht loszulegen. Zu sagen, dass ich dieses Buch sehr empfehle, ist eine grobe Untertreibung. Ich halte es für eine Pflichtlektüre für jeden, der ein Unternehmen gründen will, egal in welcher Nische er landet.

Jack Spirko, *TheSurvivalPodcast.com*

Die städtische Landwirtschaft ist eine jahrtausendealte Tradition und eine Innovation, die das moderne Stadtdesign neu gestaltet. Sie ist auch eine Verlockung für eine wachsende Zahl von Idealisten, die von der Vision angezogen werden, sich wieder mit dem Land zu verbinden und gleichzeitig Teil der Lösung zu sein. Aber Achtung. Jeder, der das als Unternehmer versucht hat, weiß, dass es in der städtischen Landwirtschaft mehr gibt als nur Romantik. Es erfordert harte Arbeit und gesunden Menschenverstand – zwei Gaben, die Curtis Stone in höchstem Maße besitzt, und er war immer großzügig damit, sie zu teilen. Lokale Erzeuger haben die Vorträge und Workshops geschätzt, in denen er die Vorteile und den Sinn des Anbaus von Lebensmitteln in der Stadt aufzeigt. Jetzt haben Leser überall die Möglichkeit, diese wertvolle Ressource zu erschließen.

Wenn du in deine Zukunft als städtischer Lebensmittelerzeuger investieren willst, beginne mit einem Exemplar von *Der städtische Landwirt*.

David Tracey, Autor von *Guerrilla Gardening* und *Urban Agriculture*

Dieses Buch ist ein Schatz für alle, die wirklich ernsthaft von einem vernünftigen Lebensunterhalt von einem städtischen Hof leben wollen. Die urbane Landwirtschaft in der Stadt mag einfach aussehen, aber Curtis Stone zeigt genau, wie diese *Leichtigkeit* aus tausend richtigen Details erwächst. Sie sind alle in diesem Buch genannt, großzügig mitgeteilt. Dies ist nicht nur ein gut geschriebener Geschäftstext, es ist eine Veranschaulichung der unzähligen technischen, unternehmerischen, Marketing-, Buchhaltungs- und landwirtschaftlichen Aspekte und der sozialen Kompetenz, die Curtis entwickelt hat, um intelligenter und nicht härter zu arbeiten. Es ist sogar eher ein grundlegendes *Wie*-Handbuch, das den Leser Schritt für Schritt zu den Wurzeln führt, um einen profitablen, städtischen Bauernhof zu betreiben.

Peter Ladner, Autor von *The Urban Food Revolution*
und langjähriger städtischer Lebensmittelgärtner

Vorwort

von Diego Footer

Träumst du davon, ein Landwirt zu werden ... mit den Händen in der Erde deinen Lebensunterhalt zu verdienen, draußen zu sein, weit weg von den Beschränkungen einer Bürozelle, der Arbeit auf dem eigenen Stück Land und dem Anbau von nährstoffreichen Lebensmitteln, die du essen willst?

Das ist ein schöner Gedanke. Ein würdiger Anspruch.

Aber wenn du ernsthaft vorhast, diesen Weg zu gehen, dann musst du dich fragen: *Wie werde ich jemals meinen Lebensunterhalt mit Landwirtschaft verdienen?*

Die Sorge, ob Landwirtschaft eine lebensfähige und profitable Karriere sein kann, ist legitim. Und die Rede davon, dass Landwirtschaft NICHT profitabel ist, ist mehr Wahrheit als Übertreibung. Die meisten Landwirte haben Schwierigkeiten, ihren Lebensunterhalt in der Landwirtschaft zu verdienen; aktuelle Daten des USDA[2] zeigen dies:

Angesichts der weit gefassten USDA-Definition eines landwirtschaftlichen Betriebs sind viele Betriebe selbst in den Jahren mit dem besten landwirtschaftlichen Einkommen nicht rentabel. Das prognostizierte mittlere Betriebseinkommen von $1.558 ist im Wesentlichen unverändert gegenüber der Prognose für 2014 von $1.570 geblieben. Die meisten landwirtschaftlichen Haushalte beziehen ihr gesamtes Einkommen aus außerbetrieblichen Quellen – das mittlere Einkommen außerhalb des Betriebs wird im Jahr 2015 voraussichtlich um 4% steigen.

Wenn du eine andere Arbeit annehmen musst, um Landwirt zu sein, dann ist das nicht gut, und du wirst wahrscheinlich nicht mehr lange Landwirt sein. In den letzten Jahren habe ich in *Permaculture Voices*[3] mit zahlreichen Visionären wie Joel Salatin, Michael Pollan, Geoff Lawton, Mark Shepard und Allan Savory über die Zukunft der Landwirtschaft gesprochen. Ich verstehe, was möglich ist und was sein könnte, und ich verstehe auch, dass die Dinge sich ändern müssen.

Während dieser Zeit habe ich auch mit unzähligen Menschen gesprochen, die in das landwirtschaftliche Geschäft einsteigen und die Landwirtschaft zu ihrer Zukunft machen wollen. Diese Menschen träumen davon, Landwirt zu sein – die nächste Welle von Landwirten, 20- und 30-Jährige, die danach streben in die Fußstapfen von Menschen wie Joel Salatin zu treten

2 Landwirtschaftsministerium der Vereinigten Staaten

3 Der Podcast von Diego Footer

und in die Landwirtschaft einzusteigen. Durch diese Gespräche kam ich zu einem vollständigen Verständnis des Traums und der Verlockung des landwirtschaftlichen Lebensstils, aber auch der Hindernisse, die der Verwirklichung dieses Traums im Wege stehen.

Zu diesen Hindernissen gehören:

- Hohe Kosten und der begrenzte Zugang zu Land,
- hohe Kapitalkosten für Ausrüstung,
- das Fehlen eines effizienten Verteilungssystems für Kleinbauern,
- ein kaputtes Nahrungsmittelsystem, das billige Nahrungsmittel über hochwertige, nährstoffreiche, lokal gezüchtete Lebensmittel stellt.

Für viele Menschen sind diese Hindernisse zu hoch, um sie überwinden zu können. Die Kosten sind zu hoch, die Preise zu niedrig und die Gewinnspannen zu gering. Als Folge davon geht der Traum von der Landwirtschaft zu Ende.

Eine rentable Landwirtschaft ist möglich, aber profitable Landwirtschaft kann in der Realität anders aussehen als die Idee der Landwirtschaft, die du in deinem Kopf hast. Viele Menschen werden von Ikonen wie Joel Salatin, die Landwirtschaft auf einer großen Fläche betreiben, zur Landwirtschaft hin gelockt. So denken natürlich viele Menschen, dass sie, um profitabel zu sein, viel Land bewirtschaften müssen. Wie viele von ihnen dachte auch ich, Landwirtschaft müsse groß sein. Dann traf ich Curtis und er hat diesen Mythos zerschlagen.

Ich habe Curtis zum ersten Mal durch meine Arbeit mit *Permaculture Voices* getroffen. Als ich von dem erfuhr, was er machte, war ich etwas erstaunt. Da war dieser Kerl, der in der Stadt Landwirtschaft betreibt und alles mit dem Fahrrad macht. Das klang ideologisch großartig, aber wie seriös konnte das sein? Letztlich macht er das mit dem Fahrrad in der Stadt. Muss legitime Landwirtschaft nicht groß sein? Falsch. Nachdem ich etwas tiefer in das Thema eintauchte, war ich widerlegt. Hier war ein Typ, der in der Stadt Landwirtschaft mit dem Fahrrad betrieb, und das absolut herausragend. Er erzielte mit dieser Landwirtschaft ein konstantes fünfstelliges Einkommen, mehr als die meisten Landwirte, mit denen du jemals sprechen wirst, und das auf rund 1350m^2. Etwa 1350m^2, mehr nicht! Es war beeindruckend. Curtis' Hof war einfach, effizient und effektiv. Er war nicht hoch technisiert. Das war keine Hydrokultur oder Aquaponik. Das war altmodische, bodenständige Landwirtschaft. Es schien nicht möglich, aber das war es.

Was Curtis tut, ist etwas Besonderes. Es ist ganz anders, als das, was man bei einem traditionellen Landwirtschaftsmodell erwarten würde. Es ist klein; es ist in der Stadt; es ist Niedrigtechnologie; es wird auf Land gemacht, das ihm nicht gehört; und es ist profitabel. Es ist ein Paradigmenwechsel.

Ich habe auf Curtis' Grundstücken in Kelowna, Britisch-Kolumbien, gestanden und seine Systeme aus erster Hand bei der Arbeit gesehen. Das ist die entscheidende Tatsache: eine kleine, biointensive Produktion, die effizient und effektiv auf eine Weise gehandhabt wird, die rentabel ist. Curtis' Systeme funktionieren, und dieses Buch erklärt all diese Systeme sehr detailliert.

Ich möchte betonen, dass diese Systeme im Laufe der Zeit in Feldversuchen getestet worden sind. Das ist wichtig, denn es gibt viele Theoretiker mit großartigen Ideen, aber mit wenig tatsächlicher Erfahrung oder Projekten vor Ort, die sie untermauern können. Curtis unterstützt das. Dies ist kein Buch über ungetestete Theorien; dies ist ein Buch, das auf Erfahrungen aus der realen Welt basiert. Curtis ist seit sechs Jahren ein profitabler Landwirt. Das ist sein Job. Seine einzige Aufgabe. Er versorgt sich selbst und verdient seinen Lebensunterhalt in der Landwirtschaft – wie bereits erwähnt ist dies auf diesem Gebiet eine Seltenheit.

Warum war Curtis so erfolgreich – und wie kann dir das als neuer Landwirt helfen?

Ich denke, es läuft auf ein paar Dinge hinaus:

- Er vermarktet und positioniert seinen Betrieb und seine Produkte sehr gut.
- Er ist äußerst effizient und effektiv mit allem, was er auf dem Hof tut.
- Er betrachtet die Landwirtschaft als Unternehmen mit strikter Einhaltung der Wirtschaftlichkeit.
- Er führt akribische Aufzeichnungen, analysiert sie und implementiert Änderungen auf der Grundlage dieser Analyse.
- Er hat die Fähigkeit, Probleme nebenbei zu lösen und sich schnell anzupassen.

Die meisten Landwirte machen nicht alle dieser fünf Punkte gut. Tatsächlich machen viele Landwirte keines dieser fünf Dinge. Und als Folge davon haben sie keinen Erfolg und bleiben nicht sehr lange Landwirte.

Was du an diesen Schlüsseln zum Erfolg bemerken wirst, ist, dass es sich nicht direkt um landwirtschaftliche Taktiken oder Techniken handelt. Sie sind viel mehr makroökonomischer Natur und hängen mit der spezifischen Methodik und Denkweise zusammen, mit der Curtis die Landwirtschaft angeht. Es sind diese Methodik und Denkweise, die Curtis geholfen haben, als städtischer Landwirt erfolgreich und profitabel zu sein, und es ist dieser Ansatz der Landwirtschaft, der meiner Meinung nach die größte Auswirkung auf deinen Erfolg haben wird.

Diese Herangehensweise an die Landwirtschaft hat in mir wirklich Resonanz gefunden. Als Ingenieur verstehe ich fest die Bedeutung des Systemdenkens und wie wichtig es ist, größere Probleme in lösbare kleinere Probleme aufzuteilen, um vorwärts zu kommen. Dies ist im Wesentlichen das, was Curtis tut, was er getan hat und wie er zu seiner derzeitigen Methode landwirtschaftlicher Produktion gekommen ist. Besondere Aufmerksamkeit hat er dem gewidmet, was funktioniert hat und was nicht, und dann hat er sich auf das konzentriert, was funktionierte, und das weggelassen, was nicht gut lief. Wenn du *Der städtische Landwirt* liest, achte darauf, wie Curtis sich der Landwirtschaft annähert, und denke darüber nach, wie du seine Methoden auf deine Situation anwenden kannst. Aber denke nicht zu viel darüber nach. Es besteht kein Grund, das Rad neu zu erfinden oder die Dinge zu verkomplizieren; was Curtis tut, funktioniert. Passe seine Techniken auf deine Situation und deinen Markt an und mache einfach.

Erfolg in der Landwirtschaft ist möglich. Aber um als moderner Landwirt erfolgreich zu sein, musst du eher ein moderner Technik-Unternehmer als ein bäuerlicher Landwirt von gestern sein. Das Bild, das du über Landwirtschaft und den landwirtschaftlichen Lebensstil im Kopf hast, ist nicht das Bild der Realität, das dich dorthin bringt, wo du hinwillst. Das traditionelle Landwirtschaftsmodell ist zerstört und funktioniert nicht.

Ich denke, dass Curtis für die nächste Generation von Landwirten ein anderes Modell auf den Tisch bringt und dass es letztlich nur noch um Geschäft geht, wenn man seinen Hof führt. Der Lebensstil ist da, aber das Geschäft steht an erster Stelle.

Viele neue Landwirte haben Schwierigkeiten, weil sie ihrem Herzen folgen, anstatt die Landwirtschaft als Geschäft zu betrachten. Als Ergebnis enden sie damit, dass ihr Herz enttäuscht wird und sie aus der Landwirtschaft ausscheiden.

Die allgemeinen Ursachen für das Scheitern sind weitverbreitet: Der Anbau von Feldfrüchten, ohne einen bestimmten Markt im Auge zu haben, der zu viel Land in Anspruch nimmt, nicht dicht genug bepflanzt ist, sieht die Landwirtschaft als Lebensstil und Hobby – nicht als Geschäft. All diese Ursachen des Scheiterns können angegangen werden, wenn du strategisch an die Landwirtschaft herangehst, wie Curtis es getan hat.

Wenn du eine Karriere in der Landwirtschaft anstrebst, dann glaube ich, dass die Informationen aus *Der städtische Landwirt* dir entscheidend dabei helfen können, das zu vermeiden, was nicht funktioniert, und sich auf das zu konzentrieren, was funktioniert. Ich glaube, dass man als Landwirt erfolgreich und profitabel sein kann, wenn man die Systeme seines Betriebs nach dem Vorbild von Curtis gestaltet. Das wird nicht einfach sein und es wird Zeit brauchen. Man muss bereit sein, hart zu arbeiten, aus seinen eigenen Erfahrungen zu lernen und harte Zeiten durchzustehen. Wenn andere Leute aufhören würden und wenn du aufhören willst, musst du trotzdem weitermachen und dich anpassen. Die Hindernisse, die dich daran hindern, in die Landwirtschaft einzusteigen, lassen sich überwinden.

Eine rentable Landwirtschaft ist möglich.
Die Methoden sind in diesem Buch beschrieben.
Der Rest liegt bei dir.

Diego Footer, Gründer *Permaculture Voices*

Einleitung

Hintergrundgeschichte

Mein ganzes Leben lang wollte ich Rock'n'Roll-Musiker werden; schon als ich 16 Jahre alt war, spielte ich mit anderen jungen Männern in meiner Stadt in Bands. Wir gingen am Wochenende auf Tournee in nahe gelegene Städte wie Vancouver und Seattle. Musik zu machen war das Einzige, was mir wirklich Spaß machte, und das war alles, was ich tun wollte. Nachdem ich 2002 die Musikschule abgeschlossen hatte, gründete ich eine Gruppe namens *People for Audio*, und wir zogen nach Guelph, Ontario, um ein Jahr lang Musik zu schreiben, Aufnahmen zu machen und um im Süden von Ontario herum aufzutreten. Während dieser Zeit und neun Jahre danach reiste ich im Frühling bis zum Frühsommer für zwei bis drei Monate nach BC[4] zurück und arbeitete als Baumpflanzer. Das war etwas anderes als Musik, in dem ich ziemlich gut war, und es ermöglichte mir, genug Geld zu verdienen, sodass ich es mir leisten konnte, im Winter nur Teilzeit oder manchmal gar nicht zu arbeiten, sodass ich mich mehr auf das Musizieren konzentrieren konnte. Vielleicht wurde in dieser Zeit ein Samen in mich gepflanzt: Ich entdeckte, dass ich es liebte, draußen zu arbeiten und mich in der Natur zu engagieren. Im Jahr 2003 zog ich mit den anderen Hauptmitgliedern von *People for Audio* gemeinsam nach Montreal, und dort blieb ich weitere sechs Jahre. Die Band hat in dieser Zeit eine Menge Aufnahmen und Tourneen gemacht, und in den meisten dieser Jahre – so dachte ich – war das Spielen in einer Band alles, was ich tun sollte.

Ich wuchs irgendwie als *anlassloser Rebell* auf und kam schon in ziemlich jungen Jahren mit Punkrock-Musik in Berührung. Dadurch entdeckte ich Denker wie Noam Chomsky, was mich dazu brachte, geopolitische Themen mit großem Interesse und Verzweiflung zu verfolgen. Damals in meiner Punkrock-Zeit hörte ich das alte Klischee „Wenn du nicht Teil der Lösung bist, bist du Teil des Problems“ und es ist mir seitdem immer wieder aufgefallen. Es war etwa Ende 2007, als es mich wirklich persönlich zu stören begann, was in der westlichen Welt und im Ausland geschah: endlose Kriege, Umweltzerstörung und ein Wirtschaftssystem, das nur einer kleinen Anzahl von Eliten zugute kam. Wegen all der Ungerechtigkeit, die ich in der Welt sah, ging ich manchmal sehr unruhig ins Bett. Meine Musikkarriere begann sich zu dieser Zeit zu verlangsamen; die Band war im Begriff sich aufzulösen und das zwang mich, mein Leben in einer Weise neu zu bewerten, wie ich es noch nie gemacht hatte. Alles bis zu diesem Punkt hatte mich zu der Überzeugung gebracht, dass es meine einzige wahre Berufung war, Musiker zu sein, aber das funktionierte offensichtlich nicht sehr gut für mich.

---

4 BC = British Columbia (kanadische Provinz)

Im Winter dieses Jahres arbeitete ich während des Tages in einer Siebdruckerei und viele meiner Nächte surfte ich im Internet. Ich lernte über das Leben vom Land, natürlichen Aufbau und biologische Landwirtschaft. Ich war davon besessen, nach alternativen Wegen zu suchen, um auf diesem Planeten auf nachhaltige Weise zu leben. Ich hatte das Gefühl, die Kontrolle über mein Leben übernehmen zu müssen, damit ich einfach meine Werte leben konnte. So viele Dinge, die ich in der Welt gesehen hatte, widerten mich an. Die Art und Weise, in der wir, die wir in wohlhabenden Ländern leben, reisen, essen und Geld verdienen, machte mich krank. Es war wie alles, was ich in meinem Leben gesehen habe. Das tägliche Leben war der Umwelt in gewisser Weise abträglich, und das hat mich in eine Depression fallen lassen, wie ich sie noch nie erlebt habe. Man könnte wohl sagen, dass es eine Kombination war aus der Erkenntnis, dass die Musik in meinem Leben nicht das Richtige für mich gewesen war, sowie die Erkenntnis, dass ich in keinster Weise zu einer Lösung beitrug. Ich hatte das Gefühl, mehr denn je Teil des Problems zu sein. Als ich eines Abends im Internet surfte, entdeckte ich ein Programm namens WWOOF[5], und von da an hatte ich das Gefühl, dass es eine Antwort für mich gibt. Dies führte mich weiter auf einen Weg der biologischen Landwirtschaft, einem Leben abseits des Netzes und mit alternativer Energie. An diesem Punkt begann mir klarzuwerden, dass ich aus Montreal herauskommen und anfangen musste, auf etwas hinzuarbeiten. Ich wusste noch nicht genau, was das war, aber ich begann, einen Fuß vor den anderen zu setzen, und ich entwarf einen Plan dafür, wo ich in fünf Jahren sein wollte. Ich beschloss, dass ich in irgendeiner Weise vom Land leben musste, und so plante ich, die nächsten fünf Jahre in BC mit sehr langen Arbeitszeiten als Baumpflanzer mit dem Ziel zu arbeiten, jedes Jahr eine Menge Geld zu sparen, sodass ich am Ende genug haben würde, um ein Stück Land zu kaufen und meinen netzunabhängigen Hof zu starten. Der Plan beinhaltete auch eine WWOOF-Reise für den ersten Teil, damit ich einige grundlegende landwirtschaftliche Fertigkeiten erlernen konnte. Ich plante eine Reise mit dem Motorrad durch BC und die Südwestküste Nordamerikas, bei der ich Farmen und Höfe besuchen würde.

Ende März 2008 verließ ich Montreal und fuhr mit dem Plan zurück nach BC, im Frühling und Sommer Bäume zu pflanzen, um mich danach auf diese Motorradreise entlang der Westküste zu begeben. Als ich in BC ankam, begann ich in einer neuen Firma zu arbeiten und hatte mich sofort mit einem Kollegen namens Jason angefreundet, der viele gleiche Ansichten hatte wie ich. Wir kamen uns ziemlich schnell näher und verbrachten

---

5 Word Wide Opportunities on Organic Farms (engl. Etwa „Weltweite Möglichkeiten auf Biobetrieben“)

oft die ganze Arbeitszeit damit, über das Leben auf dem Land zu sprechen und wie wir beide diese Pläne letztendlich umsetzen würden.

Er erzählte mir von einer Reise, die er ein Jahr zuvor gemacht hatte, als er mit dem Fahrrad die USA durchquerte. Die Geschichten waren unglaublich, und ich war so inspiriert von ihnen, dass ich beschloss, meine Pläne, die Küste mit dem Motorrad hinunterzufahren, zu ändern und stattdessen mit dem Fahrrad zu fahren. Den Rest dieser Pflanzsaison verbrachte ich damit, in meinen Nächten diese Reise zu planen. Ich wollte von Kelowna aus die ganze Küste entlangfahren!

Am 18. August 2008 brach ich zu einer Reise auf, die mein Leben für immer verändern sollte. Ich traf unglaubliche Menschen, die großzügig und freundlich waren, und es schien, als gäbe es an jedem Ort, den ich besuchte, eine aufregende Erfahrung nach der anderen. Ich besuchte viele Höfe, netzferne Gehöfte, Ökodörfer und Menschen, die einfach nur nach ihren Werten lebten. Was ich auf dieser Reise lernte, betraf nicht so sehr die Frage, wie man vom Land leben kann, sondern ich erfuhr mehr über mich selbst: Wenn man seine Werte nach außen trägt (was ich in gewisser Weise auch tat), werden die Menschen immer wieder auf einen zukommen. Vor allem die Art von Menschen, von denen man angesprochen werden möchte. Ich wurde also nicht nur von all den erstaunlichen Personen, die ich auf der Reise kennengelernt habe, inspiriert, sie waren auch von mir sehr inspiriert. Diese Interaktionen hat meine Wahrnehmung von der Welt vollkommen umgeformt, weil ich erkannt habe, dass ich eine tiefgreifende Wirkung haben kann, indem ich einfach nach meinen Werten lebe und sie auf irgendeine Art zeige. Als ich in San Diego ankam, hatte ich bereits das Gefühl, alles machen zu können. Mein ursprünglicher Plan war es gewesen, viel weiter zu fahren. Hundert Meilen am Tag, und das jeden Tag mit dem Fahrrad zu fahren, bringt einen nicht nur in einen erstaunlichen physischen Zustand, sondern beeinflusste auch die Psyche. Auf solche Art allein zu reisen, war ich gezwungen, Menschen anzusprechen, und ich habe gelernt, dass das Zeigen von etwas Verwundbarkeit dich Menschen gegenüber so öffnen kann, wie ich es noch nie erlebt hatte. Ich schätze, ich lebte mein Leben zuvor mit einem so harten Gefühl von Stolz und Arroganz, dass dies die Leute oft von mir abstieß. Aber diese Erfahrung hat mich gelehrt, dass es besser ist, einladend und offen zu sein.

Warum ich Landwirtschaft betreiben wollte

Nach der Rückkehr von meiner Radtour im November 2008 verbrachte ich den Winter mit der Lektüre mehrerer Bücher über Landwirtschaft und forschte viel darüber nach, wie ich dies tun könnte. Ich wusste zwar, dass ich irgendwie Landwirtschaft betreiben wollte, aber ich war mir weiterhin nicht ganz sicher, wie das gehen sollte. Das größte Problem, das immer wieder auftauchte, war, dass Land in BC so teuer war. Das war im zweiten Jahr meines ursprünglichen Fünfjahresplans, ich war auf dem Weg, die Dinge geschehen zu lassen. Ich hatte weniger Geld, als ich gehofft hatte, ich hatte jedoch viel über Landwirtschaft geforscht und meinte, ein oder zwei Dinge zu wissen. Ich hatte alle Werke von Eliot Coleman sowie die Bücher von John Jeavons gelesen. Ich wusste jetzt, dass eine Art kleinmaßstäbliche Intensivlandwirtschaft das Richtige für mich war. Aber das Problem des Landzugangs blieb weiterhin bestehen. Im Winter hatte ich Besuch von einem Freund; wir sprachen über Landwirtschaft und ich erklärte ihm, dass der Kauf von Land so eine Herausforderung war. Er erzählte mir, er habe von einer Sache namens SPIN-Farming gehört, wusste jedoch nicht wirklich viel darüber. Er erwähnte, dass ein Landwirt, der diese Methoden anwendet, auf ca. 4047 m^2 Land $100.000 verdienen könnte. Als er mir das erzählte, hat meine arrogante Seite dies sofort abgewiesen. Nach dem, was ich von Eliot Colemans Arbeit gelesen habe, war $20.000 pro ca. 4047 m^2 ein sehr hoher Standard für Intensivlandwirtschaft. Ich dachte, mein Freund sei verrückt. Später im Frühjahr ging ich wegen einer weiteren Saison Baumpflanzen in die Wälder der Küste und des Binnenlandes von BC zurück.

Dieses Mal brannte ich von dieser Arbeit mehr aus. Es war mein neuntes Jahr mit Baumpflanzen gewesen und mein Körper begann mir zu sagen, dass es genug sei. Ich fühlte mich nach der Rückkehr von meiner Fahrradtour wirklich energetisiert. Jetzt sank ich zurück in eine depressive Spirale und ich fühlte mich entmutigt darüber, dass ich nicht in der Lage sein könnte, genug Geld für einen Landkauf zurückzulegen. Außerdem wusste ich, dass ich das Baumpflanzen aufgeben musste, und damit verblasste der Traum vom Landkauf mit einem Hof. Etwa nach drei Vierteln der Saison, an einem meiner freien Tage, besuchte ich einen Freund, der in einer nahegelegenen Stadt auch Baumpflanzungen durchführte. Wir unterhielten uns darüber, wie entmutigt ich war, nicht in der Lage zu sein, mir Land zur Bewirtschaftung leisten zu können, und wie ich mir nicht vorstellen konnte, eine weitere Pflanzsaison zu schaffen. Er hat auch SPIN-Landwirtschaft erwähnt, wie mein anderer Freund weiter oben. Zu diesem Zeitpunkt, da es zwei meiner guten Freunde erwähnten, beschloss ich, dass ich mich auch damit befassen könnte. Die Pflanzsaison ging im Juni zu Ende, und als ich nach Kelowna zurückkam, begann ich über diese SPIN-Farming-Sache zu lesen.

Ich konnte nicht glauben, was sie behaupteten, also suchte ich in BC nach jemandem, der das tatsächlich tat. Ich fand einen Mann in meinem Alter namens Paul, der in Nelson, BC, eine SPIN-Farm mit seinem Fahrrad betrieb (was eine ziemlich unglaubliche Leistung ist, denn Nelson ist eine

Stadt, die so hügelig ist wie San Francisco). Ich habe Paul kontaktiert, und er war so großzügig mit seiner Zeit. Er erlaubte mir, ihn ein paar Stunden lang zu interviewen, und ich machte mir unzählige Notizen über seine Erfahrungen. Von diesem Zeitpunkt an wusste ich, dass ich in Kelowna das tun wollte, was er in Nelson getan hatte, und ich wollte es auch mit Pedalantrieb tun, genau wie er. Ich war total inspiriert, und ich wusste, dass ich genau das tun wollte.

Meine Barrieren waren meine Lösungen

Nachdem ich den späteren Teil des Sommers damit verbracht hatte, mehr über die SPIN-Landwirtschaft zu lesen, und nachdem ich online nach weiteren Beispielen von Menschen gesucht hatte, die in der städtischen Landwirtschaft tätig sind, war ich mir sicher, dass ich genau das tun wollte. Ich begann, all meinen Freunden und meiner Familie davon zu erzählen, und es dauerte nicht lange, bis ich mir ein Stück Land gesichert hatte. Es war ein städtisches Grundstück in der Innenstadt von Kelowna, das der Familie eines langjährigen Freundes von mir gehörte. Es war ein Doppelgrundstück, insgesamt fast 2000 m^2 mit einem ca. 186 m^2 großen Stammhaus auf dem einen Grundstück mit einem Vorder- und Hinterhof zu je ca. 37m^2. Daneben gab es ein Haus gewesen, das einige Jahre zuvor abgebrannt war. Die Eigentümer hatten das Haus abgerissen und es vollständig vom Land entfernt. Alles, was blieb, war also ein großes Loch, wo das Gebäude einst war. Die Familie war so freundlich, mir den Besitz anzubieten; im Gegenzug würde ich mich um den gesamten Besitz kümmern und ihnen wöchentlich jeweils einen Korb mit Gemüse geben, sobald ich in Produktion ging. Eine Gruppe von Menschen mietete das Haus zu dieser Zeit, und die Eigentümer gaben jeden Monat eine beträchtliche Summe Geld für die Pflege des Grundstücks aus. Es schien, als wäre ich zur rechten Zeit am richtigen Ort aufgetaucht. Die Eigentümer brauchten jemanden, der das Eigentum verwaltet, und ich brauchte einen Platz zum Bewirtschaften: Es war eine Win-Win-Situation für alle Beteiligten. Im August 2009 begann ich mit der Entwicklung des Grundstücks. Wir begannen mit dem Bau eines Zauns um die Grundstücksgrenzen, da es an eine Ecke gelegen und sehr offen war, sodass das Einzäunen ein Muss war. Wir mussten auch ganz neuen Boden auf das Nebengrundstück aufbringen, da der vorhandene Boden im Wesentlichen nur aus Bauschutt bestand. Die Grundbesitzer waren sehr großzügig, indem sie einen Freund und mich für das Zaunbauen bezahlten und die Kosten für die Einbringung des neuen Bodens übernahmen. Alles in allem kosteten Zaun und Erde rund $8.000. Anfang Oktober dieses Jahres war alles für die nächste Saison vorbereitet. Nachdem wir den Rasen weggenommen hatten, formte ich Beete aus und bepflanzte das Gebiet mit Herbst-Roggen zur Bodenabdeckung. Sonst ist auf dem Grundstück bis zum nächsten Frühjahr nicht viel passiert.

Später in diesem Sommer wollte ich etwas mit Landwirtschaft machen, um vor dem Winter so viel wie möglich praktische Erfahrung zu bekommen, aber ich konnte so spät in der Saison nicht viel pflanzen. Ich hatte von einer Gruppe in Victoria, BC, gehört, die sich *Pedal to Petal* nannten, einen pedalbetriebenen Kompost-Abholdienst; ich war inspiriert von dem, was sie taten, und ich dachte mir, ich verbringe den Herbst und Winter damit, etwas Ähnliches zu tun. Damit könnte ich zumindest ein oder zwei Dinge über Kompost lernen. Ich ging zu einer Eisdiele in der Stadt und fragte, ob ich all ihre Schrott-Eimer mitnehmen könnte. Sie gaben sie gerne an mich ab, weil sie sonst Müll gewesen wären. Ich gab jedem meiner Freunde einen Eimer und sagte: „Sammle deine Gemüsereste, und ich werde sie einmal pro Woche mit meinem Fahrrad abholen." Es dauerte nicht lange, bis dieses kleine Kompostierungsprogramm losging. Ich verbrachte etwa 20 Stunden pro Woche mit dem Abholen, Haufen umzudrehen und darin trockenes braunes Material zu finden. Auch ein Restaurant, in dem ein Freund arbeitete, war daran interessiert, dass ich ihre Reste mitnahm. Es war eine Art Fuß in der Tür, um dabei einen Koch kennen zu lernen, und dies führte zu vielen weiteren von Beziehungen dieser Art.

Im Herbst und Winter hielten mich das Kompostprogramm und das Lesen von Büchern über Landwirtschaft und Gartenarbeit ziemlich beschäftigt. Es hat nicht lange gedauert, bis die Menschen in der Nachbarschaft gesehen haben, dass hier etwas vor sich geht, und ehe ich mich versah, kamen viele Leute vorbei, um Fragen zu stellen. Dann waren es lokale Zeitungen und Radiosender. Im Oktober desselben Jahres, noch nicht einmal wirklich in der Landwirtschaft tätig, wurde ich von Gartenvereinen und Schulen angefragt, über meine Tätigkeit zu sprechen. Ich fühlte mich irgendwie komisch, denn ich wusste weiterhin nicht wirklich alles über die praktische Seite, aber ich schätze, ich tat es in der Theorie, und ich war im konstanten Zustand des Lernens. So wurde ich einigermaßen wortgewandt, was die städtische Landwirtschaft und das anging, was ich tat, hauptsächlich, weil ich es so oft immer wieder erklären musste. Gegen Ende des Winters dieses Jahres begann ich mit der Vorbereitung meiner lang dauernden Saisonkulturen wie Tomaten, Paprika, Zwiebeln und so weiter. Wegen all dieser Pressearbeit, die ich im Verlauf von sechs Monaten geleistet hatte, kannten mich viele Menschen in der Stadt als den Stadtlandwirt oder als Kompost-Bursche.

Ich erinnere mich, dass ich zu diesem Zeitpunkt Phasen der Angst hatte, weil ich tatsächlich nicht wusste, was ich überhaupt tat. Ich erinnere mich daran, dass ich in manchen Nächten in kaltem Schweiß aufgewacht war und dachte: „Heilige Scheiße, mache ich das jetzt wirklich? All diese

Menschen in der Stadt denken, ich bin dieser großartige Stadtlandwirt, aber ich habe noch nie in meinem Leben ein Gemüse angebaut. Was, wenn ich scheitere? Wie peinlich würde das denn sein?" Ich habe im Grunde gelernt, diese negativen Gedanken zu ignorieren und ständig eine positive Einstellung zu haben. Ich bin wirklich dem Spruch gefolgt „Täusche es vor, bis du es schaffst" und das wurde mein Mantra. Ich arbeitete jedoch sehr schwer daran, ständig neue Dinge zu lernen, und ich habe viel Zeit damit verbracht, Mentoren in der Gemeinde zu suchen, und um Rat zu fragen. Wenn es nicht einige ältere Biobauern und Gärtner in meiner Gegend gegeben hätte, wären die Dinge vielleicht anders für mich gelaufen. Ich fand so viel Wert im Gespräch mit Erzeugern, die im Sinne von Produktion etwas ganz anderes getan haben, als ich es tat, aber deren Wissen über Pflanzen, Schädlingszyklen, Bodenfruchtbarkeit und sogar über das Leben war für meinen Erfolg schon früh so entscheidend. Ich habe ständig versucht, zuzuhören, zu lernen und mich nicht zu scheuen, Verwundbarkeit zu zeigen und Fragen zu stellen, die ich für dumm hielt. Ich habe immer Fragen gestellt, und ich habe nie so getan, als hätte ich alle Antworten parat. Diese Einstellung habe ich bis heute beibehalten. Das waren Dinge, die ich auf der Radtour an der Westküste gelernt habe und die für meinen Erfolg in der Landwirtschaft und im Leben von unschätzbarem Wert waren.

Lektionen aus meinen ersten vier Jahren

In meiner ersten Saison in der Landwirtschaft habe ich in den ersten drei Monaten eine wertvolle Lektion gelernt, die ich dir, dem Leser, vermitteln möchte. Nimm dir nicht gleich zu viel vor! Beginne mit ca. 1000m^2 oder weniger! Ich habe mit ca. 2000 m^2 begonnen. Eigentlich hatte ich Anfang des Jahres mit nur einer Parzelle von ca. 557 m^2 begonnen, und ich hätte es dabei belassen sollen. Eine der Herausforderungen für einen Stadtlandwirt ist die Tatsache, dass so viele Menschen die Vorstellung lieben, dass die Landangebote, wenn sie dich einmal in Bewegung sehen, hereinströmen. Genau das ist mir auch passiert. Zwischen November und März 2010 gab es in den Lokalzeitungen so viele Artikel über meine Arbeit, dass ich buchstäblich einen Anruf pro Tag mit Landangeboten bekam. Es war absolut lächerlich, und es war so schwer, nicht so begeistert davon zu sein, dass ich am Ende viel zu viel auf mich nahm. Während dieser Saison bewirtschaftete ich sieben Parzellen von insgesamt ca. 2000 m^2. Mein Hauptproblem in diesem Jahr war, dass ich vor Ort nicht so viel gesiebt hatte, wie ich es hätte tun sollen, und da der Betrieb zu diesem Zeitpunkt völlig pedalbetrieben war, vergeudete ich einen Großteil meiner Zeit, mit dem Fahrrad von Grundstück zu Grundstück zu fahren. Ich baute auch viel zu viele verschiedene Arten Kulturpflanzen an, und die meisten von ihnen machten kaum Gewinn. Zurückblickend war diese Saison größtenteils noch erfolgreich. Ich habe in der Produktion vom 15. Mai bis zum 31. Oktober $22.000 eingenommen. Ich hatte auch einen Helfer, der in dieser Saison fast Vollzeit arbeitete. Es war definitiv mein härtestes Jahr und ich habe das ganze Jahr fast 100 Stunden pro Woche gearbeitet, auch nachdem die Hauptsaison vorbei war.

In den nächsten beiden Jahren blieb meine Gesamtfläche ungefähr gleich (bei ca. 2000 m^2), und ich hatte auch einen Vollzeithelfer. Der Bruttogewinn des Betriebs wuchs, ohne dass ich mehr Land bewirtschaftete. Im Jahr 2011 habe ich $55.000 brutto auf den ca. 2000 m^2 umgesetzt und im Jahr 2012 habe ich $78.000 auf weniger als diesen ca. 2000 m^2 erzielt. Von diesem Zeitpunkt an lernte ich, dass es nicht so sehr darum ging, wie viel Land ich bewirtschaftete, sondern vielmehr um die Pflanzen, die ich anbaute, und die Märkte, die ich belieferte. Als Trend in diesen ersten drei Jahren verkaufte ich zunächst hauptsächlich auf Bauernmärkten, aber immer weniger im Laufe der Jahre. Ich fand, dass es die Verbreitung über einige wenige Marktströme – wie zum Beispiel Gemeinde unterstützte Landwirtschaft (CSA), Bauernmärkte und Restaurants – erlaubt, viel mehr Produkte zu bewegen, denn was sich nicht über den einen Marktstrom verkauft hat, wird über einen anderen verkauft. Der Hauptmarktstrom, der sich in meinem dritten Jahr hervortat, waren Restaurants. Nach der Vorstellung bei einen bestimmten Koch namens Bernard Cassavant hatte sich mein Geschäft im Laufe eines Monats fast verdoppelt. Bernard war ein hochkarätiger Chefkoch in BC, und als er begann meine Sachen zu kaufen, folgten immer mehr Restaurants. Es war eine aufregende Zeit, als sein Restaurant allein manchmal Bestellungen von fast $1.000 pro Woche tätigte.

Im Laufe des Jahres 2013 bin ich eine Partnerschaft mit einem Freund eingegangen und wir haben unsere Betriebe zusammengelegt. Er hatte ein Jahr lang Landwirtschaft betrieben. Zusammen bewirtschafteten wir ungefähr 1ha Land und bauten etwa 90 Gemüsesorten an. Wir hatten ein Grundstück (das vorher seines war) von ca. 8000 m^2, und das andere von ca. 2000 m^2 bestand aus all meinen städtischen Grundstücken, mit einem Grundstück am Stadtrand gegenüber seinem zwei Acres großen Gelände. Dies war definitiv das größte Jahr, was die Verkäufe betrifft. Wir haben rund $130.000 eingenommen, aber unsere Ausgaben wuchsen so stark, dass es am Ende schwer war, einen Gewinn zu erzielen. Auf dem Höhepunkt der Saison hatten wir etwa acht Personen, die fast in Vollzeit arbeiteten, und der Betrieb wurde sehr kopflastig: zu viel Management, zu viele Ernten und zu viel Land. Unsere Partnerschaft endete nach dieser Saison und wir gingen getrennte Wege. Am Ende hat es für uns beide einzeln besser geklappt. Ich wiederhole die Lektion, die ich nach meinem ersten Jahr wirklich hätte lernen sollen: Nimm dir nicht zu viel vor! Fange klein an und wachse langsam!

Green City Acres
Kommerzieller Hof erwirtschaftet $75.000 auf ca. 1393 m²

Im Jahr 2014 reduzierte ich die Größe des Hofs drastisch auf ca. 1393 m² mit fünf verschiedenen Parzellen, die größtenteils zentralisiert innerhalb von knapp einem Quadratkilometer gelegen waren. Wir konzentrierten uns auf etwa 15 verschiedene Kulturen, die sich über die Jahre – basierend auf Verkaufspreis und Wachstumstage – als am lukrativsten erwiesen haben. Wir bedienten sieben Restaurants, zwei Großhandelsauslieferungen und einen wöchentlichen Bauernmarkt.

Im Durchschnitt arbeitete ich 40 Stunden pro Woche und genoss den entspanntesten Lebensstil, den ich in meinen fünf Jahren als Landwirt je erlebt hatte. Im Sommer, als die Produktion konstant war und wir die Vorbereitungsphase für die Saison hinter uns hatten, arbeiteten wir tatsächlich weniger. Von Montag bis Donnerstag waren wir normalerweise um 14 Uhr fertig und konnten den Rest des Tages am Strand entspannen. Ich hatte nur einen Teilzeitangestellten, der 16 Stunden pro Woche arbeitete, und ich hatte ein paar Nachbarn, die auf dem Hof halfen. Für all diese Hilfe wurde im Gegenzug Gemüse angeboten: ein einfacher und für beide Seiten vorteilhafter Handel, der alle glücklich machte.

Die Hauptsache, die sich von 2013 bis 2014 änderte, war das Aufgeben des größten Teils der Kulturen und der Parzellen. Im Winter 2013 versuchte ich herauszufinden, warum wir im Vergleich zu den Vorjahren so wenig Gewinn gemacht hatten. Ich habe alle Gewinne, die wir mit jeder Ernte gemacht haben, in eine Tabelle eingetragen und sie nach ihrem Gesamtumsatz sortiert. Was ich herausfand, war, dass etwa zehn Feldfrüchte fast 80% des Einkommens des gesamten Betriebs ausmachten, und alle diese Feldfrüchte waren diejenigen, die auf den kleinen Parzellen im Stadtzentrum angebaut wurden. Ich fand auch heraus, dass unser CSA-Programm, das das größte seit Jahren war, einen ziemlich niedrigen Ertrag hatte, wenn man die Arbeit und die Zeit berücksichtigt, die für die Aufrechterhaltung des Programms erforderlich waren. Mit Blick auf 2014 beschloss ich, das CSA-Programm und etwa 80% meiner Pflanzenproduktion aufzugeben; ich beschloss, mich auf 15 Kulturen zu spezialisieren, mich auf meine Restaurantkunden zu konzentrieren und meinen wöchentlichen Bauernmarkt zu behalten. Es war eine ziemlich große Verschiebung, aber 2014 war meine bisher beste Saison.

Ich habe einen viel höheren Bruttogewinn erzielt und weit weniger Stunden gearbeitet. Das möchte ich für dich in diesem Buch demonstrieren: eine bessere Art zu wirtschaften, bei der du einen Lebensstil erreichen kannst, der persönlich nachhaltig und wirtschaftlich profitabel ist.

TEIL 1

EIN HOF IN DER STADT

Warum städtische Landwirtschaft

Wahrscheinlich hast du den Begriff *Das Ende der Vorstadt* schon einmal gehört. Tatsächlich wurde über das ganze Konzept ein sehr bekannter Film gedreht. Die Grundprämisse ist, dass das Leben in den Vorstädten bei steigenden Treibstoffpreisen für den Durchschnitt der Bevölkerung in Nordamerika weniger wirtschaftlich wird. Die Kosten und die Zeit für die Fahrt in die Stadt zur Arbeit überwiegen die Vorteile des Lebens in den Vorstädten und dies wird ihren bevorstehenden Zusammenbruch verursachen. Daher der Begriff, das *Ende der Vorstädte*. Man kann das auf eine von zwei Arten betrachten:

1. Der Rückgang der Immobilienwerte und die Massenflucht aus den Vorstädten wird sie in Geisterstädte verwandeln.
2. Es gibt eine riesige Gelegenheit, diese Orte heute in eigenständige landwirtschaftliche Gemeinschaften umzuwandeln.

Dieses Buch zeigt dir, wie die 2. Option möglich wird.

Sehen wir uns einige Fakten an. Zurzeit gibt es in den USA ca. 160.000 km^2 Rasen. Zwischen 30 % und 60 % des Frischwassers in den Städten wird für die Bewässerung dieser Rasenflächen verwendet und 2.2 Millionen Kubikmeter Benzin werden für das Mähen verwendet. Wenn wir alle Kosten für die Pflege eines Rasens – wie Bewässerung, Mähen, Unkrautjäten und Maniküre – einbeziehen, ist es leicht, zu der Schlussfolgerung zu kommen, dass ein Rasen nichts anderes als eine Kostenstelle ist, eine, die sich viele Nordamerikaner einfach nicht leisten können.

Was aber wäre, wenn wir unser Denken über Rasen verändern würden? Wir können zwei riesige Probleme angehen:

1. Rasen ist in vielerlei Hinsicht unhaltbar.
2. Der Zugang zu Land ist für die meisten jungen Menschen, die in den Agrarsektor einsteigen und eine großartige Lösung schaffen

wollen, ein großes Hindernis.

Rasenflächen, insbesondere in den Vorstädten, bieten eine große Chance für neue Landwirte, denn:

1. Land ist im Überfluss vorhanden. Ein durchschnittliches Haus in den USA hat durchschnittlich ca. 800 m^2 Land.
2. Das Nutzen von Land, ohne es zu besitzen, entkräftet den Gedanken, Land besitzen zu müssen, um Landwirt zu sein.
3. All das Land, auf dem jetzt Rasen wächst, wird nun ein großartiger Ort für die Landwirtschaft.

Was wäre, wenn wir die Vorstädte umgestalten könnten, sodass sie die neue Grenze der Lokalisierung bilden? Was, wenn sich all diese vorstädtischen Straßen in Gebiete für Übergang, Umschulung und Überfluss verwandeln? Ich glaube, dies ist nicht nur eine Möglichkeit, sondern unvermeidlich.

Es gibt eine Reihe von Gründen, warum die Landwirtschaft in der Stadt rentabler ist, aber es gibt auch eine Reihe von Gründen, die sie sehr vorteilhaft machen: Zugang zu Märkten, niedrige Anlauf- und Gemeinkosten, bessere Anbaubedingungen mit wärmerem Klima und leichter Zugang zu Wasser.

Vorteile in der Stadt

Marktzugang

Der *Marktzugang* muss der größte Einzelvorteil sein, der den städtischen Landwirten zugute kommt. Wenn man in der Stadt lebt und arbeitet, lebt und arbeitet man auf dem Markt, den man beliefert. Man muss nicht sehr weit reisen, um zu verkaufen. Dein Produkt wird sich zum größten Teil von selbst verkaufen. Wenn ich Restaurants in der Innenstadt beliefere, bin ich fünf Minuten mit dem Fahrrad von ihnen entfernt. Es ist nicht nur ein Gesprächsthema, mit dem sich diese Köche vor ihren Kunden rühmen werden, es ist auch ein großer Vorteil für mich, was das Sparen von Zeit und Energie im Transportwesen betrifft.

Die Lieferung eines Produkts, das nur Blöcke von dort geerntet wurde, wo es konsumiert wird, hat große Anziehungskraft auf das Marketing. Unser Bauernmarkt ist eine fünfminütige Fahrt oder eine zehnminütige Fahrradtour von unserer Operationsbasis aus entfernt. Ein weiterer Vorteil ist, dass ich, wenn ein bestimmter Artikel während des Markttages ausverkauft ist, schnell mit dem Fahrrad nach Hause fahren und mit mehr wiederkommen kann. Ich nenne das Auffüllen, und das habe ich schon oft getan. Wegen meiner Nähe zum Markt kann ich in 30 Minuten nach Hause fahren, etwas Grünzeug ernten, es wieder auf den Markt bringen und dort verpacken. Welche anderen Landwirte haben diese Möglichkeiten?

Geringe Anlauf- und Betriebskosten

Landwirtschaft in der Stadt baut die Eingangsbarrieren stark ab, weil man nicht mehr über den Kauf von Land nachdenken muss: Es ist überall verfügbar. Wenn man auf kleinen Parzellen genug Einkommen erzielen kann, braucht man keine schweren Maschinen und auch nicht die Infrastruktur, die für die Landwirtschaft im traditionellen Sinn notwendig ist. Die Infrastruktur ist einfach, klein und billig.

Bessere Wachstumsbedingungen

In der Stadt ist es immer ein paar Grad wärmer als auf dem Land. Dies wird der *Wärmeinsel-Effekt* genannt. Mit Beton und Gebäuden überall wird die Stadt während des Tages die Wärme in eine thermische Masse absorbieren und sie im Laufe des Abends freisetzen. Das ist im Sommer sehr auffällig: Wenn du mit dem Fahrrad oder mit dem Auto an einem offenen Feld vorbeifährst, wirst du sofort einen Rückgang der Temperatur bemerken. Das ist deswegen so, weil du die thermische Masse der Stadt verlässt und du spürst, dass die Hitze nachlässt. In der Innenstadt meiner Stadt bin ich in der Klimazone 6b, und die Menschen nur anderthalb Kilometer entfernt sind in Klimazone 5. Das ist ein großer Unterschied, gemessen in frostfreien Tagen. Tatsächlich habe ich mindestens 30 frostfreie Tage mehr in der Innenstadt als auf den Höfen überall sonst in meiner Gegend.

Der andere zunehmende Vorteil sind die *Mikroklimata*. Wenn landwirtschaftliche Parzellen durch Gebäude, Mauern und Zäune umgeben sind, können diese deine Ernte vor starkem Wind schützen. Außerdem hat jede Parzelle ihre eigenen einzigartigen Eigenschaften, wodurch einige besser geeignet für bestimmte Kulturen sind als für andere. Dieses städtische Klima bietet eine schöne Vielfalt an Aufwuchsbedingungen für deinen Betrieb.

Schädlinge und Unkraut

Schädlingsprobleme gibt es zwar in der Stadt, aber wenn man mehrere Parzellen bewirtschaftet, kann man sie leicht vermeiden, indem man einfach wegläuft. Wenn der Flohkäfer an einem Standort zu einem Problem wird, kann man den Anbau dort einstellen und woanders mit der Kultur beginnen. Der Schädling kann der Kultur in der Stadt wegen der vielen Hindernisse und Barrieren nicht folgen. Und Unkrautprobleme gibt es einfach nicht so wie in ländlichen Betrieben. Mit Barrieren und Hindernissen gibt es viel weniger Unkrautsamen, die aus allen Richtungen eindringen. In der Vergangenheit habe ich auf zwei Parzellen im Stadtrandgebiet Landwirtschaft betrieben, wo die benachbarten Grundstücke nur offene Felder waren. Die Unkrautprobleme auf diesen Parzellen waren im Vergleich zu den städtischen Parzellen unterschiedlich wie Tag und Nacht.

Zugang zu Wasser

Zugängliches Wasser bietet einen enormen Vorteil, wenn man ländliche und städtische Betriebe miteinander vergleicht. So viele landwirtschaftliche Betriebe auf dem Land müssen im Frühling auf Flusswasser warten, was die Pflanzenproduktion verzögern kann. Außerdem kann Brunnenwasser durch benachbarte Betriebe oder Industrien verunreinigt sein. Zugang zu Wasser auf städtischen Grundstücken ist in den meisten Fällen so einfach wie das Anschließen eines Schlauchs an den Wasserhahn. Das Wasser ist sauber und hat reichlich Druck.

Die soziale Anbindung

Im Laufe der Jahre habe ich eine große Zahl meiner Kunden getroffen, einfach weil sie an meinen Grundstücken vorbeigegangen sind. In jeder Gegend, in der ich eine Parzelle habe, habe ich andere Nachbarn, geradeso als wenn ich in dieser Straße leben würde. Durch die Arbeit in diesen Gartenparzellen lerne ich im Laufe der Jahre schließlich die meisten Menschen in dieser bestimmten Straße kennen. Das ist eine sehr schöne Sache, da ich am Ende eine Menge mehr Freunde gefunden habe.

Ich kann dir nicht sagen, wie oft ich wöchentlich von Nachbarn meiner Parzellen an meinem Marktstand besucht werde. Sie werden nicht nur zu Käufern, sondern bringen am Ende auch ihre Freunde mit, die ebenfalls zu Kunden werden. Es gibt ein altes Sprichwort: „Ein zufriedener Kunde ist dein bester Verkäufer.“ Für den städtischen Landwirt müsste es eher so lauten: „Deine Nachbarn sind deine besten Verkäufer.“ Einer der besten Vorteile mehrerer Standorte ist, dass man einfach mehr Potenzial aufbauen kann, soziales Kapital in weiteren Nachbarschaften zu bilden.

Soziales Kapital beschreibt die Beziehungen, die man im Laufe der Zeit mit Menschen als eine Form von Kapital aufbaut. Gute Beziehungen zu

Menschen können sich in viele Gelegenheiten verwandeln wie Gefälligkeiten, Verbindungen und Einfluss. Diese Belohnungen sind wie Geld, das man in einer Bank anspart, nur dass man keinen wirtschaftlichen Wert in Form von Einkommenssteuer, Umsatzsteuer oder Inflation verliert. Kein Regierungsbeamter kann Sozialkapital von dir stehlen. Es ist das, was man mit Menschen aufbaut, indem man einfach nur Freunde findet, Information teilt und die Gemeinschaft verköstigt!

2

Punkte verbinden: Der Hof eines städtischen Landwirts in der Gemeinde

Mehr als nur ein Landwirt

Was die städtische Landwirtschaft so anders als andere Formen der Landwirtschaft macht, ist, dass man in Gegenden arbeitet, in denen es viel mehr Menschen gibt, und deshalb wirst du auch mehr Menschen treffen. Ein städtischer Landwirt hat die Fähigkeit, mehr als nur Landwirt zu sein. Er kann *Ausbilder* sein, indem er den Menschen auf der Straße einfach nur zeigt, wie man Lebensmittel anbaut. Du wirst mehr Menschen mit der Idee von *Örtlichkeit* in Kontakt bringen, einfach durch tägliches Demonstrieren. Und vielleicht wirst du sogar zum Vermittler für Landwirte vom Land für einige von deren Produkte, die du nicht in der Stadt ziehen willst, die jenen jedoch dabei hilft, einige deiner Verbindungen zu nutzen, die du dort hast.

Die Grenze der Lokalisierung

Als städtischer Landwirt steht man an der Spitze der lokalen Lebensmittelbewegung, nicht nur, weil man Lebensmittel anbaut, um die Einwohner zu ernähren, sondern weil man ihnen die städtische Landwirtschaft demonstriert und eine Vorreiterrolle übernimmt. Dies hat einen erheblichen Welleneffekt in allen Vierteln, in denen du Landwirtschaft betreiben wirst. Ich habe diese Auswirkungen aus erster Hand gesehen, und es erstaunt mich immer wieder, wie mächtig dies sein kann. An jedem Ort, an dem ich im Laufe der Jahre ein landwirtschaftliches Grundstück hatte, habe ich mindestens zehn Menschen in all diesen Gegenden gesehen, die leidenschaftlich mit dem Gärtnern begonnen haben. Ob ich der einzige Grund dafür war, ist schwer zu sagen, aber was ich mit Sicherheit sagen kann, ist, dass die Menschen, seit ich in ihrer Nachbarschaft Landwirtschaft betreibe, viel darüber gelernt haben, wie man intensiv gärtnert, und das war ein wichtiger Impuls, um sie dazu zu bewegen, entweder mit dem Gärtnern zu beginnen oder den Umfang ihrer Gärten zu vergrößern. Ich weiß das, weil ich täglich davon höre.

Bildung

Standardmäßig werden viele städtische Landwirte zu Ausbildern. Wenn man nur den Vorgarten von jemandem bewirtschaftet, wird man in vielen, vielen Fällen mit den Nachbarn über das, was man tut, sprechen. Und je länger man dort bleibt, desto mehr wird man im Laufe der Jahre in der Nachbarschaft dafür bekannt sein, dass man viele wertvolle Informationen über das Gärtnern vermittelt. Ehe man sich versieht, werden die Leute auf deinem Grundstück auf dich warten, um dir Fragen über ihre Gärten zu stellen. Nach einer gewissen Zeit wirst du gut darin werden, denn du wirst dieselben Punkte so oft wiederholen, dass du beginnst, wie ein Ausbilder zu klingen.

Genau das ist mir passiert. Ich hatte ursprünglich gar nicht die Absicht, öffentlicher Sprecher, Pädagoge oder Schriftsteller zu sein. Alles, was ich wollte, war Landwirt zu sein, sodass ich nach meinen Werte leben konnte. Die Leute begannen ständig, an meinen Parzellen mit mir zu sprechen. Sie fragten mich über das aus, was ich wann gepflanzt habe. Die erfahreneren Gärtner in der Gegend waren immer erstaunt darüber, wie früh ich die Dinge ausgepflanzt habe. Zuerst bekam ich viele Kommentare, wie: „Oh, ich glaube, du pflanzt ein wenig zu früh hier; hast du keine Angst vor dem Frost?“ Und dann, nach einer Weile, als sie sahen, wie ich es tat, haben sie aufgehört, so zu tun als wüssten sie mehr als ich, und fingen einfach an, Fragen zu stellen, die für ihre Gärten hilfreich waren. Die ersten Auftritte, die ich gemacht habe, waren in Gartenclubs vor einer Gruppe von Rentnern/Meistergärtnern. Zuerst kam ich mir lächerlich vor, Leuten, die 40 Jahre lang Gartenarbeit hinter sich hatten, etwas über städtische Landwirtschaft zu erzählen. Aber dann wurde mir klar, dass das, was ich tat, für sie etwas Neues und daher für sie wertvoll war. Für solche Menschen ging es nicht so sehr um die Einzelheiten, wie ich dies oder jenes getan habe, sondern mehr darum, warum ich es getan habe und die Tatsache, dass ich es tat. Ich lebte im Wesentlichen von Gartenarbeit in den Hinterhöfen der Menschen. Du musst mit dem Warum beginnen. Das *Was* ist wichtig, aber das *Warum* ist das, was die Menschen anzieht.

Die Einladungen des Gartenclubs führten zu Einladungen von der Highschool, dann von den Colleges, dann Universitäten und Tagungen. Und in weniger als einem Jahr nach meinem Beginn bezahlten mich die Leute dafür, dass ich sie über städtische Landwirtschaft unterrichtete. Zugegeben, es gab Teile meiner Vergangenheit, die mich dafür qualifizierten, öffentliche Reden zu halten: Ich war 16 Jahre meines Lebens ein vortragender Musiker gewesen, und mir wurde klar, dass das, was für mich funktioniert, vielleicht nicht für alle funktioniert. Der Punkt hier ist, dass du aufgrund des öffentlichen Charakters der städtischen Landwirtschaft ständig mit den Menschen über das kommunizieren wirst, was du tust. Und deshalb glaube ich, dass die städtischen Landwirte eine Verantwortung haben, ihre Botschaft an die Menschen zu bringen. Egal, wie man es betrachtet, du wirst es tun, ob das deine Absicht ist oder nicht.

Die Verbindung vom Land zur Stadt

Ich glaube, es gibt viele Möglichkeiten für Landwirte, zusammenzuarbeiten, und ich sehe eine, die viel an Bedeutung gewinnt, da die städtische Landwirtschaft immer mehr angenommen wird; es ist die Verbindung zwischen ländlichen und städtischen Landwirten. Seien wir ehrlich, für manche Pflanzen macht es einfach keinen Sinn, sie in städtischer Landwirtschaft anzubauen. Alles, was eine wirklich lange Anbauzeit hat, erfordert eine Menge Raum oder hat einen niedrigeren Preis und ist so für den Anbau in einer städtischen Landwirtschaft einfach nicht wirtschaftlich. Allerdings sind Landwirte bei der Pflanzenauswahl in ländlichen Gebieten nicht annähernd so eingeschränkt, weil sie Zugang zu größeren Landflächen und nicht ebenso viel Bedarf haben, schnell Bereiche umzugraben, um etwas anderes zu pflanzen. Sie haben auch schwere Maschinen, um manche Nutzpflanzen, wie zum Beispiel Kartoffeln, handzuhaben, die mit einem Traktor wirtschaftlicher angebaut werden können. Aber eine der größten Herausforderungen für Landwirte auf dem Land ist der Zugang zu den Märkten. Weil sie oft aus den Bevölkerungszentren verbannt wurden, haben sie nicht so gute Möglichkeiten, Kunden zu finden wie ein städtischer Landwirt. Es gibt hier gute Gründe für eine Zusammenarbeit, und das könnte für den städtischen Landwirt in der Gemeinde eine weitere große Rolle spielen. Weitere Einzelheiten siehe *Kleinbauernmakler* in Kapitel 9.

3

Schneller Überblick über die Wirtschaftlichkeit

\$19.200 auf ca. 223 m^2 großen Hof in 7 Monaten

Bevor ich mich in die wichtigsten Produktionssysteme eines landwirtschaftlichen Betriebes vertiefe und dir zeige, wie ein Betrieb auf ca. 1010 m^2 \$50.000 und mehr an saisonalen Einnahmen erzielen kann, lass mich die Struktur eines ca. 223 m^2 großen Grundstücks aufschlüsseln. Das wäre die durchschnittliche Größe eines Vorder- oder Hinterhofes in einer Vorstadtgegend in Nordamerika.

Wenn es darum geht, die höchste Produktionsmenge an einem Standort zu erhalten, müssen wir die dort wachsenden Pflanzen spezialisieren. Das bedeutet, dass wir Pflanzen anbauen müssen, die schnell wachsen und einen höheren Wert pro 0.09 m^2 haben. Auf meinem Hof gruppiere ich meine Feldfrüchte in zwei Kategorien, schnell und beständig. Schnellkulturen sind solche, die schnell wachsen (unter 60 Tagen), und Dauerkulturen sind solche, die über 60 Tage dauern und oft über einen bestimmten Zeitraum hinweg kontinuierlich geerntet werden (wie Tomaten oder Grünkohl). Ich züchte alles in einem Standadbeet. Normalerweise ist dieses Beet 76.2 cm mal 7.62 m groß. In einigen Fällen kann die Länge variieren, und in einigen seltenen Fällen wird die Breite variieren. Aber für die Planung meines Hofes lege ich alles auf diese Standardgröße fest.

In dem ca. 223 m^2 großen Gebiet, das ich beschreiben werde, kann ich 24 Beete unterbringen. Für diesen Bereich (den ich als Hi-Rotation (HR)-Bereich bezeichne) werde ich speziell schnell wachsendes Gemüse anbauen. Jedes Beet auf dem Gelände wird während der gesamten Zeit der Saison mehrmals rotiert, manchmal bis zu viermal. Dies bedeutet, dass in jeder Saison in jedem Beet vier verschiedene Kulturen angebaut werden.

Auf einer solchen Parzelle würde ich Pflanzen anbauen wie Rucola, Karotten, Koriander, Salatrüben, Kopfsalat, Misuna, Senfgrün, Petersilie, Radieschen, Frühlingszwiebeln und Spinat. Beachte, dass Karotten nicht als schnell wachsend betrachtet werden; sie sind das, was ich als *Dauerkultur* bezeichne, aber solche Kulturen können in einem HR-Bereich eingemischt werden.

Ich würde die Parzelle in zwei Segmente unterteilen, sodass ich zu jeder während der gesamten Saison mit meinem Rototiller Zugang habe. Auf diese Weise kann ich, wenn ich nur ein oder zwei Beete bearbeiten muss, die Parzelle problemlos erreichen. Ein Beet in einem Hi-Rotation (HR)-Bereich kann $800 generieren, weil jede Kultur jeder Rotation $200 Ertrag bringt.

Nach dieser Formel ist die Entscheidung über das Ergebnis einer Parzelle in HR eine einfache mathematische Berechnung: $800 × 24 Beete = $19.200. Ein Beet könnte zum Beispiel mit Spinat begonnen haben, am 1. April gepflanzt worden sein und wäre bis zum 15. Mai erntereif. Mit Spinat ernte ich im Durchschnitt insgesamt ca. 15.9 kg und verkaufe ihn für $7 pro ca. 453 g. Diese ca. 15.9 kg sind die Gesamternte, also könnten es zwei Schnitte im Laufe von zwei Wochen gewesen sein. So oder so, diese Ernte ist $245 wert. Als Nächstes könnte ich dieses Beet wieder bepflanzen; ich würde die Pflanzenreste entfernen, den Boden zwischen den Pflanzungen verbessern oder ihn umpflügen und etwas anderes pflanzen. Dieses Mal würde ich am 25. Mai ein Radieschenbeet pflanzen. Dieses Beet wäre 31 Tage später, am 25. Juni, erntereif. Radieschen liefern im Durchschnitt 75 Sträuße pro Beet, und ich verkaufe sie für $2.50 pro Strauß; das macht zusammen $187.50. Diese würden alle auf einmal geerntet und in dieser Woche verkauft werden, ich nenne das *Abernten*. Die Erde auf dem Beet wird erneut verbessert und bis zum Beginn der folgenden Woche wird etwas anderes gepflanzt. Würde in diesem Beet am 29. Juni Salat gepflanzt werden, wäre die erste Ernte der 30. Juli. Er würde im Verlauf von drei Wochen dreimal geerntet werden. Mit diesem Grün nehme ich Bezug auf die als *Cut and Come again*[6] bezeichnete Erntetechnik. Ich würde 6.8 kg pro Schnitt ernten. Dreimal, insgesamt 20.4 kg, zu $8 pro ca. 453 g macht einen Gesamtbetrag von $360. Am 20. August ist das Beet fertig und wird am 24. August wieder neu bepflanzt. Diesmal pflanze ich Rucola, und der ist in 24 Tagen im Sommer fertig. Das bringt uns zum 17. September, und hier bekommen wir zwei Schnitte, einen im Abstand von einer Woche mit insgesamt ca.9 kg zu $10, macht weitere $200. Also, aus einem Beet haben wir bis Ende September den Bruttobetrag $1005 erwirtschaftet. Auch wenn diese Zahl bei einigen Kulturen höher sein kann, ziehe ich konservative Schätzungen für meine gesamte Planung vor, denn es gibt immer Variablen, die man nicht planen kann, zum Beispiel für: Wetteranomalien, Bewässerungsprobleme oder Schädlingsbefall. Anhand dieses Beispiels ist leicht zu erkennen, wie dieses Muster auf einer breiteren

6 Schnitt und nochmals kommen lassen, Schnittgrün

Skala angewendet werden könnte. In den meisten Fällen pflanze ich Beete in Gruppen, wie zum Beispiel mehrere Beete mit Spinat, Radieschen, Kopfsalat und Rucola auf einmal.

TEIL 2

EIN LEBENSFÄHIGES LANDWIRTSCHAFTLICHES UNTERNEHMEN AUF CA. 2000 M² ODER WENIGER

In *Der städtische Landwirt* erfährst du, wie man eine Fläche von ca. 2000 m² Land oder weniger kommerziell bewirtschaftet und dabei ein beträchtliches Einkommen erzielen kann. Die Idee besteht darin, sich auf direkte Marktströme für die Verbraucher zu konzentrieren, höherwertige Pflanzen anzubauen und arbeits- und zeitsparende Techniken zu verwenden, die ich im Laufe der Zeit entwickelt und angewendet habe.

5

Zonen deines Hofes und deines Lebens

Wenn wir an den typischen kleinen Hof denken, stellen wir uns normalerweise ein Stück Land vor, auf dem es ein Zuhause, ein paar Gewächshäuser, ein Nebengebäude für Werkstatt und Lagerung und vielleicht einen Marktstand am Tor gibt. In gewisser Weise ist ein städtischer Hof nicht viel anders, aber die Art und Weise, wie diese ganze Infrastruktur ausgelegt ist, ist ganz unterschiedlich. Es gibt normalerweise nicht nur einen Ort, an dem all diese Dinge sein können, da das Land, das wir nutzen, so viel kleiner und oft auf mehrere Orte aufgeteilt ist. Wir müssen unser Netzwerk an Parzellen organisieren, um seine Effizienz zu maximieren, damit wir nicht zu viel Zeit mit Hin- und Herfahren verschwenden. Zuerst muss man all seine Bedürfnisse definieren. Es gibt drei Hauptüberlegungen:

- Wo möchtest du dich niederlassen – in der Stadt, einem Ort oder im ländlichen Gebiet?
- Wo wird deine Operationsbasis sein?
- Wo werden deine landwirtschaftlichen Flächen liegen?

Deine Stadt

Deine erste Überlegung, und vielleicht die wichtigste Entscheidung, die du treffen wirst, ist, wo du dich niederlässt. Es ist sehr verlockend, in Großstädte wie San Francisco zu gehen, Vancouver, Portland oder sogar Detroit. Ich weiß, dass viele Menschen versucht sind, an einen Ort zu gehen, an dem es bereits etwas städtische Landwirtschaft gibt, weil es schön ist, an einem Ort zu sein, an dem man das Gefühl von Kameradschaft mit anderen Landwirten haben und vielleicht einige der längst etablierten Ressourcen nutzen kann, seien es Landbeteiligungsprogramme, Gemeinschaftshöfe oder sogar Zugang zu öffentlichem Geld.

Was ich sagen werde, wird dich vielleicht schockieren. Aber ich möchte dich ermutigen, dich nicht dort niederzulassen, wo es eine etablierte städtische Landwirtschaftsszene gibt. Andererseits, wenn es gelingt, eine Marktnachfrage zu identifizieren und man eine Nische füllen kann, die bisher niemand bedient, dann geh auf alle Fälle dorthin, wo es für dich richtig ist. Aber sei vorsichtig beim Eintritt in einen Markt, der bereits gesättigt ist. Ich habe viele Landwirte gesehen, die das gemacht haben. Sie haben es sehr schwer, tatsächlich Geld zu verdienen, weil sie im Wettbewerb mit so vielen anderen etablierten Erzeugern stehen.

Seien wir hier ehrlich, die städtische Landwirtschaft ist nicht wirklich etwas Neues. Die Menschen haben sie irgendwie, auf irgendeine Weise, in irgendeiner Form, seit Hundert Jahren betrieben – selbst in der Art und Weise, wie ich darüber spreche, nämlich indem sie Vorder- und Hinterhöfe zur Bewirtschaftung kommerziell nutzen. Es gibt Menschen in einigen der von mir erwähnten Städten, die dort Landwirtschaft seit weit über zehn Jahren betreiben. Wenn du in Orte ziehst, in denen bereits städtische Höfe etabliert sind, wird deine Geschichte nichts Einzigartiges werden und ist dann nicht wirklich hilfreich.

Es gibt ein Konzept in der Wirtschaft, das *First Mover Advantage*[7] genannt wird. Dies bedeutet, dass wenn du die erste Person bist, die eine neue Idee an einen Ort bringt, wirst du immer der Erste sein, der den Marktanteil bekommt. Dies wird dir in den ersten Jahren erheblich helfen, aber es bedeutet auch, dass du im Laufe der Zeit immer als der Erste angesehen wirst, der die städtische Landwirtschaft in deinen Bereich gebracht hat. Das ist ein riesiger Marktvorteil. Letztlich, als *First Mover*, bist du eine Nachrichtenstory und das bedeutet kostenlose Werbung und Darstellung, wenn du anfängst. Die meisten Unternehmen müssen dafür bezahlen.

Bei der Wahl einer Stadt oder eines Ortes, in dem du Landwirtschaft betreiben willst, gibt es eine Reihe von Faktoren zu berücksichtigen.

Stadtgröße und Bevölkerungsdichte

Wie groß ist das Gebiet? Ich habe einige Städte in den USA besucht, die so weitläufig sind, dass man 20 Minuten fahren muss, um irgendwo hinzukommen. Wenn du dich ernsthaft mit einem Ort wie diesem beschäftigen willst, dann wäre die Landwirtschaft an einem einzigen Standort die bessere Option. Wenn das Gebiet geografisch etwas konzentrierter ist (wie zum Beispiel ein paar Kilometer), dann kann es funktionieren, wenn man an

---

7 Unter dem *First Mover Advantage* versteht man den Vorteil, den ein Unternehmen hat, wenn es als erstes mit einem neuen Produkt am Markt erscheint.

mehreren Standorten tätig ist. Ich finde, dass Städte mit einer Bevölkerung zwischen 50.000 und 200.000 Einwohnern die perfekte Größe haben.

Demografie und Nachfrage nach lokalen Produkten

Die Größe der Stadt spielt nur dann eine Rolle, wenn es eine Nachfrage nach dem gibt, was du produzierst. Wenn du die einzige Person sein musst, die all deine potenziellen Kunden über die Bedeutung lokalen Konsums aufklärt, dann wirst du einen weitaus größeren Kampf führen müssen, um dich zu etablieren. Suche nach Orten, an denen es vielleicht schon ein Umfeld für eine Nahrungskultur gibt: Feste und Veranstaltungen, bei denen lokale Lebensmittel und Landwirte gefeiert werden, Bio-Lebensmittelgeschäfte, Menschen, die Fahrrad fahren und generell an einem gesundheitsbewussten Leben interessiert sind. Nach dem, was ich gesehen habe, sind dies die Zielkunden eines städtischen Landwirts.

Zugang zu potenziellen Märkten

Bauernmärkte und Restaurants sind meine zwei großen Marktströme. Über Bauernmärkte und Restaurants werden wir in Teil 3 ausführlich berichten, aber wenn du nach einem Ort suchst, an dem du dich betätigen kannst, sind diese Absatzmöglichkeiten für deine Produkte sehr wichtig. Bei Bauernmärkten sollte man online nachschauen, wie viele Märkte es gibt und wie viele Menschen dort täglich einkaufen. Gibt es eine Warteliste, um auf den Markt zu kommen, und wie lang ist deren Saison?

Führe bei Restaurants eine ähnliche Online-Suche durch, um herauszufinden, wie viele Restaurants möglicherweise lokale Lebensmittel verwenden oder für sie werben. Verwenden sie bereits lokale Produkte und besteht Bedarf an mehr Landwirten, die sie beliefern? Hat der Tourismus in der Region Auswirkungen auf das Gaststättengewerbe und wie ist die Saisonalität dieses Tourismus? Die Nähe zu den eigenen Marktströmen ist sehr wichtig und muss für die städtischen Landwirte den größten Vorteil ausmachen. Wenn man jede Woche eine Stunde pro Strecke fahren muss, um Restaurants oder Bauernmärkte zu beliefern, verliert man seinen größten Vorteil. Daher ist die Kenntnis dieser Märkte bei der Suche nach der besten Stadt für deinen Betrieb ein entscheidendes Element.

Parzellengrößen

Im Allgemeinen gilt: je dichter die Stadt, desto kleiner die Parzellen. Nach meiner Erfahrung haben die städtischen Landwirte in größeren Städten oft mehr Parzellen mit kleineren Abmessungen; in kleineren Städten ist das

Gegenteil der Fall. Für die Hinterhof-Landwirtschaft meine ich, dass mittelgroße, vorstadtgroße Städte das Beste aus beiden Welten haben: gute Grundstücksgrößen und Bevölkerungsdichte. Bei einem standortübergreifenden Ansatz solltest du mehrere Parzellen von ca. 93 m^2 oder weniger haben und diese müssen nahe beieinander gelegen sein; ansonsten kann man viel Zeit auf dem Weg zwischen ihnen verschwenden. Bei größeren Parzellen kann die Entfernung weiter sein. Mehr dazu in Teil 4.

Deine Heimatbasis

Nachdem du dich entschieden hast, wo du operieren wirst, ist deine nächste Überlegung, wo deine Operationsbasis sein wird. Deine grundlegenden Bedürfnisse werden laufend von den Dingen bestimmt, die du am häufigsten tust. Das sind alles Dinge, die mit dem Verpacken, Lagern und Reinigen von Gemüse zu tun haben – im Wesentlichen alle Aufgaben, die an deinem Standort ausgeführt werden. Im Idealfall ist dies ein Ort, der sich im Zentrum deines Netzwerks befindet und in der Nähe deines Wohnortes bzw. des Ortes, an dem du lebst oder in naher Zukunft leben willst. Wie auch immer du dich entscheidest, wo du deine Operationsbasis ansiedeln möchtest, alle anderen Orte werden von diesem Standort aus betrachtet. Sie ist im Wesentlichen das Herz deines Betriebs und muss zentral gelegen und zugänglich sein.

Dein Hof und die Hierarchie des Landes

Auf meinem Hof habe ich zwei Kategorien geschaffen, nach denen ich mein gesamtes Land organisiere. Diese nenne ich Parzellen in Hi-Rotation (HR) und Bi-Rotation (BR). Diese Bezeichnungen beziehen sich auf die Anzahl der Male, in denen die Beete auf den einzelnen Parzellen umgesetzt und neu bepflanzt werden. *Hi-Rotation*-Flächen sind Parzellen mit konstanter Aktivität, und jedes Beet wird während der gesamten Saison viele Male bepflanzt. *Bi-Rotation*sflächen dürfen nur zweimal in der Saison bepflanzt werden. Auf keinem Fall habe ich in meinem Betrieb Beete, die nur eine Erntezeit haben. Dies ist für kleine Landstützpunkte nicht wirtschaftlich, und ich empfehle daher nicht den Anbau von Kulturen mit langen Reifezeiten, wie zum Beispiel Zwiebeln, Kartoffeln, Winterkürbis, Melonen, Knoblauch oder Mais.

In einem Hi-Rotation-Gebiet pflanze ich hauptsächlich schnellwachsende Pflanzen, sodass jedes Beet bis zu viermal genutzt wird – in einigen Fällen sogar noch mehr. Manchmal können langsamer wachsende Kulturen (wie Karotten und Rüben) in diesen Beeten angebaut werden, aber in den meisten HR-Parzellen wird nur Gemüse mit einer durchschnittlichen Restlaufzeit von 60 Tagen oder weniger angebaut. Weil die landwirtschaftlichen Parzellen in HR ständig geerntet und neu bepflanzt werden, müssen sie näher an deiner Basis gelegen sein, um die Transportzeit zu reduzieren. Wenn ein Betrieb mehrere Standorte hat, ist es von größter Bedeutung, dass die Transportzeit zwischen den Parzellen minimiert wird. Während der Hochsaison, zwischen Juli und September besuchen wir die HR-Parzellen mehrmals pro Woche, weil fast jeden Tag entweder etwas geerntet, umgesetzt oder neu gepflanzt wird. Ein Beet in einem HR-Bereich kann $800 oder mehr Bruttoeinnahmen pro Saison bringen. Das ist im Durchschnitt $200 pro Ernte pro Beet.

Bi-Rotation bedeutet, dass die Beete nur zweimal pro Saison bepflanzt werden. Hier werden meine am längsten dauernden Saisonkulturen angebaut. Typischerweise bestehen sie aus einer Primärkultur, die eine stetige Ernte ermöglicht, und ihr geht entweder ein anderes Gemüse voraus oder wird von einem anderen Gemüse gefolgt. Weil BR-Bereiche nicht so viel ständige Arbeit brauchen, können sie in der Parzellenkette weiter entfernt sein. Bei Tomaten ist dies jedoch nicht der Fall. Da sie in der Hochsaison ständig beschnitten und geerntet werden müssen, sollten sie näher liegen. Einige Primärkulturen in einem BR-Bereich wären Tomaten, Sommerkürbis, Karotten, Rüben und Grünkohl. Tomaten und die meisten Sommerkulturen werden in meiner Klimazone zum Beispiel nicht vor Mitte Mai in den Boden gesetzt; damit habe ich Zeit, ein Schnellgemüse (wie etwa eine Grünpflanze, die auch bei kühlem Wetter gedeiht, oder Radieschen) zu pflanzen. Die Primärkultur ist also die spätere Kultur, da ihr die Schnellkultur vorausgeht. Bei Grünkohl zum Beispiel wäre das Gegenteil der Fall. Grünkohl wäre die Primärkultur und die sekundäre Kultur würde folgen, nachdem der Grünkohl aus dem Boden gezogen wurde. Ich setze Grünkohlsetzlinge um die erste Aprilwoche herum in den Boden und lasse sie bis zur Sommersonnenwende wachsen. Wenn der Grünkohl herauskommt, folgt ihm normalerweise eine Kulturpflanze wie Herbstmöhren oder Rüben. In einigen Fällen würde ich schnell wachsendes Gemüse anbauen, normalerweise jedoch etwas, das herausgeschnitten werden könnte wie Radieschen oder Rüben, sodass ich, wenn die Parzelle weiter weg in meiner Parzellenlandschaft liegt, nicht zu viele Fahrten dafür machen muss. Ein Beet in einem BR-Gebiet kann mindestens $400 Bruttoeinnahmen pro Saison generieren. Das sind $200 pro Ernte pro Beet.

Kulturen, die sich besser für die Stadt eignen

Es ist wichtig zu verstehen, dass städtische Landwirte nicht versuchen können und sollten, alles anzubauen. Da sie auf einer viel kleineren Landfläche arbeiten als die meisten anderen Landwirte, ist der Anbau einiger Kulturen für uns einfach nicht wirtschaftlich. Es gibt noch einige andere Faktoren, wie die Entfernung zum Markt, der Marktwert, der Ertrag pro Quadratmeter und die Verderblichkeit der Kulturen, die ebenfalls ins Spiel kommen. Ein deutscher Ökonom aus dem 19. Jahrhundert namens Johann Heinrich von Thünen schlug 1826 in seinem Buch *Der isolierte Staat* die Idee vor, Städte in Ringe landwirtschaftlicher Produktion zu unterteilen. Die Grundlage seiner These war, dass bestimmte Kulturen an bestimmten Punkten eines geografischen Gebiets auf der Grundlage von Transportkosten, Bodenwert und Entfernung zum Markt angebaut werden sollten. Es macht demnach also wirtschaftlich keinen Sinn, Getreide im Zentrum einer Stadt anzubauen. Getreide hat eine lange Haltbarkeit, sodass es durch den Transport nicht an Nährwert verliert, und es hat auch ein niedriges Ertragsverhältnis, das auf dem Wert des Bodens pro Quadratmeter basiert, sodass es fast unmöglich ist, auf kleinen Flächen Gewinne zu erzielen. Andererseits ist es auch nicht wirtschaftlich, hoch verderbliche Salatblätter in einer

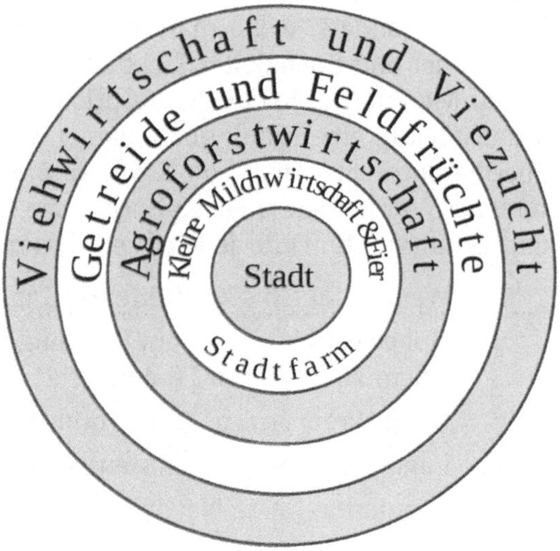

Abb. 1: Der isolierte Kleinstaat zeigt, wie Landwirtschaft in menschliche Siedlungen eingebaut werden kann. Quellenangabe: Curtis Stone.

Entfernung von 1.000 Kilometern anzubauen und zu versenden. Bedenke alle Faktoren, die frisches Grün wertvoll machen: Es hat eine kurze Haltbarkeit, einen hohen Ertrag pro Quadratmeter und eine kurzes Reifezeit. Daher ist die Idee, diese Pflanze in der Nähe des Ortes anzubauen, an dem sie verbraucht wird, eine gute Wahl. Eine kurze Reifezeit ist für den städtischen Landwirt sehr wichtig: Diese Pflanzen können vielfach neu gepflanzt werden, um die maximale Produktionsmenge pro Quadratmeter zu gewährleisten.

Die kubanische Sonderperiode ist ein weiteres großartiges Beispiel für diese grundlegende Praxis. Als die Sowjetunion in den 1990er Jahren zusammenbrach, verlor Kuba aufgrund eines Embargos der US-Regierung den Zugang zu den meisten seiner fossilen Brennstoffe und konventionellen Düngemittel, die in der Landwirtschaft verwendet wurden. Während dieser Zeit hungerten die Kubaner, und es mussten drastische Maßnahmen ergriffen werden, um die Menschen schnell zu ernähren. Pflanzen wie Salatblätter wurden in der Innenstadt gepflanzt, weil sie die Menschen schnell ernähren und in der Nähe des Wohnortes geerntet werden konnten. Solche Innovationen sind der Grund, warum Kuba immer noch als weltweit führend in der städtischen Landwirtschaft gilt. In vielen Fällen ist die Notwendigkeit die Mutter der Erfindung.

Von Thünens und Kubas Ansätze sind grundlegend, wenn es darum geht zu entscheiden, welche Kulturen am besten für die städtische Agrarproduktion geeignet sind. Ähnliche Prinzipien gelten auch, wenn wir auf Kulturen schauen, die auf einem städtischen Hof angebaut werden. Sie sind jedoch etwas anders, wenn man in Betracht zieht, was das Beste im Sinne logistischer und finanzieller Sicht ist. Nach meiner eigenen Erfahrung gibt es fünf Merkmale, die eine Kulturpflanze für den Anbau auf einem kleinen Grundstück in einer Stadt gut geeignet machen. Ich fasse diese Merkmale einer Kulturpflanze als *Crop Value Rating*[8] (CVR) zusammen. CVR funktioniert so, dass man jeder Kulturpflanze, die man anbauen möchte, je einen Punkt (von fünf) für jedes ihrer Merkmale zuweist:

1. Wenige Tage bis zur Reife (60 Tage oder weniger)
2. Hoher Ertrag pro 30 cm Beetlänge (226 g pro linearen 30 cm, bei einem 76.2 cm mal 76.2 m Beet)
3. Hoher Preis pro ca. 453 g (mindestens $4 pro ca. 453 g)
4. Lange Erntezeit (mindestens 4 Monate)
5. Popularität (hohe Nachfrage, niedrige Marktsättigung)

---

8 Etwa *Kulturpflanzen-Wert-Bewertung*

Schauen wir uns an, was jede Kategorie bedeutet.

1. Wenige Tage bis zur Reife

Kürzere Reifezeiten bedeuten, dass die Pflanze schnell wächst und innerhalb von 60 Tagen oder weniger erntereif ist. Bei Radieschen sind es 28 Tage, damit würden sie hier punkten. Bei Spinat sind es 45, er punktet ebenso. Bei Tomaten sind es oft 70 Tage oder länger, damit würden sie hier nicht punkten. Ich baue generell auf meinem Hof nichts an, was ab dem Zeitpunkt, an dem es in den Boden gepflanzt wird, mehr als 70 Tage bis zur Reife benötigt. Das bedeutet, dass ich nur eine Tomatensorte anbaue, die in etwa zehn Wochen nach dem Umsetzen fertig ist. Das Gleiche gilt für Karotten, Rüben oder alles andere, was eine längere Reifezeit haben würde. Ich versuche immer, die schnellsten Sorten zu züchten, egal was es für eine Kulturpflanze ist.

2. Hoher Ertrag pro 30 cm Beetlänge

Überlege, wie viel Ertrag sich aus 30 cm Beetlänge erzielen lässt. Zum Beispiel braucht Kohl etwa 80 Tage, um zu reifen. Wenn die Pflanze zu 75 % ausgereift ist, braucht sie etwa 0.19 m^2 in einem Beet; all dieser Raum wird nur einen Kopf ergeben, der einmal zu einem relativ niedrigen Preis verkauft wird. Vergleiche mal die Ernten von Kohl und Radieschen. Radieschen sind in 28 Tagen fertig. Vom gleichen Platz wie ein Kohlkopf könnte ich acht Bündel ernten. Die allgemeine Idee ist, den maximalen Wert aus dem vorhandenen Raum zu bekommen.

3. Hoher Preis pro ca. 453 g

Im Allgemeinen baue ich nichts an, was sich für weniger als $4 pro ca. 453 g verkaufen lässt. Meine preiswerteste Kultur, die diese Anforderung erfüllt, wären Kirschtomaten zu $4 pro ca. 453 g. Einige meiner Tomaten schneiden zwar schlechter ab, aber das bedeutet nicht, dass ich sie nicht anbaue; es bedeutet nur, dass sie, wenn ich eine Kultur von meiner Liste streichen müsste, diese vielleicht als Erste weggehen würde. Grünkohl oder Radieschen zu $5 pro ca. 453 g erfüllen auch andere Kriterien: lange Saisonabhängigkeit und hoher Ertrag pro Quadratmeter. Der höchste Preis pro ca. 453 g wäre Mikrogrün mit $20 pro ca. 453 g. Um also allein dieses Preiskriterium zu erfüllen, muss ein Produkt für mindestens $4 pro ca. 453 g verkauft werden. Das bedeutet nicht, dass du nichts anbauen darfst, das sich für weniger als $4 verkauft. Es bedeutet jedoch, dass du dann sicherstellen musst, dass die Ernte auch einige der anderen Kriterien erfüllt.

4. Lange Erntezeit

Das kann zweierlei bedeuten:

- Es ist eine Kulturpflanze, die ich mindestens vier Monate lang immer wieder pflanzen kann.
- Ich kann die gleiche Kultur für mindestens vier Monate ernten.

Radieschen kann ich zum Beispiel die ganze Saison über pflanzen, sodass sie in dieser Hinsicht eine lange Saison haben. Eine Kultur wie Grünkohl kann ich in den meisten Monaten des Jahres ernten, außer in der Sommerhitze. Tomaten haben keine lange Erntezeit. Ich baue nur Sorten an, welche die längste Periode haben, die ich finden konnte, wie zum Beispiel unbestimmte Sorten, die viele Monate lang Früchte tragen.

5. Popularität

Hohe Nachfrage und geringe Marktsättigung sind vielleicht die wichtigsten Merkmale von allen. Du kannst hochwertige und schnell wachsende Pflanzen anbauen, bis du blau im Gesicht bist, aber wenn niemand weiß, was das ist, oder niemand kaufen will, sind sie nichts wert. Ich habe das auf die harte Tour gelernt. In einem Jahr habe ich meine Produktion von Mikrogrün drastisch nach oben gefahren. Ich vervierfachte meine Ernte von einem Jahr zum nächsten und sättigte den Markt. Ich war dann nicht mehr in der Lage, alles zu verkaufen. Sie wurden auch zu einer Ware, die andere Landwirte wegen ihres hohen Werts begannen anzubauen. Sobald der Markt gesättigt war, wurde Mikrogrün für die Köche ziemlich schnell uninteressant. Ich blieb damit auf einer Menge von Produkten sitzen, die ich nicht verkaufen konnte.

Grünkohl ist ein perfektes Beispiel für eine Kulturpflanze, die vielleicht nicht den höchsten Wert pro ca. 453 g hat – aber er ist sehr beliebt und ich muss nie zu hart arbeiten, um ihn zu verkaufen. Er mag zwar nicht alle Kriterien für unseren CVR haben, aber er punktet insgesamt wegen seiner Popularität.

Einige Beispiele zur Veranschaulichung von CVR

Sehen wir uns drei Kulturen an, die alle einen CVR von drei bis fünf haben. (Denke daran, dass diese Bewertung für die gleichen Kulturen in verschiedenen Gebieten unterschiedlich ausfallen kann, je nachdem, welche Nachfrage besteht. Ist der Markt gesättigt oder besteht eine hohe Nachfrage?) In meinem Gebiet wird eine Kultur wie Spinat mit einem CVR von 5 von 5 bewertet. Spinat hat eine kurze Reifezeit (45 Tage oder weniger), einen hohen Ertrag pro linearen 30 cm (635 g), einen hohen Preis pro ca. 453 g ($7); er hat eine lange Gesamterntezeit (10 Monate) und ist wegen seiner vielseitigen Verwendbarkeit ein gängiges Gemüse. Kirschtomaten hingegen erzielen drei von fünf Punkten. Du hast einen hohen Ertrag pro linearem 30 cm bei ca. 3.18 kg. Du kannst einen guten Preis von $4 pro ca. 453 g erzielen und sie sind sehr beliebt bei meinen beiden Marktströmen. Rüben erzielen vier Punkte auf der Skala. Sie erfüllen alle Anforderungen außer der kurzen Reifezeit: diese dauert 60-70 Tage.

Mit Hilfe der CVR-Bewertung kann man ein System festlegen, in dem die Auswahl der Pflanzen basierend auf Logistik und Wirtschaftlichkeit bewertet wird. Die meisten Pflanzen auf meinem Hof erzielen im Durchschnitt vier von fünf Punkten, mit ein paar Dreien und Fünfen. Die Grundidee ist, dass, je kleiner die Landbasis ist, desto höher solltest du die Mehrheit deiner Pflanzen auf der CVR-Skala bewerten, um den Verlust von Land auszugleichen. Je größer die Landbasis, desto mehr Pflanzen kannst du einbeziehen, die weniger Punkte erzielen. Wenn du nur auf ca. 1000 m^2 Land anbaust, solltest du das nur mit Kulturen tun, die mit Vier und Fünf bewertet werden. Auf jedem kleineren Hof baue nur Fünfer an. Auf ca. 2000 m^2 oder mehr beziehe mehr Vielfalt ein, um mehr Marktanteile zu bekommen: baue Dreier, Vierer und Fünfer an und vielleicht sogar einige Zweier. Auf einem Hof dieser Größe kann es sein, dass du Kulturen mit längerer Reifezeit anbaust, die nicht in diesem Buch behandelt werden.

Cash is King – Schneller Umsatz

Nach diesen Grundprinzipien können wir leicht erkennen, warum einige Kulturen einfach besser für die städtische Produktion geeignet sind. Der andere entscheidende Faktor ist hier der Cashflow. Schnell wachsendes einjähriges Gemüse macht sich schnell bezahlt. Es wird gepflanzt und ist in einigen Fällen in 30 Tagen erntereif. Das Pflanzen mehrjähriger Ernten dauert oft Jahre, bis es sich bezahlt macht. Ein schneller Umsatz ist besonders dann wichtig, wenn der Landwirt nicht im Besitz des Landes ist. Es ist keine vernünftige unternehmerische Entscheidung, auf eine dreijährige Rendite für Spargel zu warten, wenn man vielleicht nur drei Jahre lang Zugang zu diesem Land hat. In all diesen Fällen müssen wir auf grundlegende Wirtschaftswissenschaften und solide Unternehmerpraktiken zurückgreifen.

Viele Menschen wollen Gemüse anbauen, das sie mögen oder vielleicht wegen irgendeiner Ideologie, die um sie herum entstanden ist, wie Gesundheit oder Umweltnutzen. Es ist gut, eine Ideologie und einen ethischen Standpunkt zu haben, aber wenn deine Ideologie dich in die Pleite treibt, dann gewinnt niemand. Gib deine Ideologie nicht auf; behalte sie einfach in deiner Hosentasche und sei praktisch. Wenn du dann kleine Erfolge hast, dann bringe etwas deiner Ideologie zurück und füge dann immer mehr hinzu. Wenn man mit zu vielen grandiosen Ideen anfängt, wird der Start schwer. Glaube nicht, dass du ausverkaufst, weil du nicht alle ultimativen Ideen der Nachhaltigkeit auf einmal anwenden kannst. Es ist gut, große Ideen zu haben, mach aber kleine Schritte, um sie umzusetzen. Bei diesem System geht es darum, von A nach B zu kommen. Ich bin mir nicht sicher, wie die ultimative Form der nachhaltigen Landwirtschaft aussieht, aber wir unternehmen Schritte, um dort hinzugelangen, und wir finden sie auf dem Weg dorthin heraus. Das Wichtigste ist: Zuerst musst du davon leben können. Ansonsten arbeitest du woanders und machst dies am Wochenende. Man muss Cashflow haben, genau deshalb baue ich die Pflanzen an, die ich anbaue.

Schnelle und beständige Kulturen

Alle Feldfrüchte auf meinem städtischen Hof sind in zwei Kategorien unterteilt, und auch hier gilt, dass alle diese Feldfrüchte auf dem basieren, was in einer Stadt am logischsten und wirtschaftlichsten anbaubar ist. *Schnell*wachsende Kulturen wachsen schnell und werden oft, aber nicht immer, auf einmal geerntet, um Platz für eine Neuanpflanzung zu schaffen. *Beständige* Kulturen sind etwas langsamer, werden aber über einen langen Zeitraum geerntet (meist wöchentlich während der gesamten Saison). Ich baue in keinem Fall langlebige Kulturen wie Zwiebeln, Kartoffeln, Kohl, Winterkürbis, Melonen, Mais oder Knoblauch an. Auch Kulturen wie Brokkoli, Blumenkohl, Rosenkohl, Bohnen und Erbsen sind für meinen Betrieb nicht geeignet. Und auch wenn einige dieser Kulturen kürzere Reifezeiten haben, haben sie einen sehr geringen Ertrag pro Quadratmeter. Ich empfehle keinem städtischen Landwirt, solche Pflanzen für die kommerzielle Produktion anzubauen; sie für den eigenen Gebrauch anzubauen, ist jedoch eine andere Geschichte. Die Besonderheiten von Kulturpflanzen werden in den Teilen 9 und 10 ausführlich behandelt.

Schnellwachsende Pflanzen

Schnellwachsende Pflanzen sind in 60 Tagen oder weniger erntereif. Ich pflanze alle Pflanzen dieser Kategorie fast wöchentlich neu. Wenn ich meinen Hof plane, plane ich nicht, wo alle meine schnell wachsenden Pflanzen angebaut werden. Ich entscheide einfach, welche Flächen in Hi-Rotation genutzt werden. Ich nehme die genauen Details dieser Kulturen und verbinde sie mit den Forderungen des Marktes; und die genaue Anzahl, die wöchentlich gepflanzt wird, ändert sich von Saison zu Saison.

Auf diese Weise maximiere ich die wirtschaftliche Leistung meines Betriebs. Wenn sich etwas nicht verkauft, wird der Anbau beendet und sofort etwas anderes an seiner Stelle gepflanzt.

Dauerhafte Kulturen

Dauerhafte Kulturen sind solche mit einem Fälligkeitsdatum von 60 Tagen oder mehr, und sie werden dauerhaft genannt, weil sie oft dauerhaft geerntet werden. Tomaten, Grünkohl und Sommerkürbis werden zum Beispiel während der Hochsaison wöchentlich abgeerntet und regenerieren sich ständig, während Karotten manchmal ganz rauskommen oder zumindest einige Reihen in etwa einer Woche. In einigen Fällen können Rüben im Lauf von jeweils ein paar Wochen ausgedünnt werden.

Ganzjährige Produktion

Ein Teil dessen, was meinen Betrieb rentabel macht, ist ein konstantes Produktionsniveau über die gesamte Saison. Meine Saison hier in Kelowna, BC, beträgt im Durchschnitt 30 Wochen und der Schlüssel ist hier, ein starkes Einkommen über die gesamte Periode hinweg aufrecht zu halten. Das ist nicht wie die typische Landwirtschaftssaison, in der es in der Nebensaison niedrig und im Sommer hoch ist. Deswegen wirst du feststellen, dass ein erheblicher Anteil der von mir angebauten Kulturen Frühjahrskulturen sind. Die Mehrheit der Gemüse, die ich anbaue, und die Basis meines Betriebseinkommens stammt aus Kulturen, die ich in fast allen Jahreszeiten anbauen kann. Dies ist sehr wichtig, weil das eine starke Grundlage für den Cashflow das ganze Jahr über bildet. Zugegeben, es gibt eine kleine Einkommensspitze im Sommer, was für jeden Betrieb unvermeidlich ist. Aber die Hauptidee ist, zu jeder Jahreszeit einen starken wöchentlichen Verkauf zu haben, und aufgrund dieser Idee wähle ich die Art der Kulturen aus.

Winterkulturen

Mit einigen wirklich einfachen Techniken zur Saisonverlängerung ist es möglich, den ganzen Winter über eine gewisse Feldproduktion zu haben, sogar in einigen kanadischen Wintern. Es gibt drei Arten von Grünzeug, die ich fast den ganzen Winter in ungeheizten Gewächshäusern oder niedrigen Plastiktunneln halten kann: Salat, Spinat und Grünkohl. Es ist auch möglich, den ganzen Winter über Karotten im Boden zu haben. Ich verwende eine Technik, die Überwintern genannt wird, um all dies zu erreichen, und ich gehe in Teil 8 ausführlicher darauf ein. Der Anbau von Mikrogrün in Innenräumen ist auch eine großartige Möglichkeit für die Produktion über den Winter. Man muss ein wenig für die Infrastruktur ausgeben, aber es ist möglich, mit Mikrogrün $2.000 pro Woche mit einem ca. 37 m^2 großen Areal zu verdienen (siehe Teil 8).

Sommerkulturen

Es ist aus zwei Hauptgründen wichtig, eine starke Sommerproduktion zu haben:

1. Man muss die Nachfrage befriedigen, wie sie auftritt.
2. Die Frühjahrsproduktion wird sich bei sommerlicher Hitze verlangsamen.

Die Erträge für einige Kulturen werden in sehr heißem Klima einbrechen, und das geschieht in meiner Gegend. Wir sind hier in einer Hochwüste und erleben an einigen Tagen Tagestemperaturen von 40°C. Kulturen wie Rucola, Salat und Senf werden bis zu 50 % weniger Ertrag bringen als im Frühjahr, aber sie werden schneller wachsen, sodass es ein gewisser Ausgleich sein kann. Außerdem kann ich im Sommer überhaupt keine Feldfrüchte wie Spinat und Pak Choi anbauen. Sie wachsen zu schnell, und manchmal keimen sie gar nicht. Für den Sommer stelle ich sicher, dass ich eine starke Produktion von Tomaten, Sommerkürbis, einige Paprika und viele Karotten bereit habe, sobald die Frühjahrsernte nachlässt. Das Schöne an den von mir angebauten Sommerkulturen ist, dass es in ihrem frühen Stadium möglich ist, sie zwischen einige der Frühjahrskulturen zu pflanzen. Auf diese Weise kann man den Landnutzen erhöhen, solange diese Sommerkulturen noch nicht produzieren (siehe Teil 9).

Spezialkulturen

Es gibt einige Fälle, in denen ich eine bestimmte Kultur für einen bestimmten Kochkunden anbaue. Dies ist etwas, das schon lange vorher geplant wird, und ist in der Regel eine einmalige Veranstaltung. Ich empfehle dir, das nicht oft zu machen. Auf meinem Hof mache ich das nur für Küchenchefs, mit denen ich ein oder zwei Jahre lang gearbeitet und mit denen ich ein gutes Verhältnis habe. Diese Kulturarten sind meistens ein spezielles Mikrogrün, eine Art Baby-Gemüse, wie superkleine, dünne Radieschen oder Rüben, ein kleiner Pak Choi oder eine Art Baby-Grün oder Kräuter. Mehr dazu in Teil 3.

6

Einführung in die städtische Infrastruktur

In den meisten Fällen ist die Infrastruktur auf meinem Hof einfach, kostengünstig, modular und oft selbstgebaut. Neben größeren Anschaffungen, wie begehbare Kühlboxen, Transportmittel, einem Rototiller und Gärtnereiaufbauten können die meisten Dinge gebraucht gekauft oder selbst gebaut werden. Ich habe meinen Hof mit $7.000 begonnen, und das deckte all meine größeren Anschaffungen, Werkzeuge und grundlegende Infrastruktur ab. In Teil 6 gehe ich näher auf diese Punkte ein.

7

Modelle für Existenzgründer

Im Folgenden sind fünf verschiedene Geschäftsmodelle aufgeführt, die für einen kommerziellen städtischen, landwirtschaftlichen Betrieb auf ca. 2000 m^2 oder weniger Acre funktionieren können. Ich habe meinen Betrieb im Laufe der Jahre in verschiedenen Größen und Maßstäben betrieben, und viele der Modelle in diesem Teil basieren auf dem, was ich ausprobiert habe. Einige (wie der Kleinbauernmakler) sind Ideen, die meiner Meinung nach funktionieren würden, die ich aber noch nicht ausprobiert habe. Ich habe schon einige Maklertätigkeiten durchgeführt und tue das immer noch ein wenig, aber dies ist ein Modell, das meiner Meinung nach eine großartige Option für jemanden wäre, der auf einer sehr kleinen Landbasis, wie ca. 1000 m^2 oder weniger, arbeiten möchte und trotzdem noch das Potenzial haben will, ein sechsstelliges Bruttoeinkommen zu erzielen.

Wie man mit weniger als $10.000 beginnt

Ca. 1000 m^2 Land oder weniger ist die richtige Menge für den Anfang, wenn du keine Erfahrung in der Landwirtschaft hast. Zu viel Land zu übernehmen, ist der Fehler Nummer eins, den ich bei neuen Landwirten sehe. Auf ca. 1000 m^2 hat man das Potenzial, $50.000 mit dem Land selbst zu verdienen. Nutzt man zusätzlich einige Gewächshäuser oder Mikrogrünanlagen in einer Halle, so kann man diese Zahl erheblich erhöhen. Es hängt hauptsächlich von deinen Marktströmen ab. Das Verständnis deines Marktes ist der Schlüssel zum Erfolg in der Landwirtschaft. Darauf werde ich in *Der städtische Landwirt* noch oft zurückkommen.

Um weniger Geld für die Gründung auszugeben, muss man mehr Zeit für die Suche nach Geschäften für seine großen Investitionen aufwenden. Wenn du dir, wie ich, sechs Monate vor dem Start Zeit nehmen kannst, sollte das genug sein, um die erforderliche Infrastruktur aufzubauen, etwas

Land vorzubereiten und nach den besten Angeboten für gute, gebrauchte Geräte zu suchen. Je nachdem, wie bevölkert das Gebiet ist, in dem du dich befindest, musst du möglicherweise einige Reisen unternehmen, um die besten Schnäppchen bei gebrauchten Geräten zu finden. Unter Verwendung von Webseiten wie craigslist und Kijiji habe ich eine Menge guter Geschäfte gefunden, aber manchmal musste ich vier Stunden fahren, um sie abzuholen. Trotzdem war es das wert. Ich habe eine Bodenfräse mit drei Anbauten für $1.000 gekauft und meinen ersten begehbaren Kühlschrank für ebenfalls $1.000. Hätte ich diese beiden Artikel neu gekauft, hätte ich $8.000 mehr ausgegeben. Der Punkt hier ist der Einkauf. Verwende auch craigslist oder andere Webseiten[9], auf denen man veröffentlichen kann, was man sucht. Ich fand meine Bodenfräse, weil ich einen Beitrag geschrieben hatte, in dem es hieß, dass ich eine suche. Die $7.000, die ich in meiner ersten Saison ausgegeben habe, deckten all meine wichtigsten Investitionen, wie Saatgut, Werkzeuge, Bewässerung und Dünger ab.

Wenn deine Einnahmen, die du von ca. 1000 m^2 oder weniger erzielen willst, ehrgeiziger sein sollen, dann musst du Zugang zu erstklassigen Restaurants und guten Bauernmärkten haben. Du musst dich außerdem auf die Kulturen spezialisieren, welche dir die höchste Rendite vom kleinsten Landanteil in der minimalsten Umsatzzeit bringen. Dies bedeutet etwas weniger Vielfalt bei der Auswahl der Kulturen.

Wenn du andererseits ca. 2000 m^2 oder mehr zu bewirtschaften hast, musst du deine Marktreichweite erweitern, es sei denn, du hast Zugang zu vielen Restaurants und Marktströmen. Wenn ich nicht als Vermittler arbeiten kann, würde ich erwägen, nur eine CSA[10] auf ca. 2000 m^2 oder mehr zu betreiben. Der Vorteil der Versorgung von Restaurantmärkten ist, dass man große Mengen an Gemüse anbauen kann, die hohe Margen haben. Zum Beispiel baue ich viel Baby-Wurzelgemüse wie Radieschen an, weil einige meiner Kunden mir bis zu hundert Bündel pro Woche abnehmen. Eigentlich baue ich sie fast ausschließlich für Restaurants an. Ich kann an alle meine Kunden wöchentlich bis zu ca. 90kg liefern, aber es gibt keine Möglichkeit, so viel auf dem Markt oder sogar in einem CSA zu verkaufen. An einem guten Markttag kann ich, wenn ich Glück habe, 20 Bündel verkaufen. Man lernt im Lauf der Zeit, was sich wo verkauft. Einige Artikel (wie Mangold und Grünkohl) verkaufe ich besser auf dem Markt als in meinen Restaurants. Es braucht ein wenig Zeit, um zu lernen, welche Produkte in welchem Bereich am besten gehen; deshalb ist es so wichtig, Notizen in einer Tabellenkalkulation zu machen. Man muss diese Informationen ständig aktualisieren und sie im Laufe der Zeit als Hebel benutzen, um deine Produktion und deinen Vertrieb so effektiv wie möglich zu gestalten.

9 Zum Beispiel ebay-Kleinanzeigen

10 Von der Gemeinschaft unterstützte Landwirtschaft

Die folgenden Modelle sind skalierbar. Zum Beispiel wäre es möglich, als Nebenerwerbslandwirt mit dem Anbau im eigenen Hinterhof anzufangen und dann, sobald man etwas Erfahrung gesammelt hat und man sich dabei wohlfühlt, seine Ganztagsbeschäftigung aufzugeben, um Landwirtschaft in Vollzeit zu betreiben und nach einem Jahr auf einem Mikrohof oder Kleinbauernhof zu vergrößern. Von dort aus kann man seinen Betrieb weiter aufbauen, wie man es für richtig hält.

Die größte Herausforderung beim Vergrößern ist es, die richtige Hilfe zu finden, Leute zu bekommen, die bereit sind, zumindest in der Nähe deines Niveaus zu arbeiten. Jeder Arbeitgeber wird sagen, dass man niemand finden wird, der so hart wie man selbst arbeitet, und zum größten Teil haben sie recht. Der Schlüssel ist, ein Niveau zu finden, das akzeptabel ist. Ich habe festgestellt, dass der beste Mitarbeiter bei 85 % meines Niveaus ist – und das ist wirklich gut, ein Best-Case-Szenario. Man muss die Tatsache akzeptieren, dass niemand so hart arbeiten wird wie man selbst, weil die betreffenden Personen nicht den gleichen Anreiz wie der Hofbesitzer haben. Wenn du Anreize schaffen kannst, wie zum Beispiel Bonuszahlungen auf der Grundlage von Produktions- oder Umsatzzielen, dann kannst du diesen Prozentsatz meiner Meinung nach bis zu einem gewissen Grad erhöhen.

$21.600 Teilzeit-Landwirt im eigenen Garten

Eine ideale Situation für jeden wäre es, wenn man seinen Tagesjob für ein oder zwei Jahre behalten würde, vielleicht die Stunden ein wenig zurückfahren, um den Hof auf Teilzeitbasis zu führen. Auf diese Weise kann man sich mit dem Wissen etwas Geborgenheit und Sicherheit geben, dass man nicht ins kalte Wasser springt. Ich möchte jedoch betonen, dass das ins kalte Wasser springen dazu führt, dass man viel schneller lernt, weil man viel mehr zu verlieren hat. Aber ich verstehe, dass nicht jeder bereit ist, gleich ein so großes Risiko einzugehen.

Dieses Modell ist für Menschen, die sich selbst in dieser Lage sehen. Rund 200 m^2 – das sind etwa 36 Beete bei ca. 76 cm mal 7.62 m auf einem Stück Land – wäre eine ideale Größe. Im Idealfall bestünde dein Hof aus deinem eigenen Vorgarten und Hinterhof oder vielleicht aus Flächen irgendwo ganz in der Nähe deines Hauses (zum Beispiel in deiner eigenen Nachbarschaft). Wenn du diesen Hof nur mit HR-Beeten betreibst und die Schnellkulturen anbaust, könnte das in einer 30-wöchigen Saison $28.800 einbringen. Ich würde jedoch empfehlen, deine Kulturen zunächst zu variieren, um dir Erfahrungen mit dem Anbau einer Vielzahl verschiedener Kulturen zu verschaffen. Sechsunddreißig Beete, mit der einen Hälfte BR und der anderen Hälfte HR, können in einer 30-wöchigen Saison immer noch $21.600 einbringen. Bei diesem Modell geht es weniger um Gewinnmaximierung als vielmehr um Lernsysteme, die zu einem späteren Zeitpunkt ausgebaut werden können.

Um einen Betrieb auf diese Weise zu betreiben, muss man sich auf Marktströme konzentrieren, die weniger risikoreich sind und weniger Zeit für den Kundenservice benötigen: Das sind in erster Linie die Bauernmärkte. Da die meisten Märkte am Wochenende stattfinden, ist es für jemanden, der regulär von Montag bis Freitag arbeitet, möglich, viel an den Wochenenden und Abenden zu investieren, um dieses Modell erfolgreich zu betreiben. Es wäre vielleicht möglich, ein wenig an Restaurants zu verkaufen, aber ich schlage nur kleine, vom Eigentümer selbst betriebene Restaurants vor, bei denen du dir sicher bist, dass du sie auch beliefern kannst. In diesem Fall suche nach Lokalen, die kleine Mengen verwenden, wie zum Beispiel eine Bestellung von $60 pro Woche. Achte auch darauf, dass du mit dem, was sie bekommen, flexibel sein kannst, denn du wirst feststellen, dass die Dinge manchmal ein wenig uneinheitlich sein können. Die Herausforderung beim Beliefern von Köchen besteht darin, dass sie auf der Seite des Kundendienstes mehr verlangen. Textnachrichten und Telefonanrufe unter der Woche sind sehr häufig und wenn du für diese nicht verfügbar bist, könnte dies die Zusammenarbeit mit solchen Kunden erschweren.

Realistischerweise müsstest du die Arbeitszeiten deines Hauptberufs reduzieren, zum Beispiel von Montag bis Mittwoch 9 bis 5 Uhr, um dann ein oder zwei Stunden abends oder frühmorgens für die Landwirtschaft zu arbeiten. Und dann Donnerstag 12 bis 5 Uhr, sodass du morgens Zeit hast, das zu ernten, was du für den Markt brauchst. Der Freitag müsste fast vollständig frei sein oder ein wirklich kurzer Tag mit nur ein paar Stunden, denn wenn du auf einem Samstagsmarkt verkaufen willst, bräuchtest du den größten Teil des Freitags, um deine gesamten Produkte zu verarbeiten und zu verpacken.

Ich habe kleine Familien mit Kindern und Paare gesehen, die diese Art der Anbauarbeit sehr gut machten. Je mehr kollektive Unterstützung man hat, desto mehr Optionen hat man, wenn die landwirtschaftliche Arbeit erledigt werden muss. Man muss mindestens 20 Stunden pro Woche plus einen halben Tag auf einem Bauernmarkt einkalkulieren, um dieses Modell zum Funktionieren zu bringen.

$58.800 Mikrohof auf ca. 400 m^2

Anbau auf ca. 400 m^2 könnte einen landwirtschaftlichen Betrieb in deinem eigenen Haus in der Vorstadt oder auf städtischen Grundstücken bedeuten.

Wenn man einen Vorgarten und einen Hinterhof hätte, die zusammen ca. 400 m^2 ergäben, könnte das genug Land sein, um tatsächlich einen landwirtschaftlichen Betrieb von zu Hause aus zu führen. Mit diesem Modell darf man sich, um die Gewinne zu maximieren, nur auf Schnellkulturen und Hi-Rotation konzentrieren, das bedeutet, nur Pflanzen wie Grünzeug, Radieschen, Rüben und einige Kräuter anzubauen, und dem viermaligen Rotieren dieser Beete pro Saison. Bei dieser Betriebsgröße hätte man insgesamt etwa 36 Beete und etwa 25 cm für die Gänge zwischen den Beeten. Wenn all diese Beete in der Hi-Rotation wären, würde das Einkommenspotenzial allein aus den Feldfrüchten in einer 30-Wochen-Saison bei $28.800 liegen. Diese Zahl könnte durch den Einsatz von Gewächshäusern für die Feldfrüchte und Mikrogrün höher werden. Wenn man 50 Einheiten von Mikrogrün pro Woche zu $20 pro Einheit verkaufen könnte, wäre es möglich, aus einer Parzelle dieser Größe $58.800 brutto zu erlösen. Und wenn deine Saison mehr als 30 Wochen dauert (das ist der Durchschnitt für Nordamerika), sind die Möglichkeiten größer.

Das Risiko bei diesem Modell ist, dass deine Produkte und Marktströme sehr spezialisiert sind. Dein Erfolg basiert also darauf, dass du in der Lage bist, einige sehr enge Nischenmärkte zu bedienen und alle der etwa zehn angebauten Sorten zu liefern. Ein solcher Betrieb könnte in einem größeren Stadtgebiet gut funktionieren, wo man Zugang zu einigen sehr hochwertigen Restaurantmärkten hat, die nur bestimmte Dinge kaufen wollen. Auf keinen Fall wärst du ein Einkaufsladen für jedermann, und das bedeutet, dass du die Tatsache akzeptieren musst, dass du nur die spezifischen Bedürfnisse deiner Kundschaft bedienst – und nicht einmal deren Grundbedürfnisse. Das andere Risiko besteht darin, dass dein Restaurant-Kundenstamm ebenfalls ziemlich klein ist, was bedeutet, dass du auf eine kleine Handvoll Kunden angewiesen bist, die dich unterstützen. Wenn du einige dieser Kunden verlierst, könnte dein Einkommen sehr schnell beeinträchtigt werden. Dies sind einige der Risiken, die sich aus der Konzentration auf Restaurantmärkte ergeben. Wenn ein bestimmter Koch weggeht, muss man manchmal wieder hingehen und versuchen, eine Beziehung zu dem neuen Koch aufzubauen. Ich hatte in der Vergangenheit Kunden, die $1.000 pro Woche ausgaben, und in der nächsten Saison änderten die Restaurants ihr Konzept, entließen die Köche und waren dann im Grunde genommen als Kunden weg. Eine gewisse Diversifizierung bei Kunden ist wichtig, aber noch wichtiger ist es, gute Beziehungen zu ihnen aufzubauen und bei der Kommunikation mit ihnen ständig Augen und Ohren offenzuhalten.

Die Führung eines landwirtschaftlichen Betriebs dieser Größenordnung könnte eine Vollzeitbeschäftigung für eine Person sein, die mindestens 40 Stunden pro Woche arbeitet. Die Mikrogrünproduktion allein würde fast

15 Stunden pro Woche benötigen, und die restliche Zeit würde für die Feldfrüchte, die Verarbeitung und das Ausliefern aufgewendet werden. Wenn du nur an Restaurants verkaufen und dir nicht die Mühe machen möchtest, auf einem Bauernmarkt zu gehen, dann würde dir das einen ganzen Arbeitstag mit einem Marktstand einsparen.

Die Kulturen, die ich dir bei diesem Modell für den Anbau empfehle, sind Rucola, Koriander, Babydill, Salatrüben, Babysalat, Senfgrün, Radieschen, Baby-Rotkohl und Baby-Spinat. Alle genannten Grüngemüse, außer dem Spinat, können zu verschiedenen Salatmischungen zusammen gemixt werden und Spinat und Rucola können allein verkauft werden. Versuche verschiedene Mischungskombinationen für den Markt als unterschiedliche Produkte zu verkaufen. Senf und Rucola zum Beispiel bilden zusammen eine *würzige Mischung*. Baue Mikrogrün an wie Erbsensprossen, Sonnenblumensprossen, Radieschensprossen und ein paar Spezialitäten, wie violetter Opal-Basilikum, Koriander und alles mit leuchtenden Farben. Erbsensprossen und Sonnenblumensprossen sind in der Gesundheitsernährung weitverbreitet, und das macht es möglich, viel davon an diese demografische Zielgruppe zu vermarkten. Radieschen-Sprossen und Spezial-Mikrogrün sind auf den Restaurantmärkten beliebt.

$87.000 Kleinbauernhof auf ca. 1000 m²

Die Landwirtschaft auf ca. 1000 m² ist der perfekte Ort für den Start, wenn du neu in der Landwirtschaft einsteigst und bereit bist, dies zu deiner Vollzeitbeschäftigung zu machen. Um das größte potenzielle Bruttoeinkommen mit diesem Modell zu erzielen, musst du höchstwahrscheinlich mindestens eine weitere Person Teilzeit oder Vollzeit beschäftigen, je nachdem wie viel Zeit du bereit bist zu investieren.

In diesem Modell konzentriert man sich auf die Bereiche Schnellkulturen und Hi-Rotation. Es werden keine Bi-Rotation-Kulturen wie Tomaten oder Sommerkürbisse angebaut. Es wäre jedoch möglich, hier bis zu vier Grünkohlbeete anzulegen, ohne dein Einkommen negativ zu beeinflussen. Auf ca. 1000 m² hättest du etwa 90 Beete mit etwa 25 Zentimeter breiten Gängen zwischen den Beeten. Wenn du in einem kalten Klima anbaust, würde ich vorschlagen, entweder Polytieftunnel oder Hochtunnel zu verwenden, um die Saison zu verlängern. Mit sehr wenigen Techniken zur Saisonverlängerung ist man in der Lage, an den meisten Orten in Nordamerika 30 Wochen lang zu vermarkten, mit Ausnahme der Klimazonen 5 oder weniger. In diesen Klimazonen wäre eine 20-wöchige Saison möglich. 90 Beete in Hi-Rotation können im Durchschnitt $72.000 in 30 Wochen oder $2.400 pro Woche einbringen. Wenn du diesem Modell etwas Mikrogrün-Produktion hinzufügen würdest, könnte das eine beträchtliche Menge mehr Einkommen einbringen. Wenn du 30 Wochen lang 25 Einheiten pro Woche zu $20 pro Einheit anpeilst, könntest du die Gesamtsumme auf $87.000 brutto erhöhen, und wenn du etwas ehrgeiziger sein solltest und 30 Wochen lang 50 Einheiten pro Woche produzierst, wäre es möglich, $102.000 brutto von diesen ca. 1000 m² zu erzielen.

Die Kulturen, die ich zum Verkauf empfehlen würde, sind Rüben, Pak Choi und Radieschen, Rucola, Babykohl, roter russischer Kohl[11], Spinat für loses Grün und Salat, Mizuna, Senf und Tatsoi für Grünmischungen. Diesen Mischungen kann man auch Kohl und Rucola hinzufügen; und Kräuterbündel wie Babydill, Koriander und Petersilie. Du kannst auch Grünkohl für Bunde anbauen, um ein wenig mehr Vielfalt zu haben. Züchte Mikrogrün wie Erbsensprossen, Sonnenblumenkernsprossen, Radieschensprossen und einige spezielle Sorten für Restaurants und Bauernmärkte. Für die Marktströme würde ich ein Gleichgewicht zwischen Bauernmärkten und Restaurants bevorzugen; und suche nach Möglichkeiten, einige Nischenprodukte in die CSA eines anderen Bauern bereitzustellen. Ich würde nicht empfehlen, deine eigene CSA in dieser Größe zu betreiben, weil es nicht genug Abwechslung in deinen Produkten gibt.

Der Vorteil dieses Modells besteht darin, dass man nur eine kleine Vielfalt an Kulturen anbaut, was dir sowohl auf den Bauernmärkten als auch in den Restaurants mehr Marktfähigkeit bietet. Mit dieser Betriebsgröße kannst du deinen Kundenkreis auch etwas leichter erweitern.

$123.000 semi-diversifiziert auf ca. 2000 m²

Ca. 2000 m² ist die größte Fläche, die ich für die Landwirtschaft vorschlagen würde. Bei allem, was darüber hinaus geht, beschäftigst du dich mehr mit den Plänen für ländliche Betriebe, die Leute wie Jean-Martin Fortier oder Eliot Coleman in ihren Büchern veröffentlichen. Ca. 2000 m² ist eine Menge Land für einen städtischen Hof; in den meisten Fällen wirst du, wenn du dich auf hochwertige Kulturen konzentrierst, höchstwahrscheinlich mehr erzeugen, als deine Märkte aufnehmen können; man muss also eine größere Vielfalt an Produkten anbieten. Außerdem wirst du mit einem Betrieb dieser Größe einen oder zwei Mitarbeiter beschäftigen müssen. Dieses Modell wird nicht für Personen empfohlen, die neu in der Landwirtschaft sind.

Der Betrieb von ca. 2000 m² ist für diejenigen gedacht, die bereits ein oder zwei Saisons hinter sich haben. Ein Betrieb dieser Größe könnte von zwei

11 Sibirischer Staudenkohl 'Red Russian', Brassica napus var. pabularia

Vollzeitkräften betrieben werden, wenn sie Miteigentümer sind. Man könnte in den Sommermonaten Aushilfen für die Marktvorbereitung am Freitag haben, aber in den meisten Fällen könnten zwei erfahrene Leute ca. 2000 m^2 bewirtschaften und trotzdem Leben und Arbeitsabläufe in Einklang bringen.

Bei so viel Land sind 180 Beete möglich. Ich würde empfehlen, HR- und BR-Beete zu gleichen Teilen anzulegen und alle Kulturen, die ich in Teil 10 aufliste, mit einigen Innen- oder Gewächshaus-Mikrogrünanlagen zu bewirtschaften. Mit dieser großen Produktions- und Kulturpflanzenvielfalt hat man die Möglichkeit, an eine ziemlich breite Kundenbasis zu verkaufen, einschließlich Restaurants, Bauernmärkte und vielleicht ein kleines CSA-Programm zu betreiben. Auch bei ca. 2000 m^2 sind die Vorteile, die ein CSA-Programm einem städtischen Landwirt bietet, die Einnahmen am Anfang der Saison und nicht das Einkommen an sich, das es einbringt. Mit einem größeren Betrieb hast du höhere Gemeinkosten, insbesondere Anlaufkosten. Deine Fixkosten für Saatgut, Arbeit, Dünger und den Transport werden wesentlich höher sein und du wirst sehr vorsichtig sein müssen, um sicherzustellen, dass die Erweiterung auf diese Betriebsgröße es auch tatsächlich wert ist. Wenn du diese Größe bewirtschaften und immer noch hochklassige Märkte bedienen kannst, dann werden alle Zusatzkosten durch die Extragewinne wieder aufgehoben. Wenn du jedoch die viel ertragsschwächeren Marktströme wie CSAs und mehr Tage auf dem Bauernmarkt in Anspruch nehmen musst, kannst du dennoch den gleichen Nettogewinn erzielen. Der Schlüssel zum Ausbau eines landwirtschaftlichen Betriebes ist das Verständnis der Marktnachfrage und der Möglichkeit, zu wachsen. Wenn deine Märkte gesättigt sind, dann ist es sinnlos, deinen Betrieb zu erweitern. Wenn du jedoch jede Woche auf dem Bauernmarkt ausverkauft bist und du nicht genug für deine Restaurants anbauen kannst, dann sind das offensichtliche Anzeichen dafür, dass du expandieren kannst, um die Nachfrage zu befriedigen.

Ich finde es am besten, wenn man die Nachfrage fast, aber nicht ganz befriedigt. Es ist besser, jede einzelne Woche alles zu verkaufen, als 15 % seines Produkts nicht zu verkaufen. Ich würde lieber 5 % zu wenig haben, als dass ich 5 % übrig hätte. Jedes Mal, wenn du mit einem Produkt vom Markt wieder nach Hause gehst oder zu viel produzierst, dann arbeitest du umsonst und das beschneidet deinen Lebensstil und dein Ergebnis. Ein Teil dessen, was es mir erlaubt, eine so große Vereinbarkeit von Berufs- und Privatleben zu haben, ist die Tatsache, dass ich alles verkaufe, was ich anbaue. Auf diese Weise arbeite ich niemals ohne Bezahlung.

TEIL 3

DAS GESCHÄFT DER STÄDTISCHEN LANDWIRTSCHAFT

Als ich aufwuchs, verbrachte ich die Wochenenden mit meinem Vater, der während meiner Kindheit als Handlungsreisender arbeitete. Er nahm meinen kleinen Bruder und mich auf seine Wochenendreisen im Süden von BC mit. Er nahm uns in die Geschäfte mit und stellte uns seinen Kunden vor, und wir sahen zu, wie er mit den unterschiedlichsten Menschen aus allen Gesellschaftsschichten Abschlüsse machte. Ich erinnere mich, dass ich immer von all den verschiedenen und manchmal exzentrischen Charakteren fasziniert war, die wir trafen. Später, als ich noch ein Teenager war, hat mein Vater ein kleines Fish & Chips-Restaurant gekauft und expandierte etwa ein Jahr später in nahegelegene Städte. Meinen ersten Job hatte ich mit 14; ich arbeitete für meinen Vater in seinen Restaurants an drei verschiedenen Standorten als Tellerwäscher und er nahm mich überallhin mit. In sehr jungem Alter bekam ich so ein Gefühl dafür, wie es war, Unternehmer zu sein, und ich bin meinem Vater für immer dankbar, dass er mir einige grundlegende Dinge beibrachte.

Heute schätze ich mich glücklich, dass ich in diesen Verhältnissen aufgezogen wurde. Mein Vater hatte nicht viel. Als er das Restaurant betrieb, hatte er weit mehr Schulden, als es überschaubar war. Ich lernte durch Beobachten, dass Gefahr droht, wenn Ausgaben die Einnahmen übersteigen.

In den späteren Jahren meines Vaters verwirklichte er einen Traum, den er seit seiner Jugend hatte. Er wurde Friseur und eröffnete seinen eigenen kleinen Laden. Er arbeitete bis zu seiner Pensionierung allein. Er verdiente dabei nicht viel Geld, aber er war glücklich. Er hatte ein Gefühl der Erfüllung dabei. Ich habe ihn immer dafür bewundert, dass er genau das Gegenteil von dem getan hat, was uns die Gesellschaft vorschreibt: Man muss ständig wachsen und expandieren! Er fand sein Glück, indem er das Gegenteil tat.

Ich sehe so viele Landwirte kämpfen, weil sie ihre Betriebe nicht als Unternehmen sehen. Oftmals tragen sie so viel Ideologie mit sich herum, dass sie denken, es gäbe nur eine Möglichkeit, etwas zu tun, und nicht erkennen, dass es einige Ideen gibt, die universell für alle Unternehmen sind, auch für kleine Landwirtschaftsbetriebe. Mein ganzes Leben hämmerte mir mein Vater einige grundlegende Prinzipien über die Führung eines Unternehmens ein und diese haben mir über die Maßen geholfen. Ich halte sie immer noch für entscheidend für die Führung eines Unternehmens oder eines Hofes:

1. Wenn deine Ausgaben deine Einnahmen übersteigen, musst du etwas ändern.
2. Wenn du sagst, du wirst etwas machen, dann mache es. Ein Handschlag ist ein abgeschlossener Vertrag.
3. Eine Vereinbarung ist keine Vereinbarung, wenn nicht beide Parteien damit absolut zufrieden sind.
4. Wenn du bei einem Kunden einen Fehler machst, stelle ihn richtig, indem du es besser als richtig machst.

8

Klein anfangen

Viele Unternehmen scheitern in den ersten paar Jahren und einer der Hauptgründe dafür ist, dass sie mit zu vielen Fixkosten arbeiten. Die Landwirtschaft bildet dabei keine Ausnahme, sondern ist hier tatsächlich eher häufiger vertreten. Leider arbeiten viele Landwirte im Westen einfach weiter auf Kredit, anstatt ihr Geschäft aufzugeben. In einer Welt des billigen Geldes hat uns dies die Möglichkeit gegeben, viele Systeme aufrechtzuerhalten, die unter anderen Umständen völlig unhaltbar wären. Geringe Gemein- und Anlaufkosten sind es, die dem Klein- und Stadtlandwirt einen großen Vorteil beim Start verschaffen.

Kosten niedrig halten

Wenn man die Zahlen nach Größe betrachtet, ist mein Betrieb lukrativ, weil meine Gemeinkosten sehr niedrig sind und mein Start erheblich unter dem Durchschnitt lag. Die Tatsache, dass ich anfangs kein Land bezahlen musste, war für meinen Erfolg entscheidend. Meine Transport-, Betriebsmittel- und Arbeitskosten waren, verglichen mit anderen Unternehmen, die in der gleichen Größenordnung tätig sind, vernachlässigbar gering. Der Transport war billig, weil ich den Betrieb zu Beginn komplett mit Pedalkraft betrieben habe und auch heute noch fast alles mit dem Fahrrad mache. Meine Betriebskosten haben sich im Laufe der Jahre nicht wirklich geändert; sie bestehen hauptsächlich aus Kompost, den ich von einem lokalen Unternehmen kaufe, und aus organischem Dünger von einer Firma aus BC. Jedes Beet, das ich bepflanze, kostet mich etwa $5, meistens jedoch weniger. Die Arbeit war billig, weil ich die Hauptarbeit auf dem Hof meist selbst leiste. Ich habe einige Nachbarn, die mir bei einigen speziellen Aufgaben helfen, wie zum Beispiel Tomaten binden und am Freitag für den Markt im Austausch gegen Gemüse einpacken. Außerhalb des Betriebes arbeiten einige Leute aus der Nachbarschaft etwa 10 Stunden pro Woche. Das ist ein gutes Geschäft für sie und sie machen die Arbeit gerne. Ich habe im Laufe der Jahre viele Leute beschäftigt, aber in dem Jahr, das am lukrativsten war, hatte ich eine Teilzeitkraft, die 16 Stunden pro Woche arbeitete, um bei einigen sehr spezifischen Aufgaben wie Ernte und Waschen von gebündeltem Gemüse zu helfen. Ich habe die meisten Produktionsarbeiten, wie zum Beispiel Pflanzung, Beet-Rotation und Wartung, selbst gemacht. Wegen der Größe meiner Unternehmung funktionierte das sehr gut. Wie ich bereits gesagt habe, benötigt man, wenn man in der Nähe von ca. 2000 m^2 kommt, höchstwahrscheinlich zwei Vollzeitbeschäftigte für den Betrieb des Hofes und etwas zusätzliche Hilfe an Marktvorbereitungstagen.

9

Marktströme

Es ist immer eine gute Idee, sich zu diversifizieren. Jeder Wirtschaftswissenschaftler wird dir das sagen. Die Landwirtschaft ist nicht anders. Du möchtest eine Auswahl verschiedener Marktströme haben, über die du verkaufen kannst, und es gibt wirklich eine Art des Verkaufs, die für kleine und städtische Landwirte am wichtigsten ist: die direkte Vermarktung an den Verbraucher – der Verkauf direkt an den Endverbraucher, ohne dass jemand dazwischen steht. In einigen Fällen kann es sinnvoll sein, *Zwischenhändler*-Kunden zu bemühen, aber in den meisten Fällen bist du Einzelhändler (der Hauptverkäufer). Die drei Hauptmärkte für die meisten Kleinlandwirte sind Bauernmärkte, Restaurants und CSAs, aber wir werden auch einige andere Optionen untersuchen.

In jedem dieser Marktzweige gibt es verschiedene Möglichkeiten, wie dein Produkt vermarktet wird. Bei Bauernmärkten und CSAs beispielsweise verkaufst du Produkte in kleinen Einheiten zu einem Premiumpreis. Dieser Preis spiegelt die zusätzliche Zeit wider, die für das Verpacken und den Verkauf benötigt wird. Einheiten wie kleine Packungen und Bündel sind hier üblich. An Restaurants verkauft man Produkte in Partien (pfundweise oder kistenweise) und zu einem etwas niedrigeren Preis als auf dem Markt, um den geringeren Arbeitsaufwand für diese Bestellungen und die Tatsache, dass die Kunden in großen Mengen kaufen, widerzuspiegeln. Wenn du über Vertriebshändler oder Einzelhandelsgeschäfte verkaufst, bereitest du das Produkt wie für einen Bauernmarkt vor (Bündel oder Packungen), aber du produzierst so große Mengen, dass du immer noch einen Preisnachlass auf Grundlage des Volumens anbieten kannst. Wir werden uns all diese Marktströme genauer ansehen.

Ware	Verpackung	Gewicht	Preis/ Einheit
Basilikum	Beutel	ca. 125g	$2.50
Pak Choi	Bund	ca. 375g	$2.50
Erbsensprossen	Schale	ca. 62g	$2.50
Frühlingsmischung	Beutel	ca. 125g	$2.50
Frühlingszwiebeln	Bund	ca. 125g	$2.00
Grünkohl	Bund	ca. 250g	$2.50
Karotten (Baby und Regenbogen)	Tasche	ca. 375g	$3.00
Koriander	Bund	ca. 62g	$2.00
Mangold	Bund	ca. 250g	$2.50
Paprika	Korb	ca. 250g	$2.50
Petersilie	Bund	ca. 62g	$2.00
Radieschen	Bund	ca. 250g	$2.50
Radieschensprossen	Schale	ca. 62g	$2.50
Rübe (Hakurei)	Bund	ca. 250g	$2.50
Rüben	Bund	ca. 375g	$3.00
Rucola	Beutel	ca. 125g	$2.50
Schmorbratenmix	Beutel	ca. 125g	$2.50
Sibirischer Kohl	Beutel	ca. 125g	$2.50
Sonnenblumenkernsprossen	Schale	ca. 62g	$2.50
Spinat	Beutel	ca. 185g	$2.50
Spinat (groß)	Beutel	ca. 435g	$5.00
Stecklinge (Baby Größe)	Korb	ca. 310g	$2.50
Stecklinge (mittlere Größe)	Korb	ca. 453g	$2.50
Tomaten (groß, alte Sorte)	einzeln	je ca. 453g	$2.50
Tomaten (Kirsche)	Korb	ca. 310g	$2.50
Tomaten (mittlere Größe)	Korb	ca. 375g	$3.00
Zucchini (Baby)	Korb	ca. 310g	$2.50
Zucchini (mittlere Größe)	Korb	ca. 310g	$2.50

Abb. 2: Marktpackungen; Preise, die mit $2.50 angegeben sind, kosten $3.00 oder zwei für $5.00.

Bauernmärkte

Bauernmärkte sind der einfachste und schnellste Ort, um mit dem Verkauf deiner Produkte zu beginnen. Einige Märkte haben Wartelisten und eine bestimmte Zeit in der Saison, in der sie geöffnet sind. Du musst dir dieser Tatsache bewusst sein, wenn du darüber nachdenkst, wo du deine Produkte verkaufen willst. Wenn du anfängst, sollte ein Bauernmarkt die erste Verkaufsstelle sein, die du in Betracht ziehst. Marktkunden können Neulingen gegenüber sehr nachsichtig sein. Wenn du in einer Woche mit 100 Packungen Spinat auftauchst und in der nächsten Woche nur 75 hast, wird das niemand wirklich bemerken. Manchmal kann dir das sogar helfen. Die Menschen neigen dazu, auf Knappheit zu reagieren. Wenn du also in dieser Woche weniger Spinat hast, werden deine Kunden wahrscheinlich einfach annehmen, dass du schnell ausverkauft bist, und sie werden dann in der nächsten Woche früher auftauchen und mehr kaufen.

Der andere Aspekt, den ich an den Märkten liebe, ist, dass sie eine großartige Möglichkeit sind, neue Produkte einzuführen; du erhältst aus erster Hand eine Antwort auf bestimmte Dinge. Es ist, als hätte man seine eigene

Marketing-Forschungsgruppe, die dir sofortiges Feedback für dein Produkt gibt. Wenn du genau auf diese Antworten aufpasst, kannst du sehr schnell viel über die Bedürfnisse und Anforderungen der Menschen in deiner Gemeinde lernen. Märkte sind auch eine gute Möglichkeit, Menschen zu treffen. Ich traf die meisten der Köche, mit denen ich heute noch arbeite, auf dem Bauernmarkt, und der Großteil der CSA-Kunden, die ich hatte, als ich noch einen CSA betrieb, habe ich auch dort getroffen.

Meine Lieblingsbeschäftigung beim Verkaufen auf den Bauernmärkten sind die Menschen. Du bist dabei, die Früchte deiner Arbeit zu verkaufen, in die du so viel Zeit, Sorgfalt und harte Arbeit investiert hast, an Menschen, die zu schätzen wissen, was du tust. Es ist so, als ob dich alle möglichen Menschen, mit denen du zusammen sein möchtest, direkt unterstützen. Wie viele Personen können das wohl am Ende eines Arbeitstages sagen? Menschen auf einem Bauernmarkt wollen deine Geschichte hören, so wird man in gewisser Weise zu seiner eigenen Marke. Das ist wichtig, denn es macht dich einzigartig, und das ist zum Teil der Grund, warum Menschen in erster Linie auf den Markt gehen. Es ist der Ort, an den die Menschen gehen, um Kultur und Vielfalt zu erleben. Du musst nur du selbst sein – aber man muss dabei höflich bleiben; man muss kontaktfreudig sein; und man muss lächeln! Wenn du dich an diesem Tag nicht nach Lächeln fühlst, dann zwinge dich dazu. Wenn dich zehn Leute angelächelt haben, musst du es nicht mehr vortäuschen. Sie werden nach dieser Anbindung suchen.

Es ist wichtig, den Wert zu verstehen, den man auf einem Bauernmarkt mitbringt. Man verkauft nicht nur ein Produkt, sondern man gibt den Menschen die Möglichkeit, Teil einer Bewegung und einer Idee zu sein. Die städtische Landwirtschaft ist eine gute Sache, und die Menschen lieben die Idee, die Stadt zu begrünen und ihnen Lebensmittel und Wissen darüber zu bringen. Du verkaufst nicht nur Gemüse, sondern auch ein Erlebnis. Denke immer daran. Wenn die Leute an meinem Stand einkaufen, erhalten sie meine ungeteilte Aufmerksamkeit für die Zeit, in der sie dort sind. Ich beantworte ständig Fragen zur Gartenarbeit und gebe ihnen Tipps zur Zubereitung von Lebensmitteln. Das bekommt man nicht in einem Lebensmittelgeschäft, und es ist gut für dich, zu verstehen, wie wertvoll du für eine Gemeinschaft bist. Siehe Foto Nr. 1 (Bauernmarkt) im Abschnitt *Fotobeilage*.

Was man wie auf dem Markt verkauft

Ich verkaufe selten Produkte, die auf dem Markt gewogen werden müssen. Es gibt einige Artikel, die sich dafür eignen, aber meistens packe ich alles vor oder bündle es, bevor es auf den Markt gebracht wird. Die meisten Artikel, die ich auf dem Markt verkaufe, werden mittels eines einfachen Pauschalpreissystem bepreist. Es gibt viele Arten, wie man seine Preise auf einem Marktstand festlegen kann, aber die Grundidee ist, die Dinge einfach zu halten. Runde alles ab zum ganzen Dollar ($2, $3, $4, $5). Vermeide Preise wie $2.49 oder $2.75. Durch einfache Wechselgeldzahlungen werden die Abschlusszeiten viel schneller; das ist besser für dich und besser für den Kunden.

Im Allgemeinen ist es besser, größere Einheiten zu einem höheren Preis zu haben als kleinere Einheiten zu niedrigeren Preisen. Dies ist nur eine grundlegende ökonomische Frage: Wenn es genauso viel Arbeit kostet, eine $3-Tüte Grünzeug einzupacken wie eine $2-Tüte, dann sind $3 besser. Aber man muss berücksichtigen, wie viel der Durchschnittsbürger pro Woche verbraucht, denn nach derselben Logik würde man annehmen, dass eine $5-Tüte besser wäre. In einigen Fällen ist das so, aber ich meine, dass die meisten Leute keine $5-Tüte wollen – obwohl es keine schlechte Idee wäre, ihnen die Möglichkeit zu geben.

An meinem Marktstand kostet jeder Artikel $3 oder man kann zwei für $5 kaufen. Dies gilt für alle Radieschen-, Grünkohl- und Mangoldsträuße sowie Tüten mit Grünzeug, Becher mit Kirschtomaten und Packungen mit Mikrogrün. Allerdings funktioniert dieses System nicht immer: zum Beispiel für kleine Kräutersträuße, große alte Tomatensorten oder größere Packungen mit Karotten oder Spinat. Um die Dinge so einfach wie möglich zu machen, platziere ich an meinem Stand alle Artikel, die innerhalb dieser Preisklasse von $3 für ein Paket oder zwei für $5 in einem Bereich, und alles, was irgendwo separat berechnet wird, woanders. Es geht darum, es einfach zu halten, klar zu sehen, wo die Dinge sind. Ich verkaufe alle gebündelten Kräuter (wie Babydill, Koriander und Petersilie) zu $2 pro Stück, und ich biete dort keine Rabatte an. Ich verkaufe auch kleine Frühlingszwiebelbündel zu $2. Grünzeugs wie Frühlingsmischung, Rucola und Gewürzmischung werden in ca. 113g-Beuteln zu $3 und zwei für $5 verkauft. Spinat, den ich als schwerer empfinde als Salat und Rucola, verkaufe ich in ca. 170 g-Beuteln[12] zu $3. All diese Preise basieren in erster Linie auf meiner Produktion. Im Frühjahr wird ein Spinatbeet hohe Erträge haben, daher gebe ich das an den Kunden weiter. Zu Zeiten, in denen ich viel Grünzeugs produziere, biete ich eine $5-Tüte an, die ca. 255 g wiegt, und animiere damit zum Kauf eines Schnäppchens mit größeren Mengen.

Tipps für den Verkauf auf dem Markt

1. Arbeite an deinen Fähigkeiten im Bereich Kundenservice

12 ca. 190g

Lerne, höflich und freundlich mit Menschen umzugehen. Das Schöne am Markt ist, dass die Leute im Allgemeinen plaudern wollen; das ist ein Teil der Gründe, warum sie dorthin gehen. Du wirst dich daran gewöhnen müssen, viel über deinen Hof zu plaudern und deine Geschichte immer wieder zu erzählen. Je mehr du das tust, desto besser kommst du damit zurecht. Noch wichtiger ist, dass du herausfindest, wer deine Kunden sind, die dich am meisten unterstützen. Wer sind die Leute, die jede Woche an deinen Stand kommen? Es wird oft gesagt, dass 80 % deines Geschäfts von 20 % deiner Kunden kommen. (Das gilt für viele Dinge; es ist das sogenannte Paretoprinzip.) Identifiziere diese 20 % so früh wie möglich, und lerne alles über sie, was du kannst. Behandele sie wie Freunde. Erinnere dich an ihre Namen, was sie tun und wofür sie sich leidenschaftlich einsetzen. Begrüße sie jedes Mal, wenn sie an deinen Stand kommen, und führe Gespräche. Tue das nur, wenn du absolut aufrichtig sein kannst. Du solltest das in keinster Weise vortäuschen. Du musst es genießen, sonst hat es nur wenig Bedeutung. Aber mit der Zeit werden die Menschen, die ständig bei dir kaufen, deine größten Fürsprecher werden. Sobald du eine starke Beziehung zu diesen Leuten aufgebaut hast, werden sie dein Lob singen und ihre Freunde an deinen Stand bringen; sie werden dir ihre Freunde vorstellen, als ob du zur Familie gehörst. Darum dreht sich alles.

2. Wenn sich ein Kunde beschwert, zögere nicht, ihn zu entschädigen.

Gib ihnen das, was sie vorher gekauft hatten, und noch etwas mehr. Zögere nicht einmal dann, wenn du denkst, dass sie vielleicht übertrieben haben oder einfach nur Jammerlappen sind. Hoffentlich ist es nicht etwas, das ständig vorkommt, aber das ist bis zu einem gewissen Grad einfach das Leben. Jedes Mal, wenn jemand mit einem Problem zu dir kommt, bietet sich dir eine Gelegenheit, die Dinge zu verbessern. Zögere nie, diese Gelegenheit zu nutzen! Das ist etwas, das bei mir nicht sehr oft passiert, vielleicht ein paar Mal im Jahr. Wenn man einer Person zeigt, dass man sich um sie und um das, was sie denkt, kümmert, und man bereit ist, es ihr recht zu machen, dann ist sie dir gegenüber dankbar. Wenn jemand mit einem Problem kommt und wahrscheinlich Widerstand erwartet, gleiche ich das immer aus – und derjenige geht dann immer mit einem Lächeln im Gesicht davon. Das nächste Mal, wenn er zurückkommt, bringt er einen Freund mit. Deshalb zögere ich in solchen Situationen nie. Denn entweder kommt diese Person nie wieder, oder sie kommt mit jemand anderem zurück. Es liegt an dir, aber die Logik hinter Großzügigkeit und Bescheidenheit ist ziemlich einfach.

3. Schaffe die Illusion des Überflusses und sei mit deinem begrenzten Raum kreativ

Es gibt ein altes Sprichwort: „Staple es hoch und sieh, wie es fliegt." Die Menschen reagieren auf den Anblick des Überflusses. Es ist so ähnlich, wie aufgestapelte Limonade im Lebensmittelgeschäft. Die Menschen werden von dem Aussehen eines Haufens angezogen. Der Trick für städtische Landwirte ist, dass wir nicht wirklich Berge von Produkten haben; wir haben eine Sorte, aber normalerweise in kleinen Mengen. Also musst du deinen Raum manipulieren, um die Illusion des Überflusses zu erschaffen. Ich tue dies, indem ich verschiedene Produkte eng zusammenschiebe und sie so hoch wie möglich stapele. Ich versuche, so viel vertikalen Raum wie möglich zu nutzen.

4. An deinem Stand immer Werbematerial zur Hand haben

Wenn du anfängst, solltest du Flugblätter, Visitenkarten und jede andere Art von Werbematerial immer in der Nähe haben. An den Seiten meines Standes hängen gedruckte Plakate mit Bildern der Parzellen und einigen schriftlichen Informationen über den Hof. Ich lasse auch den ganzen Tag ein Tablet mit einer Diashow laufen. Je mehr Material du zum Anschauen hast, desto mehr wirst du Leute an deinem Stand halten. Das ist wichtig, denn Menschenmengen ziehen mehr Menschen an. Immer wenn du eine Gruppe von Leuten an deinem Stand hast, werden sich die Passanten fragen, was los ist, und sie werden in Scharen herbeiströmen, um einen Blick darauf zu werfen.

Restaurants

Die Arbeit mit Köchen hat es mir ermöglicht, meine Produktion von einem Jahr zum nächsten zu verdoppeln. In meinem ersten Jahr habe ich nur mit einigen wenigen Restaurants gearbeitet, da es schwierig war, ihren wöchentlichen Anforderungen gerecht zu werden. Deshalb empfehle ich dir, zu Beginn nur mit einem oder zwei auch kleineren Restaurants zu arbeiten. Du musst aufpassen, dass du dir anfangs nicht zu viel auflädst, denn du lernst ja jetzt erst das Grundlagensystem der Aufrechterhaltung einer konstanten Wochenproduktion. Wenn du dich überlastest, wirst du die Kunden im Stich lassen; ich finde es immer besser, zu wenig zu versprechen und zu viel zu liefern als andersherum. Die Balance zwischen dem, was der Markt verlangt, und dem, was du in der Lage bist auf einer konsistenten Grundlage zu produzieren, ist das Gleichgewicht, das du anstrebst. Was einen guten Landwirt für einen Koch ausmacht, ist nicht immer mal wieder mit einem gut aussehenden Produkt aufzutauchen, sondern in der Lage zu sein, sich jede Woche nach seinen sich ändernden Anforderungen anzupassen. Mit Köchen, die etwas Erfahrung mit Landwirten haben, kann man großartig zusammenarbeiten, weil sie gerne saisonal kochen. Das ist es, was ihre Arbeit für sie so interessant macht, du aber willst so beständig wie möglich sein.

Vom Standpunkt der Produktion aus gesehen ist das Beste am Verkauf an Restaurants, dass man viel mehr von der gleichen Sache produzieren und alles auf einen Schlag verkaufen kann. Sehen wir uns zum Beispiel eine einzige Pflanzenart an. Ich kann bis zu ca. 90 kg Radieschen pro Woche verkaufen. Auf meinen Bauernmärkten wäre es von einer bestimmten Art viel weniger. Dort kann ich, wenn ich Glück habe, 10 Bund verkaufen. Um diese ca. 90 kg zu verkaufen, können es nur ein paar Lieferungen an Restaurants sein, die in einer Stunde oder weniger erledigt sind. Das sind sehr schnelle $1.000 mit einem Produkt.

Auf meinem Hof sind die Restaurants für die große Mehrheit unserer Verkäufe verantwortlich. Von einem rein wirtschaftlichen Standpunkt gesehen ist Verkauf an Restaurants weit weniger Arbeit und mehr Gewinn, wenn man die Zeit einbezieht, weil du aufgrund der Menge des einen Produkts, das du sofort liefern kannst, und der Tatsache, dass man, sobald man es liefert, fertig ist und nicht den ganzen Tag auf einem Bauernmarkt stehen muss, Vorteile hat. Du musst vorsichtig sein, denn die Arbeit mit Restaurants bringt auch ein großes Risiko mit sich. Die größte Herausforderung ist, dass wenn du aus welchem Grund auch immer einen Kunden verlierst, es ein ziemlich schwerer Schlag für dein wöchentliches Einkommen sein kann. Siehe Foto Nr. 2 (Restaurants und Köche) in der *Fotobeilage*.

Von der Gemeinschaft unterstützte Landwirtschaft (CSA)

CSA bezieht sich auf eine gängige Form der direkten Verbraucher-Vermarktung für Kleinbauern, bei denen Kunden Mitglieder des Betriebs werden. Meistens zahlen die Mitglieder im Voraus für den Wert des Gemüses einer Saison, damit teilen sie die Risiken und den Nutzen des Hofs. Jede Woche einer bestimmten Anzahl von Wochen erhält jedes Mitglied vom Hof einen Korb mit Gemüse der Saison. Viele Landwirte betreiben heute CSAs mittels eines individuellen Formulars, in dem die Mitglieder aus einer Liste von Gemüse vom Hof auswählen. Neue webbasierte Software hat dies für die Landwirte viel vereinfacht.

CSA ist zu einem primären Marktstrom für viele kleine und große Landwirte geworden, weil er Stabilität und Vorauszahlungen bietet. Wenn du einen CSA anbieten möchtest, musst du eine gute Auswahl an Produkten haben, um die Kunden zu binden; deshalb ist ein CSA nicht ideal für einen städtischen Hof auf weniger als ca. 2000 m^2 Land. Anbau von Feldfrüchten wie Brokkoli und Winterkürbis sind für diese Größe einer Landbasis nicht wirtschaftlich.

Die Durchführung eines erfolgreichen CSA hängt weitgehend davon ab, wie gut deine Kunden über CSAs informiert sind. Nach dem, was ich gesehen habe, kann man in größeren Städten, in denen lokale Lebensmittel viel mehr im Trend liegen und gefragt sind, Anteile zu einem Höchstpreis verkaufen, und diese werden schnell ausverkauft sein. Du musst keine Sonderwünsche anbieten und du brauchst nur wenige bis gar keine Wahlmöglichkeiten für die Kistengröße und die Abholzeit zu haben – definitiv ein ideales Szenario für jeden Landwirt. In kleinen bis mittelgroßen Städten ist es oft eine ganz andere Geschichte. Obwohl viele Menschen auf Bauernmärkten einkaufen, wissen die Menschen nicht einmal, was ein CSA ist. Wenn du deine Kunden aufklären musst, kann es viel schwieriger und zeitaufwendiger sein, sie zu gewinnen. In diesen Fällen kannst du durch mehr Flexibilität in Bezug auf Kistengröße, individuelle Wahlmöglichkeiten, Abholzeiten und Zahlungsoptionen schon früh viel mehr Anmeldungen erhalten. In dem Jahr, in dem wir unser CSA geändert haben, um diese Art von Flexibilität anzubieten, erhielten wir mehr als das Dreifache der Anmeldungen von einem Jahr auf das nächste. Es gibt einige Software-Programme, die für deine Mitglieder E-Commerce-Einkauf ermöglichen; diese Programme können die Dinge wirklich einfach machen, aber einige kosten bis zu 2% deiner Verkäufe an Gebühren. Wir verwenden tatsächlich Google-Formulare, die mit einer Tabellenkalkulation verbunden sind. Jede Woche veröffentlichen wir eine Liste der verfügbaren Produkte und unsere Kunden bestellen über den Google-Formular-Link, den wir ihnen per E-Mail schicken.

Es gibt vier Dinge in einer CSA, die dazu beitragen, viel mehr Kunden zu gewinnen, besonders wenn für diese das Konzept neu ist:

1. Zahlungsoptionen

Anstatt für das Gemüse einer Saison zu bezahlen und jede Woche eine Kiste abholen zu müssen, solltest du ihnen die Möglichkeit geben, einen bestimmten Betrag im Voraus zu bezahlen. Bei jeder Bestellung wird der Kaufbetrag von ihrem Guthaben abgezogen. Dies erfordert einen höheren Verwaltungsaufwand, aber es gibt Softwareprogramme, die dabei helfen können, dies zu verwalten. Die Leute müssen nicht mehr eine große Summe wie $500 im Voraus bezahlen; sie können alle paar Monate $100 zahlen, oder wie weit sie den Service auch immer nutzen wollen. Wir haben festgestellt, dass wir eine breitere Basis sozioökonomischer Ebenen und Altersgruppen eingebunden haben, und dieser Weg erlaubte es sogar Urlaubern, sich anzumelden. Wir boten auch einen Anreiz an, mehr im Voraus zu zahlen, indem wir einen Rabatt auf der Grundlage der Höhe der zu zahlenden Beträge gewährten. Wenn du $250 oder mehr auf einmal bezahlst, erhältst du 10 % mehr auf dein Guthaben. Wenn du also $500 im Voraus bezahlst, erhältst du $550 Kredit.

2. Vollständige Anpassung

Sobald deine Kunden einen Kredit bei deinem Hof haben, können sie jederzeit so viel bestellen, wie sie wollen. Solange sie Guthaben haben, können sie technisch gesehen alles auf einmal ausgeben, wenn sie es wünschen. Dazu musst du (als Landwirt) dich mit deinen Produktionssystemen so gut auskennen, dass du eine Menge Potenzial an Fluktuation der wöchentlichen Nachfrage handhaben kannst. Wenn deine Mitglieder einige Wochen lang nicht bestellen, spielt das dann keine Rolle. Sie werden nur abgerechnet, wenn sie bestellen. Du kannst auch Mindestbestellmengen setzen; wir haben eine Mindestbestellmenge von $15, und man kann auch ein Maximum festlegen, wenn man das wünscht.

3. Ein Empfehlungsprogramm für bestehende Mitglieder

Wenn ein Mitglied jemanden neu zur Unterschrift empfiehlt, gib diesem einen Kreditbonus von 10 %. Also, wenn sich jemand für eine $500-Kiste angemeldet hat, gib ihm einen $50-Kisten-Bonus, wenn sie jemanden vermitteln. Man kann eine $-Zahl oder einen Prozentsatz einstellen, wie auch immer du willst. Ich finde es gut, wenn die Guthaben hoch genug sind und so eine Menge Anreiz für jemanden zu bieten, mehr Menschen dazu zu bringen, sich zu registrieren. Die coole Sache ist, dass, wenn ein Mitglied im Rahmen dieser Regelung 10 zusätzliche Personen vermittelt, dieses technisch gesehen einen CSA-Anteil von $500 kostenloses Guthaben erhält! Das ist ein großer Anreiz für einen Kunden, der dir hilft, weitere Kunden zu finden.

4. Mehrere Abholzeiten

Früher haben wir Kisten nur am Freitag zwischen 16.00 und 20.00 Uhr abholen lassen. Im nächsten Jahr haben wir aus guten Glauben ein zweites Kühler-System eingerichtet und die Leute konnten im Wesentlichen ihre Kiste abholen, wann sie wollten. Wir gaben einen Zeitrahmen vor, sodass die Menschen nicht an einem Dienstagabend um 1 Uhr morgens auftauchten, aber der Systemkühler bot viel mehr Komfort für die Menschen – und das macht den CSA attraktiver. Wir leben in einer Gemeinschaft, die klein genug ist, dass dieses System gut funktioniert. Wenn du jedoch über Diebstahl besorgt bist, könntest du den Kühler mit einem Kombinationsschloss verschließen und den Code an alle deine Mitglieder weitergeben.

Kleinbauernmakler

Die Vermittlung von Produkten ist eine gute Möglichkeit für ländliche und städtische Bauern, zusammenzuarbeiten. Der Zugang zu den Märkten ist wegen der Entfernung oft eine Herausforderung für ländliche Bauern. Beim Versuch, eine breitere Kundenbasis zu gewinnen, kann der Mangel an Kulturpflanzenvielfalt für einen wirklich kleinen städtischen Betrieb auch eine Herausforderung darstellen. Es könnte also durch die Zusammenarbeit einen gegenseitigen Nutzen für beide Arten von Landwirten geben. Der Landwirt vom Land könnte den Verkauf eines zusätzlichen Produkts garantieren und die Möglichkeit haben, dieses einmal pro Woche an einen Standort abzugeben, und der städtische Landwirt könnte seine Kundenreichweite durch das Angebot einer größeren Vielfalt von Produkten erweitern.

Für den städtischen Landwirt besteht der Vorteil der Vermittlung von Produkten anderer Erzeuger in dieser Art von Arrangement darin, dass er nun über ein vielfältigeres Angebot verfügt, um mehr Kunden zu gewinnen; bei jeder Transaktion können mehr hochwertige Produkte verkauft werden. Mit diesem Ansatz könnte ein städtischer Landwirt auf ca. 1000 m^2 ein CSA-Programm für 100 Mitglieder durchführen. Das wäre etwa $50.000 im Voraus wert, aber fast die Hälfte dieses Geldes würde für Produkte bezahlt, die von anderen Landwirten bezogen werden. Aber selbst wenn die Hälfte davon für den städtischen Landwirt bestimmt wäre, wären das $25.000 an Vorab-Kapital, was für jeden Landwirt wirklich schön ist. Was mir an einem CSA-Programm gefällt, ist, dass das im Voraus gezahlte Geld fast wie eine Versicherungspolice ist, denn es gibt einem eine gute Grundlage, um eventuelle Pannen während der Saison abzudecken. Die einzige zusätzliche Arbeit wäre, die Kisten zusammenzustellen und zu koordinieren, welche Produkte man von anderen Landwirten kaufen kann, sowie die Produkte bei Bedarf abzuholen. Es wäre vernünftig, etwa 25% Aufschlag auf die vermittelten Produkte zu erheben, sodass die Gewinnspanne bei einem Produkt im Wert von $25.000 $6.250 betragen würde. Nicht so viel, aber bedenke, dass du, wenn du jetzt 100 CSA-Mitglieder hast, mit Sicherheit mehr von den Produkten verkaufst, die du anbaust, wie Salatgrün, Gewächshaustomaten und Mikrogrün. Darin liegt wirklich der zusätzliche Wert. Sonst könntest du keine ausgewogene CSA-Box anbieten.

Auch die Vermittlung an Restaurants wäre hier eine Möglichkeit, vor allem wenn du eine beträchtliche Anzahl von Köchen hast, die wöchentlich bei dir kaufen. Du könntest bei der Vermittlung auch kleinere Restaurants beliefern. Für einige Landwirte auf dem Land hat es, basierend auf der Zeit, die für die Zusammenstellung und Lieferung kleiner Bestellungen benötigt wird, keinen Wert, an ein Restaurant zu liefern, wenn die Bestellung weniger als $200 beträgt. Du, als Stadtlandwirt, könntest einige Artikel von anderen Landwirten auf deinem Auswahlblatt frischer Produkte auflisten (siehe Kapitel 10), und wenn du diese Kunden ohnehin belieferst, würde die Lieferung von Produkten anderer Landwirte kaum Extrakosten bedeuten. Du müsstest entscheiden, welches Minimum an Zeit, Geld oder beidem diesen Dienst für dich lohnenswert machen würde. Das Schöne hier ist, dass du es auftragsbezogen tun kannst. Bestelle die zusätzlichen Produkte nicht bei den Landwirten, bevor du nicht die Bestellungen deiner Köche hast; auf diese Weise besteht kein Risiko darin, Produkte zu kaufen, die du nicht verkaufen kannst.

Es wäre möglich, Produkte für einen Bauernmarkt zu vermitteln, wenn du auf einer Art von Markt verkaufst, der dir das erlaubt. Mein Bauernmarkt erlaubt das nicht, also habe ich es nie versucht. Ich würde dies nur empfehlen, wenn du einen riesigen Bedarf an viel mehr Abwechslung siehst, als du selbst liefern kannst. Das große Risiko für dich ist hier, dass, wenn du die Produkte, die du vermittelst, nicht verkaufen kannst, dann aus eigener Tasche zahlen musst.

Einzelhandel und andere Vertriebspartner

Die Vermarktung über Einzelhändler ist kein üblicher Ansatz für Kleinlandwirte, denn du wirst am Ende einen niedrigeren Preis für dein Produkt erzielen. Mit dem Aufkommen einiger neuer Geschäftsmodelle für den Einzelhandel ist es möglich, durch diese Märkte zu verkaufen und immer noch einen guten Gewinn zu machen. Es gibt zwei Absatzmärkte, die ich abdecke: grüne Lebensmittelhändler und Bio-Lieferdienste, die entweder private oder Gewerbebetriebe bedienen.

Wenn man sich ansieht, was einige der neuen, auf gesunde Lebensmittel ausgerichtete Lebensmittelgeschäfte verlangen, ist es nicht so schwer, sich vorzustellen, dass du deine Produkte mit einem Preisnachlass von etwa 35% an diese verkaufen und trotzdem noch Gewinn erzielen kannst. Dies ist nur dann wirklich logisch, wenn du viele Produkte anbieten kannst und über die Produktionskapazität verfügst, um die große Nachfrage zu bewältigen. Wenn du mit solchen Kunden zu tun hast, dann wirst du entweder kistenweise oder in Hunderten von Einheiten verkaufen. Das könnte es dir ermöglichen, die Produktion einiger deiner lukrativsten Feldfrüchte zu steigern. Verkaufe ihnen dann die Produkte, die am wenigsten Land benötigen, den größten Umsatz und den höchsten Preis haben. Wenn du zum Beispiel dem Einzelhandel etwas verkaufst, für das du normalerweise $3 nimmst und jetzt 25% Rabatt gibst, ist das jetzt ein Artikel für $2.25. Für eine Kultur wie Tomaten, die eine lange Zeitspanne vor der Ernte hat, ist das ziemlich beachtlich, wenn man den zusätzlichen Arbeitsaufwand bedenkt, der mit dem Beschneiden und Binden der Tomaten verbunden ist, und die Tatsache, dass sie eine größere Fläche des Betriebs einnehmen. Pflanzen wie Grünzeug, Radieschen und vor allem Mikrogrün, die weniger Fläche einnehmen, weniger Arbeit erfordern, schneller wachsen und einen höheren Preis erzielen, sind jedoch viel wertvoller für dich, um sie mit Rabatt zu verkaufen.

Ich habe bereits an über drei Vertriebsunternehmen verkauft. Eines ist ein ökologischer Hauslieferdienst, im Wesentlichen wie ein CSA, der von mehreren Landwirten beliefert wird und eine größere Reichweite und einen größeren Kundenstamm hat, als es für meinen Betrieb möglich wäre. Über diesen Kunden biete ich einige verschiedene Artikel an, und in der Regel handelt es sich dabei um meine wertvollsten Feldfrüchte. Der andere ist ein ökologischer Restaurantservice, der Produkte in Gebiete liefert, in denen es wenig bis gar keinen Zugang zu lokal angebauten Produkten gibt. Dies ist ein großartiges Geschäftsmodell, weil sie einen nachfrageintensiven Nischenmarkt bedienen, der bereit ist, einen Premiumpreis zu zahlen. Für diesen Kunden kann ich eine größere Vielfalt anbieten, weil er einen besseren Preis zahlen kann, der mehr meinem Standard-Marktwert entspricht. Das dritte, über das ich verkauft habe, war ein traditioneller, auf Naturkost ausgerichteter Lebensmittelladen, ein grüner Lebensmittelhändler. In diesem Fall fand ich es nur lohnend, wenn sie große Mengen einkauften, und im Idealfall war es für uns besser, ihnen Massenware zu verkaufen und sie entsprechend portionieren zu lassen, sonst hätte es uns der 25-35 %-ige Rabattpreis schwer gemacht, einen Gewinn zu erzielen.

Einkaufsclubs

Einkaufsclubs sind in der Regel selbstorganisierte Gruppen von Menschen, die sich leidenschaftlich für die Produktion und Verarbeitung ihrer eigenen Konserven interessieren und die sich zusammenschließen, um große Mengen von Produkten mit einem Rabatt von Bauern zu kaufen. Ich habe am häufigsten mit Leuten zu tun gehabt, die Tomaten, Gurken und Basilikum für Pesto einmachen wollten. Ich finde diese Marktströme für einen städtischen Bauern nur dann wertvoll, wenn man mehr produziert, als man in seinen üblichen Marktströmen verkaufen kann. Für meinen Betrieb sind die Einkaufsclubs mehr oder weniger ein letzter Ausweg, denn ich versuche, nicht zu viel von etwas zu haben, das mich dazu veranlassen würde, meine Preise so weit zu senken, dass ich es einfach nur loswerden möchte. Es hat jedoch Zeiten gegeben, in denen ich viel Basilikum auf dem Feld hatte, das vor dem Frost geerntet werden musste. In Zeiten wie diesen wird alles auf einmal geerntet und dann mit einem Preisnachlass verkauft, da bei Frost vielleicht alles verloren gegangen wäre.

Einige Gemeindegruppen werden ihre eigenen Einkaufsclubs organisieren, um von Bauern zu kaufen. Du kannst auf deiner Webseite oder in sozialen Medien für die von ihnen gesuchten Pflanzenarten werben. Es ist gut, sich dieser Gruppen bewusst zu sein. Wenn es also eine Zeit gibt, in der man eine Menge von Produkten auf einmal verkaufen möchte, weiß man, wo man sie verkaufen kann.

10

Zusammenarbeit mit Köchen

Die lokale Lebensmittelszene ist in den letzten Jahren sehr trendig geworden, und das ist eine super Sache für den Kleinlandwirt. Einige der beliebtesten Sendungen im Fernsehen und im Internet haben mit Lebensmitteln zu tun, und einige Köche gelten als A-Promis. Die meisten dieser Köche befürworten und fördern die Verwendung qualitativ hochwertiger, lokaler Produkte. Wenn Kunden in ein Spitzenrestaurant gehen, gehen sie davon aus, dass das Lokal lokale Produkte verwendet, wobei in den meisten Fällen saisonale Produkte auf der Speisekarte stehen. Wenn du deinen Betrieb in einer Gegend betreibst, in der du Zugang zu solchen guten Restaurants hast, ist der Verkauf an diese ein absolutes Muss!

Zugang zu Köchen

Wenn du nach Restaurants suchst, mit denen du arbeiten möchtest, solltest du in deiner Gegend nachforschen. Wie viele Restaurants werben für die Verwendung von lokalen Produkten oder saisonalen Menüs? Mache eine Liste aller Orte, die diese Dinge anbieten. Forsche weiter nach und finde heraus, wie groß sie sind (wie viele Plätze es gibt), welche Art von Essen sie servieren, wie hoch ihre Preislagen sind, wo sie sich befinden, ihre Betriebszeiten und wer der Chefkoch ist. Du könntest eine App wie Yelp[13] verwenden, um einige dieser grundlegenden Suchvorgänge durchzuführen. Sobald du eine Liste möglicher Restaurants hast, die du gerne beliefern würdest, rufe diese Restaurants an und frage nach, ob sie lokale oder biologische Produkte verwenden und wo sie diese kaufen. Du könntest raffinierterweise einfach vorgeben, ein übereifriger Kunde zu sein.

Am besten fängt man mit den kleinen Restaurants an, und wenn man dann mehr Erfahrung hat, mit den größeren. Nachdem du eine umfassende Liste potenzieller Kunden erstellt hast, die du ansprechen möchtest, ist es Zeit,

13 https://www.yelp.de/

mit dem Koch zu sprechen. Im Allgemeinen ist es besser, vorher anzurufen, um einen Termin zu vereinbaren, aber das ist manchmal schwierig, da Köche sehr beschäftigte Menschen sind. Manchmal muss man einfach persönlich hingehen, um die Verbindung herzustellen. Gehe immer dann hin, wenn nicht gerade Mittags- oder Abendansturm ist. Wenn sie Frühstück anbieten, gehe am Nachmittag; wenn sie Mittagstisch anbieten, geh nach der Mittagspause hin. Gehe niemals abends in ein Restaurant, um über Geschäfte zu sprechen. Niemand tut so etwas. Wenn du als Gast im Restaurant bist, und du kommst ganz natürlich ins Gespräch, dann ist das etwas anderes.

Wenn du kommst, bringe eine Visitenkarte, eine frische Verkaufsliste und Musterprodukte mit, vielleicht nur eine Probe im Wert von $10 bis $20 von dem, was du anbaust. Bringe nur die Artikel mit, die du konsequent und im Überfluss produzierst. Mache dir nicht die Mühe, Muster von Dingen mitzubringen, die knapp sind, denn der Koch möchte vielleicht eine Menge von diesem Artikel haben. Du willst nicht zu wenig haben, wenn du eine neue Beziehung aufbaust. Sobald du eine Arbeitsbeziehung mit einem Küchenchef aufgebaut hast, kannst du damit beginnen, mehr Artikel und einmalige, besondere Dinge anzubieten.

In gehobenen Restaurants wird die Person, die für die Bestellung zuständig ist, gewöhnlich als leitender Sous-Chef oder als Chef de Cuisine bezeichnet; manchmal ist es auch der Chefkoch. In kleineren Einrichtungen gibt es normalerweise nur einen Chefkoch und oft sind sie auch die Eigentümer. Dies sind die Personen, mit denen man bei einem Besuch sprechen muss. Es ist wichtig, dass du freundlich bist und dich kurz fasst. Sage dem Küchenchef, was du tust und was du anbaust, und versuche, nicht zu viel von seiner Zeit zu stehlen. Frage ihn, an welcher Art von Produkten er interessiert ist und ob er bereits einen lokalen Anbieter hat. Wenn das der Fall ist, frage ihn, ob er mit der Qualität zufrieden ist und nach den Kosten der Produkte, die er erhält. Wenn es etwas gibt, das er sonst nicht findet, gibt es vielleicht eine Nische zu füllen. Frage ihn, was im Verlauf der Jahreszeiten auf seiner Speisekarte steht, und wenn du ein Exemplar seiner Speisekarte und der vergangenen Menüs bekommen kannst, umso besser. Diese Informationen finden sich oft auch auf den Webseiten der Restaurants.

Ich habe es immer als vorteilhaft empfunden, mit den Köchen offen und ehrlich über alles zu sprechen. Als ich anfing, hatte ich eine kleine Handvoll Köche, mit denen ich zusammenarbeitete, und ich sagte ihnen allen sofort, dass ich gerade erst anfing und dass ich immer mein Bestes tun würde, um ihre Bedürfnisse zu erfüllen. Achte darauf, nicht zu viele Versprechungen oder Garantien zu geben, wenn du anfängst. Du solltest keine

Versprechungen machen, von denen du nicht sicher bist, dass du sie auch halten kannst.

Zu Beginn jeder Woche schicke ich eine frische Liste an alle meine Köche aus. Eine frische Liste ist eine Liste aller Produkte, die ich anbiete, mit Preisen und dem Volumen der Pakete. Oben auf dem Blatt gibt es normalerweise ein paar Aktualisierungen über das, was auf dem Hof passiert oder über neue Produkte, die in dieser Woche erhältlich sind. Ich finde es am besten, dieses Formular für Mobiltelefone und Tablets geeignet zu gestalten, da viele Köche gerne ihr Smartphone zum Bestellen benutzen und ihre Bestellungen oftmals per SMS verschicken.

Menüs für die Jahreszeiten

Ich habe festgestellt, dass sich Köche am häufigsten für die Saisonalität von Gemüse interessieren, wenn bestimmte Produkte im Überfluss vorhanden oder knapp sind. Für die Restaurants, die sich sehr auf die Verwendung von lokal erzeugtem Gemüse konzentrieren, ist dies der Rahmen, in dem sie ihre Menüs gestalten. Jeden Winter treffe ich mich mit einigen meiner besten Restaurant-Kunden, um zu besprechen, was sie sich für die nächste Saison vorstellen, und sie wollen wissen, welche Art von neuen Dingen ich versuchen könnte. Einige meiner Kunden, wie Winzer oder Caterer, betreiben ihr Geschäft auf einer sehr saisonalen Basis und planen ihre Veranstaltungen, wie zum Beispiel Hochzeiten, Feste und besondere Anlässe ganzjährig im Voraus. Während der Planungsphase meiner Saison markiere ich diese Tage auf meinem Kalender, um sie in meinem Produktionsplan einzupflegen. Zum größten Teil habe ich festgestellt, dass Köche wollen und bereit sind, mit dem zu arbeiten, was in der Saison am besten wächst, und sie werden immer viele Fragen darüber haben, wie es über das gesamte Jahr hinweg aussieht. In Städten, in denen es viel Tourismus gibt, fällt die Hochsaison für ein Restaurant normalerweise auf den Höhepunkt des Sommers. Und in dieser Zeit kannst du erwarten, viel mehr Volumen zu verkaufen; es ist also gut, vorbereitet zu sein.

Auf dem Laufenden bleiben

Wenn Restaurants zu einem deiner Hauptmärkte werden, ist es eine gute Idee, sich über Lebensmitteltrends auf dem Laufenden zu halten. Du kannst dies tun, indem du die Köche in den sozialen Medien verfolgst, Lebensmittelmagazine und Blogs liest und ständig mit deinen Köchen über das sprichst, was auf dich zukommt. Eine Sache, die ich gelernt habe, ist, dass sich Essenstrends immer ändern, und du musst ständig nach vorn schauen, um zu sehen, was vielleicht als Nächstes kommt. Oftmals ahmen kleinere Städte das Geschehen in den großen Städten nach. Orte wie New York, Toronto und Los Angeles sind die wichtigsten zukunftsweisenden Städte, die ich beobachte. Ich finde, dass eine Stadt wie Vancouver oft das aufgreift, was an diesen Orten geschieht, und dann wird eine Stadt wie meine, Kelowna, dem oft folgen, was in Vancouver passiert. Es scheint einen Nachlauf-Effekt zu geben, wenn es um Trends geht.

Aufzeichnungen

Das Führen von Aufzeichnungen ist sehr wichtig, wenn es um die Arbeit mit Köchen geht. Du möchtest eine Aufzeichnung darüber haben, was sie jede Woche bestellt und was sie erhalten haben. Diese sind oft unterschiedlich, weil du vielleicht von einigen der bestellten Artikel zu wenig vorrätig hattest. Das ist normal, wenn der Nahrungsmittel-Service kurz vor der Hochsaison steht; und du musst diese Informationen aufzeichnen, damit du in der nächsten Saison besser vorbereitet bist, um den Bedarf so oft wie möglich zu decken. Das bedeutet für dich am Ende einfach mehr Umsatz. Ich markiere immer die üblichen Zeiten der Spitzennachfrage in meinem Kalender, damit ich in dieser Zeit so viel wie möglich anbieten kann. Viele Landwirte, die an Restaurants verkaufen, werden in dieser Zeit zu wenig anbieten können, und wenn du liefern kannst, ist das ein guter Zeitpunkt, mehr Kunden zu gewinnen, indem du mit Produkten kommst, wenn andere knapp sind.

Spezialisierter Anbau für einmalige Veranstaltungen

Es gibt Zeiten, in denen ich vorhabe, etwas Besonderes für einen Koch und eine Veranstaltung, die nur einmal stattfindet, anzubauen. Ich nenne diese *Einmal-Events*. Anbau auf Bestellung ist nicht etwas, das ich einfach jedem anbiete. Ich mache das nur mit Küchenchefs, denen ich vertraue und mit denen ich schon eine lange Zeitspanne zusammenarbeite. Die Gefahr beim Eingehen dieser Art von Vereinbarungen ist, dass man, wenn man etwas anbaut, das man normalerweise nicht verkaufen kann und der Koch nicht nachfasst, auf der Ware sitzenbleibt. Unter diesen Umständen ist also Vorsicht geboten. In meiner Region sind diese Art der Ereignisse das Erntedankfest, Weinfeste und spezielle Catering-Veranstaltungen. Über die Jahre habe ich gelernt, bestimmte Dinge für solche Veranstaltungen bereit zu haben, weil ich normalerweise mehr von einigen Artikeln verkaufe, von denen ich weiß, dass sie Köchen fehlen werden. Zum Beispiel haben wir hier eine Veranstaltung namens Dîner En Blanc, auf der jeder weiß trägt und alle Lebensmittel weiß sind. Ich verkaufe während dieser Zeit immer eine Menge weißes und helles Gemüse, also plane ich entsprechend.

Es gibt auch Zeiten, in denen ein hochkarätiger Küchenchef einen Auftritt bei einer speziellen Spendenaktion mit einer Vision für etwas sehr Spezielles hat. Ich habe Gemüse wie Mini-Möhren, Radieschen oder Rüben für diese Art von Veranstaltungen angebaut. In diesem Fall verkaufen sie Tickets für Hunderte von Dollar pro Platte, um Spenden für etwas einzusammeln. Also sind die Kosten für die Produkte kaum eine Überlegung. Ich habe ausgewachsenes Baby-Gemüse, das ich sonst nicht verkaufen könnte. Also berechne ich sie stückweise. Der Chefkoch kam zu mir und sagte, dass er 200 Teller hat und sie auf der Suche sind nach 1.000 Stück Baby-Karotten, 400 Mini-Bok-Choy und 1.000 Stück winziger Ostereier-Rettiche; es könnte eine Vielzahl von Dingen sein. Hier würde ich also irgendwo zwischen 10 Cent und 20 Cent pro Stück berechnen. Wenn du eine Stück-Bestellung bekommst, ist diese relativ leicht zu planen, wenn du weißt, was deine Ernte einbringen wird.

Wenn ich während des Winters einmalige Ereignisse plane, schaue ich danach, eine sehr genaue Vorstellung von dem zu bekommen, was gebraucht wird, und das füge ich meinem wöchentlichen Garten-Produktionsplan *hinzu*. Du möchtest damit sicherstellen, dass diese Art von Ereignissen das Sahnehäubchen für dein Einkommen ist. Weil es riskant sein kann, musst du jedoch sicherstellen, dass dein regelmäßiges wöchentliches Betriebseinkommen von diesem Risiko getrennt ist.

11

Arbeit

Wenn wir über die städtische Landwirtschaft in der Art und Weise sprechen, wie ich sie hier beschrieben habe, bist du als der Geschäftsinhaber die Hauptarbeitskraft, und das ist es, was deine Betriebskosten niedrig hält, besonders am Anfang. In den meisten Fällen verwaltest du alle täglichen Aufgaben auf dem Hof von der Pflanzung an, der Ernte und der Buchhaltung bis hin zur Auslieferung und den Aufbau deines Unternehmens und deiner Marke. Es ist jedoch für alle Landwirte ab einem gewissen Punkt unvermeidlich, sich Unterstützung zu suchen. Ob es sich um Hilfe beim Packen für den Markt, das Ziehen von Unkraut, die Lieferung oder die Ernte handelt, du wirst irgendwann Hilfe brauchen. Meine Hoffnung ist, dass du durch diese Informationen bessere Wege findest, viele dieser Aufgaben zu rationalisieren und Möglichkeiten zu finden, den Bedarf an Arbeitskräften zu reduzieren, sodass du deine Produktionskapazität nutzen und dein volles Potenzial ausschöpfen kannst.

Freunde, Familie und Nachbarn

Auf einer sehr kleinen Landbasis ist der Gesamtbetrag der Arbeit, die wöchentlich erledigt werden muss, im Vergleich zu den landwirtschaftlichen Betrieben mit sogar ab ca. 4047 m^2 sehr klein; in diesem Fall kann es also schwierig sein, tatsächlich einen Job für jemanden zu bieten. Ein weiterer großartiger Aspekt der Landwirtschaft in der Stadt ist, dass es viele Menschen gibt, welche die Idee von Hilfe auf dem Bauernhof attraktiv finden. Es gibt hier einen gegenseitigen Nutzen, wenn man den Wert betrachtet, den du als Landwirt für einige Stadtmenschen liefern kannst. Für Stadtbewohner, die nach der Arbeit im Freien arbeiten, bietet dies eine Form von Training, Bildung oder den Handel mit Gemüse.

Ich kann auf meinem Hof sehr viel Teilzeit-Hilfe von Leuten aus meinem engsten Netzwerk erhalten – Freunde, Familie und Nachbarn. Im Austausch gegen Produkte vom Hof können solche Leute kommen und bei einfachen Aufgaben wie dem Eintüten von Grünzeug oder dem Portionieren von Gemüse für ein paar Stunden pro Woche helfen. Das ist für beide Seiten von großem Wert, und jeder gewinnt bei dieser Vereinbarung.

Aufgabe	Durchschnittliche Zeit/Woche	Beschreibung
Portionierung für den Markt	3h	Füllen der kleinen Säckchen mit Grün- oder Mikrogrün und Bündeln von Grünkohl
Waschen von Erntebehältern	1h	Waschen der schmutzigen Erntebehältern an der Waschstation
Kompostarbeiten	30m	Abräumen der mikrogrünen Flächen und Entleeren von Abfällen in Kompost
Portionierung für Restaurants	1h	Auffüllen der großen Kisten mit Gemüse und Kartons für Großbestellungen
Beschneiden der Tomaten	3h	Zweimal pro Woche Beschneiden der Tomatenzweige
Stecklinge aussuchen	2h	Stecklinge aussuchen, wenn sie klein sind
Waschen der Wurzelgemüse	1h	Waschen der Radieschen, Rüben, Karotten, Rüben und Frühlingszwiebeln
Waschen der Grüngemüse	1h	Spülen, Schleudern, Trocknen und Sortieren des Salatgrüns

Abb. 3: Aufgaben, die Freiwillige abdecken können. Die Aufgaben sind nach Wichtigkeit und Schwierigkeitsgrad geordnet. Einpacken für den Markt ist die erste und einfachste Aufgabe, die ein Freiwilliger lernen würde, und das Waschen des Grünzeugs nur dann, wenn er mehr Erfahrung hat.

Für die Freitage habe ich ein oder zwei Freunde aus der Nachbarschaft, die mittags kommen, um beim Zusammenstellen der Waren für den Bauernmarkt zu helfen. Es sind selten mehr als drei Stunden Arbeit, und zwar in einer Spaß-Umgebung, in der sie quatschen oder Musik oder Podcasts hören können; und die Arbeit selbst ist so einfach, dass sie in dieser Zeit meist unbeaufsichtigt gemacht werden kann. Wenn die Arbeiten erledigt sind, machen wir einfach einen Werteaustausch in Gemüse. Der Wert kann auf das, was auch immer du zu diesem Zeitpunkt für Wert hältst, eingestellt werden. Der Schlüssel dazu ist, dass beide Parteien damit glücklich sind.

Das andere Mal, dass ich Geschäfte wie diese getätigt habe, war für einmalige Aufgaben, wie das Auspflanzen einer Reihe von Setzlingen im Frühjahr oder große Ernten von Feldfrüchten wie Knoblauch. Da ich nicht mehr viel davon mache, war das in meinem Fall nicht mehr unbedingt notwendig, aber ein solcher Handel eignet sich gut für solche Aufgaben.

Ich habe eine fantastische Vereinbarung mit meinen Nachbarn, die im Ruhestand und begeisterte Gärtner sind. Sie wohnen neben einem meiner wichtigsten landwirtschaftlichen Standorte, und ich gebe ihnen im Austausch für Hilfe an diesem einen Standort und die Erhaltung aller meiner Tomaten zum ganzen Hof das ganze Jahr über Zugang (und zu einigen speziellen Bereichen auf meinen Gartenanlagen, um alles Mögliche anzubauen). Sie kümmern sich um den gesamten Schnitt und das Binden sowie um die Ernte aller Tomaten. Die Nachbarn nehmen mir diese riesige Aufgabe ab, denn sie ist ziemlich speziell. Ich könnte diese Aufgabe nicht einfach irgendjemandem übertragen, denn sie würde viel Ausbildung erfordern. Da sie begeisterte Gärtner sind, die ich seit einigen Jahren kenne, funktioniert es gut. Ich habe festgestellt, dass solche Arrangements im Laufe der Zeit auftauchen, wenn man einmal in einem Gebiet ein gutes Maß an sozialer Gerechtigkeit aufgebaut hat.

Ausbildungen

Wenn dein Hof erst einmal in Betrieb ist oder vielleicht sogar schon vorher, werden sich vielleicht Leute an dich wenden und nach einer Lehrstelle fragen. Meiner Erfahrung nach laufen diese Vereinbarungen langfristig, oft eine ganze Saison oder den größten Teil davon. Du solltest mit Lehrstellen vorsichtig sein, weil die Arbeitsgesetze in bestimmten Ländern Probleme für dich bedeuten können. Einige Landwirte haben das Konzept missbraucht, um im Grunde nur kostenlose Arbeit zu bekommen. Ich dulde das überhaupt nicht. Mein Rat ist, wenn du eine Lehrstelle anbieten willst, alles schriftlich festzuhalten, um deutlich zu machen, was diese Person lernen wird und den Werteaustausch zwischen euch beiden festzulegen. Wenn du eine wertvolle Ausbildung anbieten kannst, dann kannst du sie vielleicht ja auch in Rechnung stellen. Ich habe gesehen, dass einige Landwirte eine Kaution von Lehrlingen nehmen, und wenn sie die ganze Saison bleiben, bekommen sie diese Kaution am Ende zurück; aber wenn sie einen in der Mitte der Saison im Stich lassen, behalten sie sie. Auch hier musst du vorsichtig sein und Vorkehrungen treffen. Stelle sicher, dass du deine Hausaufgaben über die Gesetze in deinem Bereich gemacht hast, bevor du fortfährst. Es gibt heute einen solchen Mangel an guter Ausbildung in der neuen Landwirtschaft, dass die Lehrlingsausbildung wirklich die beste Art zu lernen ist, wie man Landwirtschaft betreibt. Um die beste Erfahrung für beide Seiten zu generieren, musst du als Landwirt ein klares Verständnis für den Wert haben, den du dem Lehrling bietest. Wenn du nur nach kostenlosen Arbeitskräften suchst, wird es auf lange Sicht nicht funktionieren.

Mitarbeiter

Gute Arbeitskräfte zu finden, ist eine Herausforderung für jedes Unternehmen. Es ist nicht nur schwierig, Menschen zu finden, die hart arbeiten, sondern auch Menschen, die eine gute Einstellung haben und leidenschaftlich arbeiten wollen. Nach meiner Erfahrung ist es leicht, eine gute Einstellung und Leidenschaft zu finden, aber manchmal ist es eine Herausforderung, dass auch Arbeitsmoral dabei ist. Da die städtische Landwirtschaft in den letzten Jahren in Mode gekommen ist, zieht sie Menschen an, die sehr leidenschaftlich sind. Ich bin auf viel Idealismus gestoßen (ähnlich wie bei mir, als ich anfing) mit einer nicht so realistischen Perspektive auf die wirkliche Arbeit, die auf einem Hof geleistet werden muss (einige der weniger glamourösen Dinge). Wenn es darum geht, die richtigen Leute zu finden, habe ich festgestellt, dass Personen, die eine gute Grundarbeitsethik haben, auf meinem Hof am besten zu funktionieren scheinen. Eine gewisse Leidenschaft für die Landwirtschaft zu haben, ist auch wichtig, aber nur, wenn man die Arbeit auch wirklich erledigen kann. Letztendlich muss man in der Lage sein, mit Mitarbeitern Geld zu verdienen, sonst ist es sinnlos. Wenn dein Betrieb gemeinnützig ist, ist das eine ganz andere Sache.

Ich habe festgestellt, dass es entscheidend ist, die Arbeitskosten auf meinem Hof auf weniger als 25 % des gesamten Bruttoeinkommens zu halten. Im Idealfall strebe ich 20 % an, aber am Anfang können deine Kosten bis zu 35 % des Bruttoeinkommens betragen. Letztendlich liegt es an dir, wie du die Kosten kalkulierst, aber ich habe festgestellt, dass bei zu hohen Arbeitskosten am Ende des Jahres oft nicht mehr genug vorhanden ist, um deine Rechnungen während der Nebensaison zu bezahlen und dann noch genug Kapital zu haben, um im nächsten Jahr wieder anzufangen. Achte immer auf deine Ausgaben und stelle sicher, dass du zumindest die Bezahlung deiner Mitarbeiter erhältst.

Die Bedeutung von Systemen

Wenn es darum geht, den Menschen beizubringen, wie man Landwirtschaft betreibt, ist es sehr wichtig, dass Systeme vorhanden sind und dass die Dinge einheitlich gehandhabt werden. Treten dann Probleme auf, wenn alle das Gleiche auf die gleiche Weise tun, dann versucht man nicht herauszufinden, wer was tut. Du gehst direkt zum Problem selbst. Ob ein verpacktes Produkt schlecht aussieht, Pflanzen schlecht keimen oder es Probleme mit der Bewässerung gibt, wenn alle eine bestimmte Aufgabe auf die gleiche Weise erledigen (von der du weißt, dass sie funktioniert), dann kann man sofort nach externen Gründen, wie Wetter oder andere Faktoren, suchen. Finde den besten Weg in den Zeiten der Veränderung und stelle sicher, dass jeder dementsprechend handelt. Ich sage den Leuten immer, wenn sie einen besseren Weg sehen, etwas zu tun, „Lass es mich wissen, denn ich will auch lernen“. In der Vergangenheit hatte ich manche Arbeitnehmer, die eine Aufgabe auf eine bestimmte Art und Weise erledigten, anders als alle anderen, und das war immer ein Rezept für eine Katastrophe, wenn das Unerwartete geschah. Halte alle Aufgaben konsistent, wenn du mit anderen Menschen zu tun hast.

Ein Team aufbauen

Wenn es darum geht, mehr Menschen zu finden, wenn du dein Unternehmen ausbauen willst, musst du dich zuerst fragen: Was ist mein Ziel? Stellst du Leute ein, um es dir selbst leichter zu machen? Denn wenn das der Fall ist, hast du vielleicht zu viel auf dich genommen. Vielleicht wäre Zurückschrauben und die Verfeinerung deiner Systeme eine bessere und kostengünstigere Methode als das Einstellen von Mitarbeitern. Stellst du Mitarbeiter ein, um das Unternehmen zu vergrößern, weil du einen vorhandenen Bedarf stillen willst und du eine Menge langfristigen Potenzials dort siehst? Ich würde sagen, das wäre der beste Grund, mehr Leute einzustellen. Ein Großteil der landwirtschaftlichen Betriebe unter ca. 2000 m^2 kann mit zwei Vollzeitmitarbeitern verwaltet werden, entweder zwei Partner, oder ein Eigentümer und eine Vollzeitperson, mit vielleicht ein paar Teilzeitbeschäftigten für ein paar Stunden pro Woche. Vieles davon hängt auch vom Lebensstil ab, den du suchst. Bei der städtischen Landwirtschaft wird das Führen eines Unternehmens aus der Ferne keine großen Erträge bringen, weil die Art des Betriebs klein ist. Es gibt die Möglichkeit, mit vielen Mitarbeitern zu expandieren, aber deine Margen werden definitiv nach unten rutschen.

Festlegung von Produktionszielen

Wie viel du jemandem zahlen solltest, kann auf eine ziemlich einfache Berechnung auf der Grundlage der Produktivität hinauslaufen. Der einfachste Weg, die Produktivität eines Mitarbeiters zu quantifizieren, besteht darin, ihn zunächst nur Aufgaben im Zusammenhang mit Ernte und Verarbeitung erledigen zu lassen. Wenn sie erst einmal wissen, wie sie etwas tun sollen, siehst du, wie viel sie in einer Stunde ernten können, und das gibt dir einen guten Rahmen, um ihren Lohn zu berechnen. Am besten fängt man damit an, wenn man sich für jede Aufgabe auf dem Hof einen Richtwert für sich selbst ausdenkt. Hier kann es eine große Schwankungsbreite geben, denn ich weiß nicht, wie gut jeder Einzelne arbeiten wird, aber ich weiß, dass ich sehr hart und schnell arbeite, weil der Betrieb mir gehört und niemand anders mit dem gleichen Anreiz arbeiten wird, wie ich. Das ist bei jedem Geschäftsinhaber üblich. Wenn ein Angestellter 75% des Niveaus erreicht, das ich erreichen kann, dann ist das gut. In einigen seltenen Fällen habe ich Arbeitnehmer gesehen, die es mir gleich tun, und in noch selteneren Fällen sogar noch besser. Wenn das passiert, sind diese Mitarbeiter Schätze, und du musst sicherstellen, dass sie für ihre Arbeit fair bezahlt werden. Auf meinem Hof bin ich bereit, den Menschen genau das zu bezahlen, was sie wert sind. Je mehr Wert sie mir bringen, desto mehr werde ich zahlen. Nach oben ist keine Grenze gesetzt.

Wenn ich zum Beispiel ein Beet (75 Bund) Radieschen in einer Stunde ernten kann, ist diese Aufgabe $187.50 Bruttogewinn wert (Radieschen werden zu $2.50 pro Bund verkauft). Ich würde eine Person darauf trainieren, diese Aufgabe so schnell wie möglich zu erledigen, aber ich erwarte, dass sie (zumindest am Anfang) nur 75 % davon erledigt. Wenn ein Mitarbeiter 56 Bund (im Wert von $140) in einer Stunde ernten kann, ist das ein guter Wert. Wenn man einem Mitarbeiter $15 pro Stunde bezahlt, hat es zwei Arbeitsstunden ($30) gedauert, um 56 verpackte Bund zu produzieren, die für $140 verkauft wurden; das bedeutet, dass dein Bruttogewinn bei dieser speziellen Aufgabe $110 beträgt. Das ist eine Bruttogewinnspanne von 78 %. Bei der Beschäftigung von Mitarbeitern fallen noch weitere Kosten an, wie zum Beispiel staatliche Steuern, Arbeitsunfallversicherung und andere Kosten wie Treibstoff und Materialien. Quantifiziere immer die Kennzahlen für alles, wofür du bezahlst. Die Bezahlung von Arbeit lohnt sich nur dann, wenn sie es dir ermöglicht, Aufgaben zu erledigen, die nicht so einfach delegiert werden können.

12

Software und Organisation

Eine wichtige Möglichkeit, wie ich auf meinem Hof organisiert und effizient bleibe, ist die Verwendung von Tabellenkalkulationen und Software zur Datenerfassung. Bei der Produktion verwende ich für alles Tabellenkalkulationen: Ich verfolge die Erträge, die Pflanzungen, die wöchentlichen Verkäufe, die Bestellungen und die Informationen über die Ernte. Für die Rechnungsstellung und die Debitorenbuchhaltung verwende ich Buchhaltungssoftware. Damit weiß ich, wer mir Geld schuldet, und kann schnell Rechnungen erstellen. Ich benutze auch mein Smartphone, um Sprachnotizen und Fotos von meinen Parzellen zu machen und so den Fortschritt zu überwachen.

Grundstückskarten

Die logistischen Daten auf diesen Blättern, die sich darauf beziehen, wo die Dinge gepflanzt werden, entsprechen alle einer Karte, die ich von allen meinen Parzellen führe. Ich erstelle diese Karte in SketchUp[14]; es ist ein einfaches Layout der einzelnen Parzellen, wie viele Beete es gibt und wie sie konfiguriert sind. Jedes Beet und Segment ist numerisch kategorisiert, und alle diese Informationen sind mit den Standortdaten auf den Tabellenkalkulationen verbunden. Ich mache laminierte Kopien dieser Karte und bewahre sie in allen Fahrzeugen des Hofes auf, einschließlich an den Fahrrädern. Wenn ich jemandem sage, dass er gehen soll, um eine bestimmte Parzelle, ein bestimmtes Beet abzuernten, kann er sich auf die Karte beziehen und weiß genau, wovon ich spreche. Da der Betrieb mehrere Standorte hat, ist das sehr wichtig.

14 https://www.sketchup.com/de

Tabellenkalkulation und Datenaufzeichnung

Tabellenkalkulationen sind genauso wichtig wie jedes andere Werkzeug auf meinem Hof. Ich benutze Tabellenkalkulationen und mein Smartphone mehr als jedes andere Werkzeug, sogar noch mehr als meinen Rototiller. Ich verwende in meinem Büro Tabellenkalkulationen nicht nur für eine Vielzahl von Anwendungen, sondern auch auf meinem Smartphone zur Überwachung der Fortschritte bei allen meinen landwirtschaftlichen Standorten. Bei Tabellenkalkulationen ist es wichtig, Daten zu sammeln, aber es ist genauso wichtig zu wissen, wie man sie benutzt, wann man aufzeichnet und wann man die Aufzeichnungen anwendet. Ich verwende zehn Formulare zur Datenerfassung; dies sind alle separaten Seiten in meiner Software:

1. Pflanzungen (Gärtnerei, Feld, Mikrogrün)
2. Erträge
3. Merkmale
4. Wöchentliche Bestellungen (gegenwärtige, frühere und Erntebilanz)
5. Wöchentliche Verkaufssummen
6. Daten zur Landzuweisung
7. Budget und Ausgaben
8. Saatgutbestellung und Bestand
9. Parzellen-Fortschritt (dynamisches Blatt)
10. Verdorben

Blatt 1: Pflanzungen

Auf diesem Blatt verfolge ich alles, was in der Gärtnerei begonnen und auf das Feld gepflanzt wurde und welche mikrogrünen Beete ich gesät habe. Es ist wichtig nachzuverfolgen, wann die Dinge angefangen wurden, aber auch wann sie reif sind. Im Laufe der Zeit werden dir diese Daten helfen, das Reifedatum jeder Kultur zu jeder Zeit der Saison besser zu verstehen. Dieses Blatt steht in direktem Zusammenhang zum Blatt *Erträge*, und einige der ersten paar Spalten (wie Datum, Ernte und Standort) sind genau gleich; auf diese Weise hast du eine gewisse Beziehung, die es leicht macht, die Dinge zu finden, wenn man die Tabelle nach einer dieser Kategorien sortiert.

Blatt 2: Erträge

Mit der Ertragsübersicht verfolgen wir alles, was vom Feld kommt: Wo wurde es geerntet, wann und wie viel. So überwachst du, ob eine Kultur oder Parzelle dir tatsächlich Geld einbringt, und die Daten helfen dir, ein besseres Verständnis für das zu gewinnen, was du in der Zukunft erwarten kannst. Alle Durchschnittswerte der erwarteten Ernte meiner Kulturprofilblätter kommen aus den Jahren akkumulierter Daten aus diesen Ertragsblättern. Je besser du diese Informationen verfolgst, desto besser kannst du für die Zukunft planen. Wenn du wissen willst, wie hoch dein Bedarf für eine bestimmte Pflanze ist und du weißt, was für einen Ertrag du erwarten kannst, wird die Zuweisung von Land und die Planung deines Hofes sehr einfach. Außerdem kannst du durch die Verfolgung all deiner Erträge leicht die Gesamtsumme für deine gesamte Ernte für die Saison zusammenstellen, um genau zu sehen, wie viel Ertrag du aus deinem Feld gezogen hast.

Abb. 4: Bepflanzungen: Musterblatt.

Datum	Kultur	Ort (Parzelle SG, Beet)	Gemüseart	Beetgröße	BS, TF ST, UG	DDA	DDE	DTM	Beetreihen	Setzling	Saatvol.	Notizen
11.03.	Rucola	Law/tun 1/04a	belezia	23	st	18.03	21.04	41	9		12	
11.03.	Rucola	Law/tun 1/04b	silvetta	23	st	18.03.	21.04.	41	9		15	
11.03.	Radieschen	Law/tun 1/03	fb	46	st	17.03.	13.04.	33	7			
11.03.	Grünkohl	Law/tun 1/05		46	st	18.03.	09.04.	29	9			
12.03.	Mizuna	Law/tun 2/02b	rote Rüschen	23	st	18.03.			9		35	
12.03.	Tatsoi	Law/tun 2/02a		23	st	18.03.			9		35	
13.03.	Hakurei	Law/tun 2/01		34	st	23.03.			7		7.5	
27.03.	Kohl	Garths/3/01		30	ug					108		
27.03.	Kohl	Garths/3/02		30	ug					108		

Anmerkungen: Datum (T.M.): Datum der Anpflanzung; Kultur: Name der Kulturpflanze; Standort (Parzelle/sg, Beet): Parzellenname, Segmentnummer und Beetnummer; Kulturpflanzenvarietät: zum Beispiel eine bestimmte Radieschenart; Beetgröße: die Länge des Beetes; BS, TF, ST, UG: wie gepflanzt: Gärtnerei, eingetopft, direkt gesät, oder verpflanzt; DDA (T.M.): Datum des Aufgehens (wenn die Pflanze aus dem Boden auftaucht); DDE (D.M.): Datum der Ernte (wenn die Pflanze geerntet wird); DTM: Tage bis zur Reife, berechnet aus Datum und DDA; Beetreihen: Wie viele Reihen wurden gepflanzt; Setzlinge: wie viele Setzlinge gepflanzt wurden; Saatvol: Wie viel Saatgut verwendet wurde; Notizen: spezielle Anmerkungen, falls erforderlich.

Blatt 3: Anbau-Profile

Dies ist eine Referenz für alle Kulturen, die ich anbaue. Es ist eine Sammlung jahrelanger Informationen, und ich benutze sie, um Standards für die Art und Weise festzulegen, wie Pflanzung und Ernte durchgeführt werden. Ich bewahre eine laminierte Kopie dieses Blattes zusammen mit meiner Parzellenkarte auf, um sie in allen meinen Fahrzeugen, Fahrrädern und Lastwagen zu verwenden. Füge einfach weitere Informationen aus Teil 10 auf einem Blatt wie diesem hinzu, um das Nachschlagen zu erleichtern.

Abb. 5: Ernten: Musterblatt.

Erntedatum	**Kultur**	**Ort (Parzelle SG, Beet)**	**Ernte - Pfund oder Bund**	**Fläche/Beet Ernte**	**Ertrag/Beet**	**Gewinn/ Kultur/Beet**	**Wie oft abgeerntet?**	**Pflanzdatum**	**TZE**
29.03.2015	Spinat	Law/tun 1/1	57	34.5	1.65	342.00	1	01.10.2014	179
29.03.2015	Spinat	Law/tun 1/2	57	34.5	1.65	342.00	1	01.10.2014	179
29.03.2015	Spinat	Law/tun 2/1	41	46	0.89	246.00	1	01.10.2014	179
02.04.2015	Senf	Law/tun 2/2a	2.5	23	0.11	25.00	1	06.03.2015	27
02.04.2015	Grünkohl	Law/tun 1/5	4.75	23	0.21	47.50	1	06.03.2015	27
10.04.2015	Senf	Law/tun 2/02a	5.75	10	0.58	57.50	1	06.03.2015	35
10.04.2015	Grünkohl	Law/tun 1/5	9	23	0.39	90.00	2	06.03.2015	35
15.04.2015	Spinat	Law/tun 2/1	39	46	0.85	234.00	2	06.03.2015	40

Anmerkungen: Erntedatum: Datum der Ernte; Kultur: Name der Kultur; Standort: Ort, an dem die Frucht geerntet wurde; Ertrag (Pfund [lbs[15]] oder Bund): Wie viele Pfund oder Bund geerntet wurden; Flächen/Beete Ernte: Wie viel Fuß[16] eines Beetes geerntet wurden, oder wie viele Mikrogrün-Beete

15 Entspricht 453.6g

16 Entspricht 30.48cm

wurden geschnitten; Ertragsverhältnis: Ertrag÷Fläche = Ertragsverhältnis; Gewinn/Kultur/Beet: Ertrag × Preis der Ernte = Gewinn; wie oft abgeerntet: Wie oft wurde das Beet geerntet; Pflanzdatum: wann die Ernte gepflanzt wurde; TZE (Tage bis zur Ernte): Ernte-Datum - Pflanzdatum = TZE.

Blatt 4: Wöchentliche Bestellungen

Die wöchentlichen Bestellungen werden mit Hilfe von drei Tabellenkalkulationen zusammengestellt und sortiert: die vergangenen Bestellungen (siehe Abb. 7), die Bestellungen der Woche (Vorbestellungen) (siehe Abb. 8) und die Erntekontrollliste (siehe Abb. 9). Ich sortiere das Vorbestellblatt auf vier Arten, dann kopiere ich jede Sortierung und füge sie in ein Textdokument ein und drucke jedes einzelne aus; ich habe bis zu vier separate Blätter:

1. Alle Restaurantbestellungen, Bauernmarktartikel und Grundbesitzeranteile und -geschäfte *sortiert nach Artikeln*
2. Restaurantbestellungen *sortiert nach Artikeln*
3. Restaurantbestellungen *sortiert nach Kunden*
4. Bauernmarktartikel, Grundbesitzeranteile und -geschäfte s*ortiert nach Kunden*

Aus der Sortierung Nr. 1 addiere ich die Beträge für jede Ernte und erstelle das Ernte-Kontroll-Blatt. Wenn wir draußen bei der Ernte sind, brauchen wir nicht zu wissen, was jede einzelne Bestellung ist, sondern nur wie viel wir von jeder Kultur insgesamt ernten müssen.

Mit der Sortierung Nr. 2 stellen wir alle vorliegenden Restaurantbestellungen zusammen. Zum Beispiel weisen wir alle Radieschen in jeder Bestellkiste für Restaurants, die Radieschen bestellt haben, zu und gehen dann zum nächsten Produkt über.

Ich verwende die Sortierung Nr. 3, um die Richtigkeit jeder Bestellung zu überprüfen. Manchmal nehme ich Änderungen an diesem Blatt vor, wenn wir bei bestimmten Artikeln für eine Bestellung zu wenig haben. Dann verwende ich dieses Blatt noch einmal, bevor ich mich auf den Weg mache, um zu liefern. Ich drucke niemals Rechnungen, bevor alle Bestellungen zusammengestellt sind, nur für den Fall, dass Änderungen aufgrund fehlender Artikel vorgenommen werden müssen.

Ich verwende die Sortierung Nr. 4, um Produkte auf die gleiche Weise zu portionieren. Artikel für den Bauernmarkt sind oft in ca. 125g-Beuteln abgepackt, ebenso wie die Artikel, die an die Landbesitzer und den Handel gehen.

Abb. 6: Kulturprofile: Beispielblatt.

Kultur	CVR	Erntezeit	Ø Reifezeit	DS/Setzling	Saatmonat	Umsetzmonat	Ø Ernte/ 7.62m	Ø Schnitternte	Ø Schnitternte/Fuß		Anzahl Schnitte/ Beet Gewinn/ 7.26m	Preis/Pfund oder Einheit
Basilikum	3	S	70	US/DS	07.-08.	04.-06.	25	-	1	-	$250	$10.00
Dill	4	F	60	DS	04.-08.	-	200	-	8	2-3	$400	$2.00
Erbsensprossen	4	FF	14	DS	Immer	-	0.85	-	0.14	-	$13	$15.00
Frühlingszwiebeln	4	F	70	US/DS	05.-08.	04.	40	-	1.6	-	$320	$8.00
Karotten (Baby)	4	S	65	DS	04.-08.	-	60	-	2.4	-	$240	$4.00
Karotten (ausg.)	4	S	78	DS	04.-08.	-	75	-	3	-	$225	$3.00
Koriander	4	F	30	DS	04.-09.	-	250	-	10	1-3	$500	$2.00
Kohl	4	FF	80	US	-	04./08.	115	-	4.6	-	$575	$5.00
Kopfsalat	5	F	45	US	03.-10.	-	75	25	3	3-4	$675	$9.00
Mangold	3	F	65	US	-	04.	65	-	2.60	-	$325	$5.00
Pak Choi	3	F	50	US/DS	06.	04.-05. 08.-09.	50	-	2	-	$250	$5.00
Petersilie	4	S	70	US/DS	06.-08.	-	235	-	9.4	3-4	$470	$2.00
Radieschen	5	F	28	DS	03.-09.	-	75	-	3.00	-	$188	$2.50
Radieschensprossen	4	FF	12	DS	Immer	-	1	-	0.17	-	$20	$20.00
Roter russischer Kohl	5	FF	30	DS	04.-09.	-	40	8	1.6	2-8	$320	$8.00
Rucola	5	F	35	DS	03.-10.	-	30	12	1.2	2-3	$300	$10.00
Rüben	4	F	72	US/DS	06.-08.	04.-05.	100	-	4	-	$300	$3.00
Rübengrün	4	S	40	DS	05.-08.	-	30	10	1.2	4-6	$240	$8.00
Salat	5	F	45	DS	03.-10.	-	30	10	1.2	2-4	$270	$9.00
Salatrüben	5	F	38	DS	04.-09.	-	100	-	4	-	$300	$3.00
Senf	5	F	35	DS	03.-09.	-	30	10	1.2	2-4	$270	$9.00
Sommerkürbis	3	S	60	US	-	05.	80	-	3.20	-	$320	$4.00
Sonnenblumen-sprossen	4	FF	12	DS	Immer	-	1	-	0.17	-	$15	$15.00
Spinat	5	FF	45	DS	03.-10.	-	35	15	1.4	1-3	$245	$7.00
Tatsoi	3	S	35	DS	03.-05. 09.-10.	-	30	10	1.2	2-4	$270	$9.00
Tomaten (Cherry)	3	S	145	US	-	05.	180	-	7.2	-	$720	$4.00
Tomaten (einzeln)	3	S	165	US	-	05.	330	-	13.20	-	$825	$2.50

Anmerkungen: Kulturpflanze: Name; CVR: numerische Bewertung des Kulturpflanzenwertes; Verfügbar für die Ernte: Saisonpflanze ist für die Ernte verfügbar; Durchschnittliches DTM (Reifezeit) aus dem Saatgut: durchschnittliche Zeit, die die Pflanze bis zur Reife aus dem Saatgut benötigt; DS/TR: Wie die Pflanze am häufigsten gepflanzt wird (direkt gesät, umgepflanzt oder beides); Wann nach DS: Monate für die Direktsaat dieser Kultur; nach TR: Monate für das Umpflanzen dieser Kultur; durchschnittlicher Ertrag/25' Beet: durchschnittlicher Ertrag aus einem 30" × 25' Beet; Durchschnittlicher Ertrag/Schnitt: durchschnittlicher Ertrag pro Ernte (Schnittgrün); Avg Ertrag/Fuß: durchschnittlicher Ertrag pro linearen 30 cm des Beetes, nützlich, wenn du berechnest, was du von Beeten erwarten kannst, die nicht 7.62 m lang sind; Anzahl von Schnitten/Beet (für Schnittpflanzen): durchschnittliche Anzahl der Schnitte pro Beet; Gewinn/7.62 cm Beet: Bruttogewinn von einem 76.2 cm" × 7.62 m Beet; Preis pro ca. 453 g oder Einheit: der durchschnittliche Preis pro ca. 453 g oder Bündelungseinheit.

Abb. 7: Frühere Aufträge. Diese Tabelle kann sehr lang werden, denn sie wird all deine Aufträge dieser Saison enthalten.

Datum	Kunde	Waren	Einheiten	Gewicht/ Einheit	Gesamtgewicht	Preis	Wert	Gesamt
Montag	Händler	Rucola	8	2	16	$20.00	$160.00	
Montag	Händler	Salatherzen	8	12	96	$40.00	$320.00	
Montag	Händler	Kohl	1	5	5	$25.00	$25.00	
Montag	Händler	Erbsenschoten	1	2	2	$30.00	$30.00	
Montag	Händler	Radieschen	20	1	20	$2.50	$2.50	
Montag	Händler	Radieschen	10	1	10	$2.50	$2.50	
Montag	Händler	Staudenkohl	5	2	10	$20.00	$100.00	
Montag	Händler	Frühlingsmix (mild)	7	2	14	$17.00	$119.00	
Montag	Händler	Sonnenblumensprossen	1	2	2	$30.00	$30.00	
Montag	Händler	**Gesamt**						$859.00
Dienstag	Weinrestaurant	Rucola	2	2	4	$20.00	$40.00	
Dienstag	Weinrestaurant	Goldrüben	20	1	20	$4.25	$85.00	
Dienstag	Weinrestaurant	Rote Rüben	20	1	20	$4.00	$80.00	
Dienstag	Weinrestaurant	Babykarotten	16	1	16	$4.00	$64.00	
Dienstag	Weinrestaurant	Salatherzen	2	12	24	$40.00	$80.00	
Dienstag	Weinrestaurant	Radieschen	15	1	15	$2.50	$37.50	
Dienstag	Weinrestaurant	Tomaten (Cherry)	10	1	10	$4.00	$40.00	
Dienstag	Weinrestaurant	**Gesamt**						$426.50
Dienstag	Kleines Café	Rucola (wild)	1	2	2	$20.00	$20.00	
Dienstag	Kleines Café	Frühlingsmix	3	2	6	$17.00	$51.00	
Dienstag	Kleines Café	**Gesamt**						$71.00

Abb. 8: Aufträge der Woche (Vorbestellungen). Diese Tabelle kann zu Verpackungs- und Erntezwecken auf vier verschiedene Weisen sortiert werden. Hier ist sie nach Artikeln sortiert.

Datum	Kunde	Artikel	Ein heit	Ge- wicht/ Einheit	Ge- samtge- wicht	Preis	Wert	Gesamt
Freitag	Frühstücksrest.	Rucola	1	2	2	$20.00	$20.00	
Freitag	Cocktailbar	Rucola	2	2	4	$20.00	$40.00	
Freitag	Mittl. Rest. 2	Babykarotten	8	1	8	$4.00	$32.00	
Freitag	Mittl. Rest. 3	Babykarotten	20	1	20	$4.00	$80.00	
Freitag	Mittl.. Rest. 3	Koriander	4	1	4	$2.00	$8.00	
Freitag	Veganes Rest.	Koriander	4	1	4	$2.00	$8.00	
Freitag	Mittl. Rest. 2	Salatherzen	0.5	6	3	$40.00	$20.00	
Freitag	Mittl. Rest. 3	Salatherzen	0.5	6	3	$40.00	$20.00	
Freitag	Mittl. Rest. 1	Salatherzen	0.5	6	3	$40.00	$20.00	
Freitag	Mittl. Rest. 3	Patisson	10	1	10	$4.00	$40.00	
Freitag	Mittl. Rest. 1	Erbsensprossen	2	2	4	$30.00	$60.00	
Freitag	Mittl. Rest. 2	Radieschen	4	0.5	2	$2.50	$10.00	
Freitag	Cocktailbar	Radieschenspr.	1	1	1	$20.00	$20.00	
Freitag	Mittl. Rest. 2	Radieschenspr.	1	1	1	$20.00	$20.00	
Freitag	Mittl. Rest. 2	Staudenkohl	9.5	2	19	$10.00	$95.00	
Freitag	Mittl. Rest. 3	Staudenkohl	1.2 5	2	3	$20.00	$25.00	
Freitag	Frühstücksrest.	Frühlingsmix	4	2	8	$17.00	$68.00	
Freitag	Mittl. Rest. 3	Frühlingsmix	1	2	2	$17.00	$17.00	
Freitag	Veganes Rest.	Frühlingsmix (Box)	1	10	10	$85.00	$85.00	
Freitag	Frühstücksrest.	Frühlingszwiebeln	1	1	1	$8.00	$8.00	
Freitag	Cocktailbar	Sonnenblumenspr.	1	1	1	$15.00	$15.00	
Freitag	Mittl. Rest. 1	Cherrytomatenmix	10	1	10	$4.00	$40.00	
Freitag	Mittl. Rest. 2	Cherrytomatenmix	10	1	10	$4.00	$40.00	
Freitag	Mittl. Rest. 3	Cherrytomatenmix	20	1	20	$4.00	$80.00	
Freitag	Veganes Rest.	Cherrytomatenmix	10	1	10	$4.00	$49.00	
Freitag	Frühstücksrest.	Alte Tomatensorte	15	1	15	$2.50	$37.50	
Freitag	Mittl. Rest. 3	Alte Tomatensorte	13	1	13	$2.50	$32.50	
Freitag	Mittl. Rest. 1	Babyzucchini	1.5	1	2	$4.00	$6.00	
Freitag	Mittl. Rest. 3	Babyzucchini	3.5	1	4	$4.00	$14.00	
Freitag	Frühstücksrest.	**Gesamt**						**$133.50**
Freitag	Cocktailbar	**Gesamt**						**$75.00**
Freitag	Mittl. Rest. 1	**Gesamt**						**$126.00**
Freitag	Mittl. Rest. 2	**Gesamt**						**$217.00**

Datum	Kunde	Artikel	Ein heit	Ge-wicht/ Einheit	Ge-samtge-wicht	Preis	Wert	Gesamt
Freitag	Mittl. Rest. 3	**Gesamt**						**$316.00**
Freitag	Veganes Rest.	**Gesamt**						**$133.50**

Abb. 9: Erntetabelle. Diese Tabelle wird für die Erntemengen mit auf das Feld genommen.

Gemüse	Gesamtorder	Im Lager	ca. 453g geern-tet	Standort	Notizen
Rucola	6		0	Bernard/02/06	
Karotten	28	11	6	Wash/01/15	
Koriander	8		17	Wash/03/08	
Salatherzen	9	1	8	Wash/01/09	
Patisson	10		8	Zu Hause	
Erbsensprossen	4		10	Zu Hause	
Radieschen	2		4	Bowes/01/07	
Staudenkohl	21.5		2	Zu Hause	
Frühlingsmix	20	5	22	Bernard/02/13	
Frühlingszwiebeln	1		15	Bernard/02/13	
Sonnenblumen-sprossen	1		1	Zu Hause	
Cherrytomaten	40	15	1	Zu Hause	
Alte Tomatensorte	28	7	25	Zu Hause	
Babyzucchini	5		21	Zu Hause	

Blatt 5: Wöchentliche Gesamtverkäufe

Dieses Blatt fasst die wöchentlichen Gesamtverkäufe für die gesamte Saison zusammen. Auch die aus dem Vorjahr sind auf diesem Blatt zusammengefasst. Auf diese Weise kann ich das, was ich jede Woche verkauft habe, mit dem Verkauf früherer Jahre vergleichen. Dieses Fenster in die Vergangenheit und Zukunft erlaubt es mir, schnell und einfach zurückzublicken und zu sehen, was ich in den vergangenen Jahreszeiten getan habe. In ihm hebe ich Wochen mit hohem Verkaufsvolumen hervor und mache mir auch Notizen darüber, wann ich von bestimmten Artikeln zu wenig hatte. Nach ein paar Jahren Daten sammlungerlaubt mir dieses Blatt, Trends und Wochen mit vielen Verkäufen zu erkennen. Diese Daten haben entscheidend dazu beigetragen, mich auf den sich wandelnden Markt viel effektiver einstellen zu können. (Dieses Blatt findest du im Downloadbereich – siehe Impressum.)

Parzelle	HR/BR	Beetnummer	Beetgröße(n)	Gesamt Beet (Meter)	Gesamt Beet m^2	Parzellen-dimensionen	Parzellen m^2	Gesamtparzelle	Anzahl Beete	Gesamt Beet (Meter)		Anzahl Beete in ca. 7.60 Einheiten / Parzellengröße	Anbau seit
Basis Vorder-garten	HR	5	35	ca. 53	ca. 40								
	HR	1	24	ca. 7.30	ca. 5.60								
	HR	1	10	ca. 3	ca. 2.30								
	HR					9.14 x 10.67		98	7	64	8	49	2012
Basis Tunnel 1	BR	6	46	ca. 23.60	ca. 64	5.49 x 14	77						
Basis 4 Beete	BR	4	46	ca. 56	ca. 73	1.83 x 7.62	14						
Gesamt								91	10	140	18	107	2012
Wash.Ave main	HR	12	50	ca. 183	ca. 139	15.24 x 15.24	232						
Wash.Tunnel 1	BR	4	36	ca. 44	ca. 33.45	3.66 x 10.97	40	273	16	227	30	273	2014
Gesamt													
Bowes Ave sg1	BR	6	25	ca. 46	ca. 35	5 x 7.62							
Bowes Ave sg2	BR	7	25	ca. 53	ca. 41	6.55 x 7.62							
Bowes Ave sg2	BR	5	30	ca. 46	ca. 35	4.60 x 9.14		149	18	145	19	130	2010
Gesamt													
Bern. Ave sg1	HR	16	25	ca. 122	ca. 93	20.42 x 9.45	193						
Bern. Ave sg2	HR	7	23	ca. 49	ca. 37	7.77 x 7.62	59						
Gesamt								252	23	171	22	252	2010
Smith Ave	HR	11	53	ca. 178	ca. 135	11 x 16.46	180						
Smith Ave klein	HR	3	33	ca. 30	ca. 23	4.57 x 9.45	43	232	14	208	27	224	2015
Gesamt								1095	88	955	124	1035	

Abb. 10: Landzuweisungsdaten

Blatt 6: Landzuweisungsdaten

Dieses Referenzblatt enthält alle logistischen Daten zu meinem Betrieb. Jede Parzelle und jedes Segment ist aufgelistet mit den Abmessungen der Parzelle, der Anzahl der Beete, der Länge der Beete und dem Parzellentyp (ob es sich um Hi-Rotation oder Bi-Rotation handelt).

Blatt 7: Budget und Ausgaben

Ich benutze dieses Blatt, um mein Budget für die Saison zu planen: wie viel ich für bestimmte Anschaffungen sowie für neue Investitionen ausgeben kann. Ich verwende ein separates Blatt, um die Ausgaben zu erfassen. Alle paar Monate kopiere ich einfach alle meine Belege in dieses Blatt, sodass weniger Informationen gesammelt werden müssen, wenn ich meine Steuern mache. Es gibt zwei Beispiele für ein Budget: laufender Betrieb und Betriebsgründung. (Diese Blätter findest du im Downloadbereich – siehe Impressum.)

Blatt 8: Saatgutbestellung und Bestand

Es gibt hier zwei Blätter. Jeden Winter, bevor ich meine Saatgutbestellung abschließe, mache ich eine Bestandsaufnahme von dem gesamten Saatgut, das ich noch habe. In der Regel versuche ich jedes Jahr, neues Saatgut zu bestellen, aber da ich hochwertiges Saatgut kaufe, kann ich meistens mindestens zwei Jahre lang gute Keimungsraten erzielen. Nach der Bestandsaufnahme ziehe ich das, was ich habe, von dem ab, was ich brauche, und bestelle dann die Differenz. (Diese Blätter findest du im Downloadbereich – siehe Impressum.)

Abb. 11: Parzellenfortschritt.

Ort (Parzelle /sg/Beet)	Beet-Größe	HR/BR	Aktuelle Kultur	Pflanz-datum	Nächste Kultur	Kultur 1	Pflanz-datum	Kultur 2	Pflanz-datum	Kultur 3	Pflanz-datum	Kultur 4	Pflanz-datum
Washington Ave Hauptsegment													
WA/01/01	50	HR	Karotten	03.08.		Radieschen	01.04.	Salatherzen	13.05.	Karotten	03.08.		
WA/01/01	50	HR	Karotten	03.08.		Radieschen	01.04.	Salatherzen	13.05.	Karotten	03.08.		
WA/01/01	50	HR	Spinat	01.10.		Spinat	01.04.	Salatrüben	05.06.	Salatherzen	13.07.	Spinat	01.10.
WA/01/01	50	HR	Spinat	01.10.		Salatherzen	07.04.	Radieschen	30.06.	Rucola	03.08.		
WA/01/01	50	HR	Spinat	01.10.		Staudenkohl	01.04.	Rote Beete	08.07.	Spinat	01.10.		
WA/01/01	50	HR	Spinat	01.10.		Rucola	10.04.	Radieschen	05.06.	Salatherzen	08.07.	Spinat	01.10.

Blatt 9: Parzellenfortschritt

Dieses Blatt ist wichtig, wenn dein Betrieb mehrere Standorte hat. Ich habe nicht alle meine Kulturen an einem Ort, sodass ich nicht einfach nach draußen gehen und sehen kann, was in der kommenden Woche erntereif ist. Aber zu wissen, was verfügbar ist, ist entscheidend, wenn ich mit Köchen spreche und Bestellungen aufnehme. Einmal pro Woche nehme ich eine Beurteilung jeder Parzelle mit dem Diktiergerät auf meinem Smartphone auf; ich beschreibe den Fortschritt jedes Beetes, das kurz vor der Reife steht. Jedes Beet jeder Parzelle ist auf dem Blatt in numerischer Ordnung notiert und wirkt im Grunde wie ein Standfoto, das zeigt, was in jedem Beet angebaut ist und wann ich damit rechnen kann, dass es fertig ist. Es hilft mir bei der Kommunikation mit meinen Kunden, was ich anzubieten habe, und zu verfolgen, wann Beete umgesetzt und rotiert werden müssen. Außerdem informiert es meine Mitarbeiter über das, was getan werden muss. Dieses Blatt steht in direktem Zusammenhang mit meiner laminierten Parzellenkarte.

Blatt 10: Verderb

Alles, was sich nicht verkauft, wird auf diesem Verderbnisblatt festgehalten. Solche Informationen sind aus mehreren Gründen wertvoll:

1. Es gibt dir eine klare Vorstellung über das, was du nicht verkaufst. Du kannst diese Daten verwenden, um zu entscheiden, ob du von etwas zu viel anbaust oder ob sich der Anbau überhaupt nicht lohnt.
2. Es kann für Steuerzwecke nützlich sein. Verderb wird in der Steuerjurisdiktionen einiger Länder als Ausgabe betrachtet, aber du solltest hier vorsichtig vorgehen.

Jedes Land, jeder Staat oder jede Provinz wird unterschiedliche Regelungen über den Prozentsatz dieses Verderbs haben, den du gegen dein Einkommen aufrechnen kannst. Recherchiere also, ob du Anspruch auf Verderb in deiner Gegend hast. (Dieses Blatt findest du im Downloadbereich – siehe Impressum)

Verwendung von Sprachmemos

Ich ziehe es vor, eine Sprachmemo-App auf meinem Smartphone zu verwenden, um Daten aufzuzeichnen, hauptsächlich weil ich, wenn ich auf dem Feld bin und meine Hände schmutzig sind, nicht aufhören und auf meinem Telefon herumtippen will. Ich finde es viel einfacher und schneller, eine Sprachnotiz zu verwenden und aufzusprechen, was ich getan habe oder tun werde, und die Daten später einzugeben. Nachdem ich eine Reihe von Beeten bepflanzt habe, spreche ich einfach in den Recorder, was ich getan habe; genauso mache ich das beim Ernten oder dem Verfolgen von Fortschritten der einzelnen Parzellen. Zwei Termine pro Woche plane ich für die Eingabe dieser Daten in meine Tabellenkalkulationen ein. Normalerweise mache ich das, wenn ich morgens an meinem Schreibtisch beim Kaffee sitze; am Dienstagmorgen gebe ich ein, was gepflanzt, und am Freitagmorgen, was geerntet wurde. Mit dem Aufkommen der neuen Spracherkennungs-Software auf Smartphones ist es nun möglich, diese Informationen direkt in ein Textdokument aufzunehmen, das mit einem Dokument auf deinem Computer synchronisiert wird.

Rechnungsstellung und Konten

Alle Konten meiner Restaurant-, Händler- und Großhandelskunden werden in einer Buchhaltungssoftware geführt. Diese Programme kosten zwischen $100 und $600. Wenn du es mit einer Menge Konten zu tun hast, sind sie jeden Cent wert. Wenn eine Rechnung bei Lieferung nicht gezahlt wird oder später fällig ist, kann man leicht den Überblick verlieren, wer dir Geld schuldet. Ich finde, dass Tabellenkalkulationen für das Verfolgen von Zahlungen nicht geeignet sind. Buchhaltungssoftware kann auch zum Ausdrucken von Rechnungen verwendet werden. Es dauert einige Zeit, bis sie eingerichtet ist, denn du musst für alle deine Kunden Profile erstellen und alle Produkte, die du verkaufst, eingeben. Sobald das jedoch erledigt ist, macht das Programm mit dem Rechnungsdruck kurzen Prozess, weil jeder Kunde und jeder Artikel automatisch aufgeführt wird. Also kann man mit nur wenigen Tastatureingaben eine Rechnung zusammenstellen, die mehrere Artikel und Informationen enthält.

Für die Verwaltung von Konten mag ich wirklich Buchhaltungssoftware, denn ich kann meine Rechnungen als bezahlt oder offen sortieren. Offene Rechnungen sind jene, die noch nicht bezahlt wurden. Indem ich so sortiere, kann ich leicht erkennen, wer mir wie viel schuldet und schnell eine Zusammenstellung darüber erstellen und dem Kunden sofort per E-Mail zusenden. Manchmal geraten die Köche mit der Bezahlung in Verzug, also musst du den Überblick behalten. Ich bezahlte für mein Programm $600, aber es gibt viele Wahlmöglichkeiten da draußen. Die meisten Buchhaltungsprogramme machen das Gleiche.

13

Selbstvermarktung

Die Vermarktung deiner selbst und deines Betriebs ist ein entscheidender Teil des Erfolgs. Eine Sache, die immer zu deinen Gunsten arbeiten wird, ist, dass die städtische Landwirtschaft als gute Nachricht betrachtet wird und als unglaublich trendy gilt. Die städtische Landwirtschaft ist immer noch so einzigartig, dass sie von den meisten als soziale Bewegung wahrgenommen wird. Dies gibt Stadtlandwirten bei ihrer Eigenvermarktung einen großen Vorteil. Die Menschen wollen deine Geschichte hören, und du solltest dich darauf vorbereiten, sie immer und immer wiederzuerzählen. Das beste Testgelände zum Erzählen deiner Geschichte werden Bauernmärkte sein, aber irgendwann wirst du auch von anderen Medien kontaktiert werden, zum Beispiel von Bloggern, lokalen Zeitungen oder Radio- oder Fernsehstationen. Verzichte niemals auf diese Interviews, wenn du anfängst. Je mehr du zu einem früheren Zeitpunkt tun kannst, desto besser legst du dein zukünftiges Fundament. Wenn du die erste Person in deiner Stadt bist, welche städtische Landwirtschaft betreibt, wird sich das als bedeutender Vorteil für die Zukunft erweisen. Dies wird *First-Mover-Advantage* genannt, und deswegen empfehle ich neuen Stadt-Landwirten, sich an einem Ort niederzulassen, an dem sonst noch keiner ist. Wenn du dich als First Mover etablieren kannst, wirst du höchstwahrscheinlich immer einen soliden Marktanteil in deiner Region haben.

Du bist deine eigene Marke

Da für die meisten Kleinlandwirte das direkte Verbrauchermarketing die vorteilhafteste Form des Verkaufs ist, wirst du als Landwirt das Gesicht des Unternehmens. Also bist du in gewisser Weise deine eigene Marke. Deine Kunden wollen dich kennenlernen und deine Geschichte hören. Ich habe über die Jahre so viele interessante Geschichten darüber gehört, wie und warum sich Menschen entschieden, in die Landwirtschaft einzusteigen. Diese Geschichten sind immer interessant, inspirierend und von Mensch zu Mensch verschieden.

Meiner Erfahrung nach ist der Teil mit dem *Warum* der, welcher von den Zuhörern die besten Reaktionen zu bekommen scheint. Warum tust du, was du tust und was hat dich auf die Idee gebracht, mit der Landwirtschaft zu beginnen? Das sind die Fragen, auf deren Beantwortung du vorbereitet sein solltest, wenn du für deinen Betrieb und letztlich für dich selbst wirbst. *Was* und *Wie* sind ebenfalls wichtig, aber wenn du dich zum ersten Mal in den Medien vorstellst, ist das *Warum* das, was deine Zuhörer ansprechen wird. Lerne, deine Geschichte in kurze Gesprächspunkte zu fassen, und komme dann kurz danach zum *Was* und *Wie*.

Wenn du mit Kunden wie Köchen sprichst, könnte es besser sein, mit dem zu beginnen, was du tust und was du anzubieten hast, weil du zunächst deren unmittelbares Interesse wecken solltest, wenn du ihre Zeit in Anspruch nimmst. Sobald du jedoch die anfängliche Barriere durchbrochen hast, wird jeder deine persönliche Geschichte wissen wollen und warum du tust, was du tust.

Medien

Noch bevor ich mit der Landwirtschaft angefangen hatte, wurde ich von Leuten aus den Medien kontaktiert, die erfahren wollten, was ich tue. Hier ist ein weiterer Vorteil, an einem Ort zu beginnen, wo sonst niemand in der städtischen Landwirtschaft tätig ist. Als ich im Spätsommer 2009 mit der Entwicklung meines ersten landwirtschaftlichen Standorts begann, kamen ständig Leute vorbei. Zu dieser Zeit war ich noch nicht einmal technisch in der Landwirtschaft tätig, aber die Leute in der Gegend waren so neugierig auf das, was ich tat, dass es viel Aufmerksamkeit erzeugte. Wegen des Kompostprogramms, das ich in jenem Herbst begann, verbrachte ich fünf bis zehn Stunden pro Woche damit, Kompost von meinen Freunden abzuholen, und das erregte allmählich die Neugier der Leute. Ich hatte CBC-Radio, Lokalzeitungen und Blogger, die mich für Interviews anriefen. Ich nutzte jede Gelegenheit, um Interviews zu geben. Rückblickend betrachtet gab mir der Start dieses Kompostprogramms schon früh in der Entwicklung meines Hofes etwas, worüber ich sprechen konnte. Somit hatte ich bei den Medien schon früh einen guten Einstieg.

Beziehungen zu Kunden

Der wichtigste Aspekt der Selbstvermarktung ist der Aufbau starker Kundenbeziehungen. Kennst du das Pareto-Prinzip, die 80/20-Regel? Fokussiere dich auf die 20 % deiner Kunden, die dir 80 % für dein Unternehmen bringen. Unternimm eine gezielte Anstrengung, um dich an die Namen der Menschen zu erinnern, besonders an deine 80/20er. Ich notierte früher alle meine Bestandskunden auf meinem Handy. Wenn du dir keine Namen merken kannst, schreibe sie in eine Liste. Ich würde mir Notizen über ihr Aussehen machen und dann ihren Namen dazu eintragen.

Der Schlüssel ist der Aufbau starker Beziehungen zu deinen Kunden, und sie werden dein Lob singen. Denke daran, ein zufriedener Kunde ist dein bester Verkäufer. Wenn du als Landwirt die Hauptmarke bist, ist es notwendig, ein gutes und positives Bild von dir in der Öffentlichkeit aufrecht zu halten.

14

Finanzielle Optionen

Wenn du mit deinem Betrieb anfängst, musst du etwas Geld ausgeben, um die Dinge in Gang zu bringen. In meinem ersten Jahr habe ich nur $7.000 für die anfängliche Infrastruktur ausgegeben, was nicht so viel war. Allerdings verbrachte ich anfangs viel Zeit damit, Angebote für meine wichtigsten Einkäufe zu finden, was mir am Ende eine Menge Geld ersparte. Ich würde jedem raten, genauso vorzugehen. Du solltest in der Lage sein, alles für etwa $10.000 oder weniger zu bekommen, was du für einen kleinen städtischen Hof auf ca. 1000 m^2 benötigst. Wenn du nicht über dieses Geld verfügst, dann musst du andere Finanzierungsmöglichkeiten prüfen. Es gibt eine Anzahl von Optionen da draußen, insbesondere auf unkonventionellen Gebieten.

Da die Idee der städtischen Landwirtschaft für die konventionelle Geschäftswelt noch so neu ist, stehen die traditionellen Finanzierungswege im Allgemeinen erst allmählich zur Verfügung. Die größte Herausforderung bei der Suche nach Finanzierung ist es, die Menschen davon zu überzeugen, dass Landwirtschaft auf kleinen Landstützpunkten rentabel sein kann. Es gibt nicht viele Beispiele aus der etablierten Landwirtschaft. Ich vertrete bei allem immer den Weg des geringsten Widerstands und das Ausschauhalten nach Finanzierung ist keine Ausnahme. Frage zunächst Freunde und die Familie, wirf einen Blick auf Crowdfunding und hebe dir die traditionellen Wege wie Banken und Zuschüsse vom Staat bis zum Schluss auf.

Familie und Freunde

Gehe zuerst zu deiner Familie und deinen Freunden. Da die erforderlichen Investitionen nicht allzu umfangreich sind, könnte ein Kredit bei ein paar Freunden oder Familienmitgliedern eine einfache Möglichkeit sein, das benötigte Geld aufzutreiben. Wenn du nur etwa $5.000 brauchst, kannst du diese vielleicht bei einigen wenigen verschiedenen Personen und Familienmitgliedern finden.

Anleihen der Gemeinschaft

Gemeinschaftsanleihen bündeln Investitionen in lokale nachhaltige Infrastruktur, wie landwirtschaftliche Betriebe, soziale Gemeinschaftsprojekte und Projekte zur Wiederherstellung von Land. Für einen Landwirt kann die Ausgabe einer Anleihe, wie das Beantragen einer CSA[17]-Investition betrachtet werden. Eine Reihe von Personen würde einen bestimmten Betrag in den Hof investieren, Zinsdividendenzahlungen in Form von Bargeld oder Produkten erhalten und nach einem bestimmten Zeitraum ihr gesamtes Geld zurückbekommen. Die Grundidee dabei ist, einige Investoren dazu zu bringen, einige größere Kapitalbeträge zu geben (wie $1.000 oder mehr). Fünf Jahre lang wirst du ihnen jedes Jahr eine Dividende von 5% zahlen, und zwar in Form von Produkten aus deinem Betrieb oder Bargeld. (Wenn ein Investor dir zum Beispiel $5.000 geben würde, würdest du ihm fünf Jahre lang $250 in Bargeld oder Produkten pro Jahr – das sind die Zinszahlungen – geben und dann erhält er nach Ablauf der fünf Jahre seine $5.000 zurück). Also, Teilnahme in einer Gemeinschaftanleihe ist ein Weg, damit Geld langsam zur Verbesserung der lokalen Versorgung an Nahrungsmitteln beiträgt, aber auch, um eine kleine Rendite für Investitionen zu erzielen. Der Nutzen für den Investor ist, dass er, anstatt Geld auf einer Bank zu haben und eine winzige Summe Zinsen zu bekommen, die gleiche Summe an Zinsen bekommen kann, das Geld aber arbeiten lässt und dadurch mithilft, neuen Landwirten Starthilfe zu geben. Es ist eine Investition in die Zukunft der Landwirtschaft.

Crowdfunding

Mit dem Aufkommen der webbasierten Technologie ist es möglich, Geld in einer völlig neuen und dezentralisierten Weise zu beschaffen. Crowdfunding war die einzige Finanzierungsquelle für viele neue Unternehmensgründungen und so auch für Stadthöfe. Wenn du eine fesselnde Geschichte per Video erzählen und kreatives Online-Marketing betreiben kannst, ist es möglich, Hunderttausende von Dollar aufzubringen. Mit einer entsprechenden Plattform musst du dir ein Finanzierungsziel setzen. Wenn du es nicht innerhalb deines Zeitrahmens erreichst, bekommst du kein Geld; es wird alles an deine Investoren zurückgegeben. Für einen neuen Betrieb wäre es also vielleicht am besten, mit einer kleineren Summe (wie vielleicht $5.000) anzufangen. Aber, wenn du die Fähigkeit hast, eine wirklich

---

17 CSA = Climate Smart Agriculture (engl. = klimakluge Landwirtschaft)

überzeugende Kampagne zu erstellen und Know-how besitzt, um deinen Online-Verkehr zu steigern, sind die Möglichkeiten schier endlos. Wenn du etwas Startkapital benötigst und du ein wenig internetaffin bist, könnte es diese Methode sein, die es dir ermöglicht, eine Finanzierung auf die Beine zu stellen und nicht alle Hürden der traditionellen Finanzierung nehmen zu müssen: Anträge, Bonitätsprüfungen oder die Aufnahme von Schulden, usw.

Kreditgenossenschaften und Banken

Der Umweg über traditionelle Banken und Kreditgenossenschaften kann für städtische Landwirte eine Herausforderung darstellen, insbesondere wenn du kein Land besitzt oder einen traditionellen Pachtvertrag hast. Einige der neuen Kreditgenossenschaften beginnen jetzt, sich an diese verschiedenen Verwendungsmöglichkeiten zu gewöhnen, aber in den meisten Fällen wirst du wahrscheinlich seltsam angeschaut, wenn du um eine Finanzierung für einen Bauernhof bittest, der sich auf Vorder- und Hinterhöfe in der Stadt stützt.

Ich habe gesehen, dass einige Kreditgenossenschaften an der (kanadischen) Westküste unglaubliche Fortschritte bei der Finanzierung kleiner landwirtschaftlicher Betriebe gemacht haben. Sie schauen mehr auf den Charakter des Landwirts als nur auf seine Finanzberichte, was für die Unterstützung neuer Landwirte entscheidend ist.

Was die großen traditionellen Banken betrifft, so hebe dir diese für den letzten Ausweg auf. Was du oft hören wirst, ist die Frage nach deinem Jahreseinkommen. Das kann für viele Landwirte eine Herausforderung sein, obwohl es natürlich möglich ist. Wenn du eine Finanzierung durch eine Bank anstrebst, stelle sicher, dass du für ein ganzes Jahr über einen soliden Plan verfügst, der ein regelmäßiges Einkommen über alle 12 Monate hinweg aufweist. Viele Banken wollen wegen der damit verbundenen Risiken nichts an Saisonbetriebe verleihen.

TEIL 4

DEN RICHTIGEN STANDORT FINDEN

Das Finden des richtigen Standorts für die Landwirtschaft in deiner Stadt ist deine erste und wichtigste Entscheidung. Bitte lies jedoch zuerst Kapitel 4 (Zonen deines Hofes und deines Lebens), bevor du diesen Teil durchgehst.

15

Land ausfindig machen

In diesem Teil beschreibe ich den besten Weg, tatsächlich auf die Suche nach Land zu gehen, sobald du dich für ein Gebiet entschieden hast, in dem du deine Basis haben willst. Es gibt eine Vielzahl von Taktiken, die wir bei der Suche nach Land verwenden können. Einige werden besser funktionieren als andere, einige verwenden Technologie und einige sind so einfach wie das Nutzen deiner Freundes- und Familiennetzwerke.

Es gibt einige Materialien, die du zusammenstellen solltest, bevor du deine Suche beginnst:

1. Schreibe einige Informationen darüber auf, wer du bist, warum du Landwirtschaft betreiben willst und worum es bei deinem Hof geht.
2. Drucke diese auf ein paar einprägsame Flyer, die du an Schwarzen Brettern an Orten wie Naturkostläden, Gemeindezentren und Gartenclubs aufhängen kannst.
3. Erstelle einige Visitenkarten, die du übergeben kannst, wenn du andere Menschen triffst. Visitenkarten solltest du jederzeit bei dir haben, falls du jemanden triffst, der sich an dich erinnern soll. Achte immer darauf, auch deren Namen und Geschäftsdaten zu bekommen, damit du nachfassen kannst.
4. Erstelle dir eine einfache Website, die beschreibt, was du tun willst, damit du die Menschen dorthin leiten kannst.

Sorge dafür, dass so viele Menschen wie möglich davon erfahren. Sprich mit Bloggern und Medien, und nutze die sozialen Medien so oft wie möglich, damit alle, die du bereits kennst, wissen, was du vorhast.

Kartierungssoftware

Bevor du dich auf die Suche nach städtischen Grundstücken machst, die du bewirtschaften möchtest, scanne das gewünschte Gebiet mit einer Kartierungssoftware ein. Verwende eine Kartensoftware wie Google Earth oder Google Maps, um dein Gebiet zu durchsuchen. Deine Stadt könnte auch ein Kartierungswerkzeug auf ihrer Webseite haben. Ich habe dieses in der Vergangenheit benutzt, und es wird oft mehr Details über Parzellengröße, Straßen und Nutzungsrechte enthalten als die Google-Dienste.

Am Anfang kann dir der Einsatz von Software auch helfen, einen gewünschten Stadtteil leichter zu finden. Wenn du zum Beispiel feststellst, dass einige Gebiete größere Grundstücke haben als andere, dann könntest du dich entscheiden, zuerst an diesen Orten zu suchen. Auch heute noch werde ich, wenn ich Landangebote erhalte und nachdem ich den Grundbesitzer daraufhin überprüft habe, ob er die Art von Person ist, mit der ich arbeiten möchte, seine Adresse in eine Kartensoftware eingeben, um die Größe und den Umfang des Grundstücks zu prüfen. Diese Online-Recherche kann eine Reise ersparen, wenn ich dadurch einige grundlegende Dinge herausfinde.

Der Weg des geringsten Widerstands

Der erste Ort, an dem man suchen muss, ist der leichteste. Bitte alle deine Freunde und Familie um etwas Land, mit dem du beginnen kannst. Vielleicht ist es der Vorgarten deiner Großmutter oder etwas in der Art. Der Schlüssel ist, so schnell wie möglich etwas anzufangen, und das wird zum Dreh- und Angelpunkt für andere Möglichkeiten. Irgendwo anzufangen, etwas auf die Beine zu stellen und dich von den Leuten finden zu lassen, ist der beste Weg, um weiteres Land zu finden!

Von Tür zu Tür

Wenn du an Türen klopfen willst, bereite dich auf einige unhöfliche Reaktionen vor. Viele Menschen werden, wenn du an ihre Tür klopfst, annehmen, dass du eine Art Evangelist bist; sie sind oft nicht bereit, anzuhören, was du anzubieten hast. Ich habe es in der Vergangenheit besser gefunden, ein Flugblatt in den Briefkasten zu werfen und die Leute nicht an der Tür zu belästigen. Lasse sie zu dir kommen.

Eine logistische Land-Checkliste

Wenn ich mir ein neues Grundstück anschaue, gibt es zehn Faktoren, die ich genauer betrachte. Bei einigen dieser Faktoren kann ich flexibel sein, bei anderen nicht. Jedes zukünftige Grundstück muss jedoch eine ganze Reihe gewünschter Eigenschaften bieten, bevor ich mich bereit erkläre, dort zu wirtschaften.

Eine Sache, die man nicht vergessen sollte, wenn man sich die Anbau-Grundstücke ansieht, ist, dass es an Landwirten mangelt. Heute sind nur 2% der Menschen in Nordamerika Landwirte, aber es gibt überall Land. Oft wissen die Menschen, die es besitzen, nicht, wie sie es für die Landwirtschaft nutzen können. Das bedeutet, dass du als Landwirt sehr wertvoll bist, und es gibt viele Möglichkeiten für dich. Gehe alle Verhandlungen von einer Perspektive des Überflusses aus an. Du bist der Gefragte, weil du ein seltenes Exemplar bist. Land ist im Überfluss vorhanden! Habe nie das Gefühl, dass du ein Stück Land nehmen musst, das nicht ideal ist oder wenn es so aussieht, als ob man mit dem Landbesitzer nur schwer zusammenarbeiten könnte.

Land-Checkliste

1. Der Landbesitzer
2. Die Geschichte des Grundstücks
3. Bodentest
4. Größe und Lage
5. Invasive Unkrautbekämpfung
6. Verfügbares Licht zu allen Jahreszeiten, Schatten-Behinderungen
7. Zäune
8. Sichtbarkeit für die Öffentlichkeit
9. Zugang zu Wasser
10. Zugänglichkeit (Zeit und Eintritt)

1. Der Landbesitzer

Bevor ich mir einen Standort anschaue, werde ich zunächst ein kurzes Telefongespräch mit dem zukünftigen Landvermieter führen. Es gibt Dinge, auf die ich achte, die dieses Grundstück sofort disqualifizieren könnten. Erstens: Wie verhält sich der Grundbesitzer generell? Ist es leicht, mit ihm zu sprechen, ist er freundlich, unkompliziert? Wie hat er von dir gehört, und warum ist er daran interessiert, dass du sein Land bewirtschaftest? Das sind gute Fragen für den Anfang, und die Antworten werden zeigen, ob er die Art von Person ist, mit der du jahrelang zusammenarbeiten willst.

Sobald ich ihm ein paar Fragen gestellt habe, erkläre ich dann kurz, wie mein Programm funktioniert. Zuerst werde ich skizzieren, was er von der Zusammenarbeit mit mir hat – von Mai bis Oktober für $20 bis $25 Gemüse pro Woche, einen wunderschön aussehenden Garten – und dass er nichts von der Arbeit tun muss und wir alle Kosten für die Einrichtung übernehmen. Ich möchte mit dem beginnen, was für ihn dabei herausspringt. In den meisten Fällen weiß er das bereits, aber zu Beginn deiner Karriere musst du noch ein paar weitere Vorschläge machen, und die Leute hören gerne zuerst, was sie bekommen. Wenn man ihm das erst einmal erklärt hat, bekommt man sehr schnell ein Gefühl dafür, was er denkt.

Es ist wichtig, den Landbesitzer zu fragen, was seine Bedürfnisse und Sorgen sind. Ich hatte einige Landbesitzer, die nach der Menge an Gemüse gefragt haben, die sie bekommen, und sie meinen, dass sie je nach Größe ihres Landes mehr bekommen sollten, oder sie wollen, dass ich Dinge wie Rasenmähen für sie übernehme oder ihre Sträucher beschneide. Es ist gut, wenn du dich sehr klar ausdrückst, was du anbietest, sodass nicht davon ausgegangen wird, dass du einen Landschaftsgestaltungsservice anbietest. In einigen Fällen mit wirklich idealen und großen Grundstücken können diese Dinge arrangiert werden, und manchmal können sich spezielle Dienstleistungen für dich lohnen, um dort Landwirtschaft betreiben zu können. Bei meinem ersten Grundstück, das vier Jahre lang meine Heimatbasis war, habe ich mit den Eigentümern vereinbart, mich um die allgemeine Instandhaltung des Grundstücks zu kümmern. Nach dem, was ich von dort bekam, hat sich das damals sehr gelohnt. Im Grunde versucht man nur, ein Gefühl für die Person zu bekommen, um zu sehen, ob sie die Art von Person ist, mit der man sich vorstellen könnte, zusammenzuarbeiten.

2. Die Geschichte des Grundstücks

Bevor du dir das Land überhaupt ansiehst, möchtest du dich über dessen Geschichte informieren. Frage, wie alt das Haus ist und wofür das fragliche Grundstück in der Vergangenheit genutzt wurde. War es irgendwann einmal ein Garten? Wurden dort jemals andere Strukturen gebaut? Wenn ja, was waren das für Bauten? Die Hauptsache, die du hier herauszufinden versuchst, ist, ob das Grundstück potenziell Bodenkontamination durch Schwermetalle, Industriechemikalien oder Glyphosateinsatz aufweist. Wenn du in dichten städtischen Gebieten einen Standort betrachtest, der für eine Tankstelle oder eine andere industrielle Nutzung verwendet wurde, ist die Wahrscheinlichkeit groß, dass sich Schwermetalle wie Blei oder Quecksilber im Boden befinden. Wenn es Teil eines konventionellen landwirtschaftlichen Betriebs oder einer Obstplantage war, dann findest du möglicherweise Spuren von Glyphosat im Boden. Bei den meisten vorstädtischen Hinterhöfen, denen ich begegnet bin, gibt es keine Geschichte industrieller Nutzung. Aber wenn du darüber besorgt bist, dann musst du den Boden untersuchen lassen.

Nachbarn auf allen Seiten des Grundstücks können ebenfalls ein Grund zur Besorgnis sein. Wenn jemand nebenan Herbizide versprüht, solltest du auch darauf achten.

3. Bodentest

Wenn ich besorgt bin, dass ein Standort kontaminiert ist, werde ich ihn überhaupt nicht nutzen. Vor allem, wenn es viele andere Standorte gibt, die man sich anschauen kann. Wenn der Standort ansonsten sehr ideal ist, es aber Bedenken wegen einer Kontaminierung geben könnte, liegt es an dir, ob sich das lohnt. Zum einen können Bodenuntersuchungen auf Schwermetalle teuer sein, zum anderen musst du, wenn der Boden verunreinigt ist, einen Sanierungsprozess durchlaufen oder einfach neuen Boden aufbringen. Ich würde dir jedoch davon abraten, denn das wird deine Anlaufkosten drastisch erhöhen. Wenn du jedoch eine Situation hast, in der neuer Boden bereitgestellt werden kann und/oder du bereit bist, die Vorlaufkosten zu übernehmen, dann tu auf jeden Fall das, was für dich in Ordnung ist.

Neben der Kontamination sind unsere Hauptanliegen die Bodentiefe, die organische Substanz, die Makronährstoffe und der pH-Wert. Nährstoffe, Makronährstoffe und pH-Wert können alle relativ einfach eingestellt werden. Die Bodentiefe kann jedoch etwas komplizierter sein und mehr Ressourcen beanspruchen. Einige städtische Standorte haben ein sehr flaches Bodenprofil: Wenn man eine Schaufel in den Boden steckt, sieht man nur wenige Zentimeter Mutterboden und dann ein sehr hartes, schweres Mineral, reinen Sand, Lehm oder Kies. Ich versuche, solche Böden zu vermeiden, aber du kannst sie durch die Zugabe von neuer Erde und gutem Kompost fruchtbar machen. Nach dem, was ich im Laufe der Jahre gesehen habe, können die meisten Böden mit etwas Zeit, Mühe und Kapital zur Fruchtbarkeit gebracht werden. Lies dazu Kapitel 21 über die Parzellenvorbereitung. Das Testen der Parzelle auf Makronährstoffe und pH-Wert ist eine sehr einfache Sache: Man braucht nur ein kleines Bodentest-Set aus dem Gartencenter zu holen und loszulegen. Diese Bodentestsätze werden mit Anweisungen zur Durchführung der Tests geliefert. Es ist ein sehr einfacher Prozess, der leicht zu verstehen ist.

4. Größe und Standort

Die Größe und Lage eines Grundstücks ist sehr wichtig, und welche Fläche zur Verfügung stehen könnte, ist eines der ersten Dinge, nach denen ich frage, wenn ich mit einem potenziellen Landbesitzer spreche. Meine Mindestanforderung für die Grundstücksgröße beträgt ca. 185 m^2. Kleinere Grundstücke schaue ich mir nur an, wenn sie wirklich in der Nähe meines Hauptstandorts liegen. Wenn mir zum Beispiel mein Nachbar oder jemand aus meiner Straße dort ein Grundstück anbietet, das ca. 93 m^2 groß ist, würde ich es in Erwägung ziehen. Wenn das Grundstück klein, aber nahe gelegen ist, kann es zu einem deiner Hi-Rotation-Grundstücke werden und trotzdem wirtschaftlich sein.

Was die Lage betrifft, so wird sich dies im Laufe der Zeit verbessern. Wenn du anfängst, wirst du wahrscheinlich einige Grundstücke nehmen müssen, die nicht ganz so nahe beieinander liegen, wie du es gerne hättest. Im Laufe der Jahre hat sich bei meinen Grundstücken eine natürliche Entwicklung nach innen ergeben. Ich habe in fünf Jahren etwa 20 landwirtschaftliche Parzellen bearbeitet, und sie kommen jedes Jahr näher und näher zusammen. Das liegt daran, dass du dir in den Gebieten, die du bewirtschaftest, einen guten Ruf aufbauen wirst, und je mehr Menschen sehen, was du tust, desto mehr Land wird dir angeboten. In meinem ersten Jahr erstreckten sich alle meine Standorte über ein Gebiet von drei Meilen[18]; jetzt sind es eineinviertel Meilen[19].

5. Invasive Unkrautbekämpfung

Es ist sehr hilfreich, die wichtigsten invasiven Unkräuter zu kennen, die für die Landwirtschaft in deiner Bioregion schädlich sein können. Wenn du eine Menge bestimmter invasiver Unkräuter siehst, insbesondere solche, die rhizomatös sind, solltest du den Standort wahrscheinlich ganz meiden. Meine Hauptausschlusskriterien sind die Ackerwinde (*Convolvulus arvensis*) und die Kanadische Distel (*Canada Thistle Cirsium arvense*); wenn ich viele dieser Unkräuter sehe, würde ich diesen Standort nicht benutzen. Einjährige Unkräuter wie Löwenzahn, Malve, Portulak und Vogelmiere können alle mit der Zeit gemildert werden. Siehe Foto Nr. 3 der invasiven Ackerwinde im Abschnitt *Fotobeilage*.

18 Knapp 5km

19 Etwas über 2km

6. Verfügbares Licht zu allen Jahreszeiten – Schattenbehinderungen

Wenn du eine bestimmte Parzelle so lange wie möglich bewirtschaften willst, dann brauchst du viel Licht. Erkunde, wo die Sonne zu jeder Tages- und Jahreszeit in deiner Region steht. Sobald du die Bewegung der Sonne verstanden hast, kannst du jede Parzelle betreten und sehen, wo das Licht zu jeder Tages- und Jahreszeit sein wird. Dies ist sehr wichtig, denn wenn es große Hindernisse wie Zäune, Bäume oder Gebäude gibt, könnten sie das Licht blockieren, das du für das Pflanzenwachstum benötigst. Die meisten Nahrungspflanzen brauchen mindestens sechs Stunden Licht pro Tag, um zu wachsen, einige mehr als andere.

Alle Sommerkulturen, wie Tomaten oder Paprika, brauchen viel Licht, vor allem zur heißesten Zeit des Tages (zumindest bei uns in den kühleren Klimazonen Nordamerikas). Manchmal kann jedoch auch Schatten zu bestimmten Tageszeiten zu deinem Vorteil sein, wenn du Gemüse für kühleres Wetter anbaust. Ich habe einige Parzellen, auf denen auf der Westseite ein Gebäude steht, sodass die Parzellen im Sommer am späten Nachmittag in den Schatten fallen. Das ist eine großartige Sache, weil es den Kulturen eine Pause von der Hitze in der heißesten Zeit des Jahres verschafft. Der Schatten gibt auch mir eine Pause von der Hitze, wenn ich um diese Zeit dort arbeiten muss.

Das Wichtigste, was du suchst, ist eine offene Sicht nach Süden (in der nördlichen Hemisphäre). Wenn es direkt im Süden hohe Gebäude oder Zäune gibt, wird das während der Nebensaison, wenn du es am meisten brauchst, zu einem großen Lichtmangel führen. Etwas Schatten am Morgen oder Nachmittag ist zum größten Teil handhabbar. Siehe Foto Nr. 4 (schattige Parzelle) im Abschnitt *Fotobeilage*.

7. Zäune

Einen Ort mit einem Zaun zu finden, ist nicht unbedingt notwendig, aber es ist eine gute Sache. Einige Stadtviertel sind besser eingezäunt als andere, und du musst deine eigene Einschätzung vornehmen, ob es ein Problem sein wird, keinen Zaun zu haben. Zäune werden Menschen, Rehe, Hunde und andere große Kreaturen davon abhalten, durch deinen Garten zu gehen oder sich an deinem Gemüse zu bedienen. Es ist möglich, einen kostengünstigen provisorischen Zaun aufzubauen, wie einen einfachen Wildzaun, aber das sieht nicht so schön aus. In der Vergangenheit waren Landbesitzer oft bereit, für den Bau eines Zauns zu zahlen, wenn ich ihre Grundstücke bewirtschaftete.

8. Sichtbarkeit für die Öffentlichkeit

Wie sichtbar dein landwirtschaftliches Grundstück ist, ist sehr wichtig; es kann als eine eigene Form der Vermarktung für dich funktionieren. In der Vergangenheit habe ich ein Grundstück nur deshalb angenommen, weil es sich in einer schönen Nachbarschaft mit guter Sichtbarkeit befand. Einer der wichtigen Aspekte eines städtischen Landwirts ist der Zugang zur Gemeinschaft. Wenn die Leute sehen, wie du dort draußen hart arbeitest und die Schönheit der Gärten selbst, werden sie sich schnell begeistern. Stelle dich darauf ein, täglich zu hören, wie schön dein Garten ist und wie sehr die Leute deine Arbeit lieben. Ich habe im Laufe der Jahre viele gute Kunden getroffen, einfach weil sie vorbeikamen und mich bei der Arbeit sahen. Die Parzellenplatzierung ist ein großer Marketingvorteil, der oft übersehen wird. Ich habe Parzellen verwendet, die nicht alle meine Kriterien für Größe und Standort erfüllten, einfach weil sie ein gutes Schaufenster waren. Ich nenne diese Parzellen *Vorzeigeparzellen*. Siehe Foto Nr. 5 (eine öffentlich sichtbare Parzelle) im Abschnitt *Fotobeilage*.

9. Zugang zu Wasser

Da es trinkbar und in den meisten Fällen frei von Schadstoffen ist, ist der Zugang zu kommunalem Wasser einer der größten Vorteile der städtischen Landwirtschaft. Und Wasser befindet sich in der Regel bequem in der Nähe des Hauses, sodass man es nur anzapfen muss. Wenn du einen Standort auskundschaftest, solltest du sicherstellen, dass du Zugang zu diesem Wasser hast. Manchmal, wenn das Haus weit von deinem Grundstück entfernt ist oder der Vermieter ebenfalls Zugang zu Wasser haben möchte, musst du eine Hauptleitungszuführung vom Haus zu einem Verteiler in der Nähe deines Grundstücks installieren. In der Regel werde ich eine Art Sammelleitung aufbauen, die vom Zapfhahn abgetrennt wird. Dann habe ich die Hauptleitung, von der eine kleine Wasserleitung in der Nähe des Grundstücks abgezweigt wird.

Für den Zugang zu Wasser ist der Landbesitzer verantwortlich, und wenn er kein Wasser zur Verfügung stellen kann, ist Landwirtschaft dort nicht möglich. Der Wasserverbrauch auf all meinen Grundstücken ist so gering, dass meine Landbesitzer außer in den beiden heißesten Monaten, Juli und August, keinen Unterschied in ihren Rechnungen feststellen. In diesen Monaten entschädige ich sie normalerweise für die Erhöhung ihrer Wasserrechnung. Das waren in diesen beiden Monaten etwa $100 pro Grundstück. Die Wasserpreise sind überall unterschiedlich, sodass es keine wirklichen Richtwerte gibt. Es liegt an dir zu entscheiden, was wirtschaftlich ist und was nicht, basierend auf den Kosten in deiner Region.

10. Zugänglichkeit (Zeit und Eingang)

Hast du jeden Tag während der regulären Geschäftszeiten Zugang zu deinem potenziellen Grundstück? Im Idealfall möchte ich in der Lage sein, unangekündigt jeden Tag und zu jeder Zeit zwischen 7 Uhr morgens und 18 Uhr abends zu kommen. Meistens nehme ich sonntags frei; aber es kann auch manchmal passieren, dass man sonntags auf das Grundstück muss. Es ist gut, sich darüber im Klaren zu sein, wenn man mit seinem Landbesitzer verhandelt. Wenn er jedes Mal über dein Kommen benachrichtigt werden will, könnte es ein bisschen lästig werden. Wenn du aber vereinbaren kannst, dass du von Montag bis Freitag zwischen 7.00 und 18.00 Uhr kommen kannst und nur dann anrufst, wenn du an einem Samstag oder Sonntag kommst, wäre das fair und man könnte damit leicht umgehen. Für alle meine Parzellen gilt, dass ich vor 9 Uhr und nach 17 Uhr keine lauten Maschinen laufen lasse. Einige Grundbesitzer möchten benachrichtigt werden, wenn ich zum Arbeiten mit dem Rototiller komme, und das ist eine vernünftige Bitte.

Der Zugang innerhalb und außerhalb des Grundstücks ist ebenfalls sehr wichtig. Gibt es ein Tor, durch das du gehen musst? Wie breit ist es? Wirst du in der Lage sein, deine Fräse sowie andere Ausrüstungsgegenstände, die du regelmäßig ein- und ausfahren musst, hindurchzufahren? Ich habe in der Vergangenheit Grundstücke verlassen, bei denen es zu schwierig war, regelmäßig rein- und rauszufahren.

16

Städtisches, vorstädtisches und stadtnahes Land

Es gibt drei Arten von städtischem Land: städtisches, vorstädtisches und stadtnahes Land. Jedes hat seine eigenen Vor- und Nachteile.

Städtisches Land

Städtische Grundstücke haben den Vorteil der besten Lage. In den meisten Fällen wird es am nächsten zu dem Ort liegen, an dem deine Kunden leben. Aber dieser Faktor hängt von der Größe deiner Stadt ab. In einer größeren Stadt (mit über 500.000 Einwohnern) wird das Stadtland in den dicht besiedelten Gebieten liegen, und in diesen Fällen sind logistische Herausforderungen zu berücksichtigen:

- Das Land hat ein höheres Risiko, kontaminiert zu sein, sodass du seine Geschichte sorgfältig studieren musst.
- Die Grundstücke können sehr klein sein.
- Wenn sich in der Nähe große Gebäude befinden, können diese das verfügbare Sonnenlicht stark beeinträchtigen.
- Das Land könnte sich in einem Gebiet befinden, in dem Kriminalität und Vandalismus vorkommen.

In Großstädten kann die Bewirtschaftung mehrerer Grundstücke eine logistische Herausforderung darstellen, insbesondere wenn du in einem konzentrierten Gebiet keine große Anzahl von Grundstücken bekommen kannst. Ich habe viele städtische Landwirte mit bis zu zwanzig ca. $46.5\ m^2$ großen Parzellen gesehen; das ist nicht sehr ideal und bedeutet eine Menge Transportaufwand. Es ist möglich, auch unter diesen Umständen erfolgreich zu sein, aber man muss genau darauf achten, wie die Parzellen angelegt sind. Du wirst höchstwahrscheinlich kleine Monokulturen anlegen müssen, um deinen Arbeitsablauf so weit wie möglich zu rationalisieren. Ohne strategische Planung können 20 winzige Parzellen mit gemischten Gärten, die über eine Stadt verteilt sind, ein perfektes Rezept für ein frühes Burnout sein.

Die erfolgreichsten Landwirte, die ich in dichten städtischen Gebieten gesehen habe, wirtschaften entweder auf Parkplätzen mit Hochbeeten oder auf Dächern, oder sie haben hochtechnologische Hydrokultur- oder Aquakulturbetriebe auf Dächern mit beheizten Gewächshäusern aus Polycarbonat. In all diesen Fällen können die anfänglichen Anlaufkosten enorm hoch sein. Es können sich jedoch auch einige Vorteile für diese Art der Landwirtschaft ergeben. Diese Höfe können oft einen hohen Bekanntheitsgrad erreichen, weil sie so einzigartig sind und in stark konzentrierten städtischen Gebieten ein großes Spektakel darstellen.

Über die reine Landwirtschaft hinaus können auch andere Werte erzielt werden. Parkplätze können gute Orte sein, um Gartenbau- und Landwirtschafts-Workshops zu veranstalten. Auch Dachhöfe können auf ähnliche Weise funktionieren. Sie können aber auch gute Plätze für gastronomische Veranstaltungen oder sogar Verpflegungsstände sein. Weil ein Dachhof eine so interessante Umgebung ist, bietet er ein großes Potenzial für verschiedene Einnahmequellen. Bei allen drei Beispielen, bei denen der Betrag der Infrastrukturkosten in die Standorte fließt, ist eine ordnungsgemäße und legale Landpacht absolut notwendig, wenn man das Land nicht besitzt. Man sollte einen langfristigen Pachtvertrag aushandeln, um die Vorlaufkosten zu rechtfertigen.

Parkplätze

Parkplätze (aus harten Untergründen) mit erhöhten Beeten sind wahrscheinlich die preiswerteste wirklich städtische Option der drei. In diesem Fall solltest du zwischen 0.45 m und 0.60 m hohe Hochbeete im Container-Stil bauen; fülle sie mit ganz neuem Boden auf. In der Regel sind 0.9 m bis 1.2 m breite Beete gut. Wenn du einen 1.000 m^2-Hof mit 16 Beeten in 1.2 m Breite, 0.45 m Höhe und 30 m Gesamtlänge bauen würdest, und wenn du \$30 pro Kubikmeter für neue Erde und/oder Kompost ausgeben würdest, lägen die Kosten allein für Erde bei \$7.776. Höchstwahrscheinlich würdest du etwa \$5.000 für Holz und andere Materialien zum Bau der Beete ausgeben, und wenn es keine Umzäunung gibt, müsste man sich auch darum kümmern. Eine Umzäunung könnte leicht weitere \$5.000 kosten. Für die übrige Infrastruktur, wie die Beschaffung aller wichtigen Werkzeuge und Geräte, müsstest du wahrscheinlich weitere \$10.000 ausgeben. Du rechnest also mit einer Mindestinvestition von rund $28.000, um einen 1.000 m^2-Hof auf einem Hartbelag zu gründen.

Bodengebundene Dächer

Diese städtischen Höfe sind an der Ostseite Nordamerikas etwas häufiger anzutreffen, wo der jährliche Schneefall viel höher ist und die Dächer so gebaut sind, dass sie schwere Lasten tragen können. Der auf städtischen Höfen auf Dächern verwendete Boden ist ein spezieller Verbundwerkstoff, der leicht ist. Er enthält kleine hohle Steinchen anstelle von natürlichen Steinen. Leider kann dieser Boden sehr teuer sein (über $80/$m^2$). Wenn wir ein Dach mit 1.000m^2 betrachten, was etwa einer Quadrat-Seitenlänge von 31.62 m entspricht, und wir würden 20.32 cm Spezialerde zu einem Preis von $80 pro 0.3 m aufbringen, würde allein die Erde über $20.000 kosten. Zusätzliche Kosten wären der Transport des Bodens sowie eine Auskleidung, um das Dach zu schützen. Wegen des Windes auf den Gebäudedächern müssen viele Pflanzen angebunden oder mit Spalieren versehen werden. Selbst hier sehen wir uns also wahrscheinlich Neugründungskosten von mindestens $50.000 für einen 1.000 m^2 bodengebundenen Dachhof gegenüber. Bedenke, dass es sich hierbei nur um Kosten für Beete und Boden handelt und nicht um Kosten für Ausrüstung und Infrastruktur.

Bodenfreie Dächer

Hydrokulturen auf Dächern werden in den superdichten Städten wie Montreal, Singapur und Peking immer beliebter. Die meisten der ca. 1.000 m^2 großen landwirtschaftlichen Betriebe wenden verschiedene vertikale Anbaustrategien an. Der Aufbau dieser Höfe kostet Millionen und ist mit einem sehr hohen Risiko verbunden. Ich glaube, dass große Konzerne auf diese Art von Landwirtschaftssystemen umsteigen werden. Ich denke, dass es insgesamt eine gute Sache ist und Teil einer natürlichen Migration von Menschen sein wird, die in die Städte ziehen. Diese Höfe werden einen dringend benötigten Bedarf nach frischen Produkten bedienen. Die Kosten für die Einrichtung solcher Höfe sind jedoch für die meisten Menschen unerschwinglich.

Vorstädtisches Land

Die Vorstädte können eine gute Größe, Lage, Erreichbarkeit, weniger Verschmutzung und besseres Licht für städtisch-landwirtschaftliche Parzellen bieten. Diese werden in den Vorstädten im Allgemeinen viel größer sein. Ausgehend von der Größe meiner Stadt (117.000 Einwohner) betrachte ich die Grundstücke, die ich bewirtschafte, als vorstädtisch, auch wenn mein Hof direkt im Stadtzentrum liegt; die Grundstücke in meiner Stadt sehen wie vorstädtische Grundstücke aus. Diese Art von Land bietet einen guten Marktzugang, eine gute Grundstücksgröße und auch Trinkwasser. Für die Zukunft sehe ich in den Vorstädten ein riesiges Potenzial für landwirtschaftliche Betriebe, welche die Städte ernähren werden.

Da immer mehr Menschen die Vorstädte verlassen, um in die Städte zu ziehen und dort zu arbeiten, könnten die Vorstädte einen starken Rückgang der Immobilienwerte erleben. Billigeres Land zusammen mit erschwinglichen Miet- und Kaufpreisen für Wohnraum könnte mehr Landwirte dazu verleiten, dorthin zu ziehen und dort mit der Landwirtschaft zu beginnen. Es stimmt zwar in Bezug auf die Transportkosten, dass das Leben in den Vororten vielleicht nicht so ideal ist wie das Leben in der Stadt, um die Stadt zu bedienen, aber die Lage am Stadtrand könnte angesichts der Anlaufkosten einiger der von mir erwähnten städtischen Landwirtschaftsmodelle immer noch ein guter Kompromiss sein. Betrachtet man die Entfernungen zwischen ländlichem Land und fast jeder Stadt, so ist der suburbane Hof ein perfekter Treffpunkt. Ein- oder zweimal pro Woche in die Stadt zu fahren, um Märkte zu besuchen oder zu liefern, ist weitaus einfacher, als jeden Tag zur Arbeit zu fahren. Wenn es darum geht, die Landwirtschaft zu den Massen zu bringen, denke ich, dass die Vorstädte das größte Potenzial bieten, da das Land in den Vorstädten für eine breitere Gruppe von Menschen viel besser zugänglich ist.

Stadtnahes Land

Stadtnahe Gebiete liegen zwischen ländlichen und vorstädtischen Gebieten. Diese Grundstücke wären irgendwann einmal kleine Höfe gewesen – und in vielen Fällen sind sie es immer noch. In meiner Stadt liegen die stadtnahen Grundstücke oft auf ca. 4047 m^2 oder ca. 8000 m^2 großen Parzellen mit riesigen Rasenflächen, Pferdehöfen oder anderen kleinen Hobbylandwirtschaftsbetrieben. Diese Art von Land kann viele der Vorteile bieten, die vorstädtisches Land hat, aber mit weitaus geringerer öffentlicher Sichtbarkeit und weniger zuverlässigem Wasserzugang. Diese Orte haben oft Brunnenwasser, was die Landwirtschaft in der Nebensaison oder im Winter zu einer Herausforderung werden lässt. Das Schöne an der Landwirtschaft in stadtnahen Gebieten ist, dass du wahrscheinlich deinen gesamten Betrieb auf einem einzigen Grundstück zentralisieren kannst.

17

Bewirtschaftung mehrerer oder einzelner Parzellen

Mehrparzellen-Betriebe

Die Landwirtschaft auf mehreren Parzellen hat Vor- und Nachteile. Der Hauptnachteil ist, dass du getrennte Bewässerungssysteme einrichten musst; dies kostet etwas mehr, als wenn dein Betrieb zentralisiert wäre. Man kann nicht so einfach auf ein Feld hinausgehen und sehen, wie alles funktioniert. Und der größte Nachteil ist die Wegezeit zwischen den einzelnen Standorten. Das sind zwar alles Nachteile, aber ich glaube, die Vorteile mehrerer Parzellen überwiegen:

1. Wenn du dir keinen langfristigen Pachtvertrag für ein Grundstück sichern kannst, wirken sich eine Reihe kleinerer Grundstücke zu deinen Gunsten aus, denn wenn du einen Standort verlierst, ist nicht der gesamte Betrieb gefährdet.
2. Je mehr Grundstücke du hast, desto mehr Nachbarn hast du. Dies hilft den Landwirten, leichter Kunden und Unterstützer zu finden.
3. Eine Vielfalt an Mikroklimata ist ein enormer Vorteil. Wenn ein extremes Wetterereignis eine Parzelle betrifft, hat es möglicherweise keine Auswirkungen auf die anderen Parzellen.
4. Schädlinge und Unkraut lassen sich besser vermeiden. Einige Parzellen sind stärker isoliert und daher geschützt vor eindringenden Unkrautsamen. Schädlinge können auch durch die Fruchtfolge zwischen den Parzellen vermieden werden.

Vor einem Jahr hatten wir Mitte August einen ungewöhnlichen Hagelsturm, der drei Stunden dauerte. Hagel in der Größe von Golfbällen traf unser ca. 8000 m^2 großes Gelände im Stadtrandgebiet schwer. Wir erlitten Ernteschäden in Höhe von $30.000. Der Salat sah aus, als hätte ihn ein Fadenschneider zerkleinert. Gleichzeitig waren all unsere kleinen Parzellen in der Stadt völlig unberührt. Diese Vielfalt war es, die meinen Hof während der gesamten Saison nach diesem Sturm über Wasser hielt.

Die Verbesserung der Fruchtbarkeit auf einem Hof mit mehreren Parzellen ist etwas komplizierter. Der Transport des Komposts kann mühsam sein, daher ist vielleicht ein kompakteres Programm für die Düngung erforderlich. Es ist viel einfacher, Komposttees und -extrakte mit Hilfe von Rucksacksprayern zu tragen, und die Verwendung von getrocknetem Material wie Mehlen ist weitaus praktischer, als Eimer mit Kompost zwischen den einzelnen Parzellen zu transportieren.

Einparzellen-Betrieb

Der größte Vorteil eines einzigen Standorts ist die Möglichkeit, deine Infrastruktur und Produktion zu konzentrieren. Seien wir ehrlich – es ist viel einfacher, Dinge im Alltag zu erledigen, wenn man an einem Ort ist. Du musst dich weniger um die Organisation des Arbeitstages kümmern, wenn du alles vor dir hast. Ich denke, die meisten Landwirte würden es vorziehen, einen einzigen Standort zu haben, und selbst ich würde es bequemer finden. Es kann jedoch schwierig sein, einen einzigen Standort zu finden, der alle deine Kriterien erfüllt, insbesondere einen Standort, den du über einen längeren Zeitraum behalten kannst.

Natürlich hat ein Einzelstandort nicht alle Vorteile eines Mehrparzellenbetriebs, aber es gibt mehr Möglichkeiten, vom Hof aus zu verkaufen und Landwirtschaft oder Gartenbau zu lehren (falls du dies möchtest). Außerdem kann ein einzelner Standort ein einfacheres und bequemeres Fruchtbarkeitssystem haben: Du brauchst nur einen einzigen, großen Haufen fertigen Kompost, der das ganze Jahr über an einem Ort liegt.

18

Städtischer Boden

***Haftungsausschluss!** Ich bin in keiner Weise Bodenwissenschaftler und habe keine formale Ausbildung auf diesem Gebiet. Im Folgenden beschreibe ich Methoden, die auf meinem Hof über die Jahre funktioniert haben. Ich bin mir bewusst, dass die Böden überall unterschiedlich sind, sodass diese Methoden keineswegs für alle funktionieren werden.*

Die Böden, die wir häufig in städtischen Gebieten sehen, sind bestenfalls von geringer Qualität. Bei vorstädtischen Rasenflächen haben wir es nicht nur oft mit Verunreinigungen zu tun, sondern eher mit Böden mit wenig oder gar keinen Nährstoffen und organischer Substanz. Meiner Erfahrung nach sind jedoch Menschen, die ihren Rasen für die städtische Landwirtschaft spenden, meist nicht die Typen, die einen gepflegten Rasen haben. Sie zögern in der Regel, überhaupt einen Rasen zu haben, und würden viel lieber sehen, dass jemand – wie du – ihn gut nutzen kann. Einen Rasen in einen Garten zu verwandeln, kann einige Herausforderungen mit sich bringen, aber nichts, was nicht zu bewältigen wäre.

Invasive Unkräuter und Gräser

Meistens ist eine neue potenzielle landwirtschaftliche Parzelle mit invasivem Gras bewachsen: Quecke (*Elytrigia repens*) oder Bermudagras (*Cynodon dactylon*). Sie sind im Grunde alle gleich. Das Gras hat rhizomatöse Wurzeln, die ein paar Zentimeter unter dem Oberboden wachsen, und es breitet sich aus, wenn die Wurzeln unter Beton oder anderen Hindernissen wachsen, die im Weg sind. Diese Pflanzen sind unglaublich widerstandsfähig und können bei unkontrolliertem Wachstum im Laufe von zwei Jahren sogar Gehsteige aufbrechen. Wenn eine Parzelle mit invasivem, rhizomatösem Gras gerodet wird, schneiden die Pinnenzinken die

Rhizome ab. Dadurch vermehren sich die Rhizome und können das Gras manchmal noch invasiver machen. Um invasives Gras wie dieses loszuwerden, wird es nur bei trockenem Wetter bearbeitet, und dann werden die Rhizome über einen Zeitraum von Wochen ausgeharkt. Lasse dich von invasivem Gras nicht entmutigen. Es hat mich nie davon abgehalten, einen Standort in Produktion zu bringen. Ja, es dauert vielleicht etwas länger als bei heimischem Gras, aber es ist überschaubar.

Suche immer methodisch nach invasivem Unkraut. Es gibt viele Arten von Unkraut, und einige sind schlimmer als andere. Einige kannst du in den Griff bekommen, andere musst du um jeden Preis vermeiden. Es ist möglich, kleine isolierte Bereiche dieser Unkräuter zu bewirtschaften, aber wenn ich in meiner eigenen Gegend zu einer neuen potenziellen Parzelle gehe und viel Ackerwinde (*Convolvulus arvensis*) oder Kanadadistel (*Cirsium arvense*) sehe, würde ich diese nicht nehmen. In der Vergangenheit hatte ich Parzellen mit diesen beiden Unkräutern und sie gerieten so außer Kontrolle, dass ich in der Folge zu 90 % Ernteausfälle erlitt. Dies ist für keinen Landwirt ein gutes Szenario.

Dies geschah, weil ich vorher keine Recherche betrieben hatte, um herauszufinden, welches Unkraut in meiner Bioregion ein Problem darstellt, bevor ich diese Parzellen in Angriff nahm. Bitte nimm meinen Rat an und finde heraus, welche invasiven Unkräuter in deinem Gebiet am schlimmsten sind, und vermeide diese um jeden Preis! Wenn du das Land nicht besitzt und vielleicht nur ein paar Jahre dort bist – und wenn du andere Landoptionen hast – ist es die Mühe nicht wert. Erkunde zuerst alle anderen Optionen.

Kontamination

Bodenkontamination ist auf dem Land in dicht besiedelten Gebieten häufiger, in den Vorstädten und im Stadtrandgebiet weniger häufig. Sie ist jedoch überall möglich. Zunächst muss die Kontamination durch die Erforschung der Geschichte des potenziellen Standorts aufgezeigt werden. Finde heraus, was sich vorher dort befunden hat, ob es eine chemische Nutzung gegeben hat oder ob der Standort früher eine Tankstelle oder etwas anderes Industrielles war. Diese Standorte werden allgemein als Brachflächen bezeichnet. Wenn ich der Meinung bin, dass ein Standort verunreinigt ist, werde ich ihn einfach ganz meiden, solange es andere Möglichkeiten gibt.

Wenn du nur die Möglichkeit hast, einen Industriestandort zu nutzen, ist die beste Art der Bodensanierung die einfache Bebauung. Boden zu entfernen und durch neuen Boden zu ersetzen, kostet viel Zeit und Ressourcen, und es gibt immer noch keine Garantie, dass Pflanzenwurzeln nicht mit Schwermetallen in Berührung kommen. Das einzig Gewisse bei Schwermetallen wie Blei oder Quecksilber ist, dass sie ziemlich unbeweglich sind. Sie bewegen sich in deinem Boden nicht nach oben, sie sind statisch. Deshalb ist der Aufbau von Erde, oberhalb der Kontamination die beste Option. In diesem Fall solltest du Hochbeete oder große Gartenkästen bauen.

Wenn du Beete direkt auf verunreinigtem Boden baust, musst du eine Barriere zwischen deinem neuen Boden und dem schlechten Boden errichten. Dies könnte so etwas wie eine oder zwei Lagen schweren Landgewebes sein, mit einer Sandschicht darüber, gefolgt von 45cm bis 60cm neuem Boden.

Wenn du über Beton baust, brauchst du dir nicht allzu viele Gedanken über eine Barriere zwischen den Beeten und dem darunter liegenden Boden zu machen, denn der Beton ist eine ausreichende Barriere.

Ich bin kein Experte im Umgang mit kontaminierten Böden, und ich würde davon abraten, dass städtische Landwirte damit arbeiten. Ich habe Berichte darüber gehört, dass kommunale Gartenparzellen auf Brachflächen Spuren von Verunreinigungen aufwiesen, obwohl sie unten in den Beeten Landgewebe eingelegt hatten. Man muss sich vor Augen halten, dass Pflanzenwurzeln sich mit der Zeit sogar durch Beton arbeiten können, und Landgewebe allein reicht möglicherweise nicht aus, um sie daran zu hindern, in kontaminierten Boden hineinzuwachsen. Ich glaube, dass die künftige Landwirtschaft auf Brachflächen durch nicht auf Boden basierende Systeme, wie Hydro- oder Aquaponik, betrieben werden sollte.

Ich habe von Menschen gehört, die Nutzpflanzen wie Sonnenblumen zur Bodensanierung verwenden, da die Pflanzen im Laufe der Zeit Schwermetalle herausziehen. Dies ist eine Möglichkeit zur Reinigung des Standorts, jedoch kann eine solche Sanierung Jahre dauern und viel Mühe erfordern. Für einen Landwirt, der so schnell wie möglich in die Produktion einsteigen will, ist das keine Option.

Ortstein

Die meisten städtischen, vorstädtischen und stadtnahen Böden werden eine so genannte *Hartschicht* aufweisen: Unter den oberen acht Zentimetern des Bodens befindet sich eine Schicht starker Verdichtung. Wenn du zum ersten Mal eine Fläche rodest, wird es offensichtlich, wo das ist, denn du wirst feststellen, dass die Bodenfräse die oberen acht Zentimeter flauschig und schön gemacht hat, aber darunter siehst du eine fest gepackte Oberfläche.

Wenn du auf diesem Boden Gemüse anbauen willst, musst du dich mit dem Ortstein befassen, da sonst die Wurzeln des Gemüses, die auf diese Schicht treffen, möglicherweise daran gehindert werden, Wasser oder Nährstoffe zu erreichen. Die meisten einjährigen Gemüsesorten haben anfangs flache Wurzeln, sodass Ortstein zu Beginn der Standortentwicklung kein großes Problem darstellt. Aber wenn der Standort erst einmal angelegt ist, sich Beete gebildet haben und alle invasiven Gräser beseitigt sind, wird die Beachtung von Ortstein deine Produktion nur verbessern. Zum Umgang mit Ortstein siehe Kapitel 21 – Umwandlung eines Rasens in eine Parzelle.

Vom Schutt zum Boden

Ein großer Teil des Bodens, den ich in der Vergangenheit verwendet habe, ist eine Art saubere Aufschüttung (im Grunde nur Dreck, wie Sand und Ton, mit einigen Steinen darin). Er enthält wenig oder gar keine organische Substanz, und zum größten Teil ist er nur für den Anbau von Unkraut gut. Solange dieser Boden nicht verunreinigt ist, kann er in ein nützliches Wachstumsmedium umgewandelt werden, indem man Zeit damit verbringt, Steine auszugraben, große Mengen guten Fertigkompost einzubringen und organische Düngemittel hinzuzufügen. Die Wahl des Düngers hängt von den NPK- und pH-Werten im Boden ab.

Bei einigen Standorten habe ich alle Stadien der Parzellenentwicklung durchlaufen, und nachdem meine Beete geformt und der Unterboden bearbeitet war, habe ich viele Zentimeter Kompost nur auf die Beete aufgetragen und eine flache Bodenbearbeitung durchgeführt, um ihn einzumischen. An einem Standort brachten wir zum Beispiel fünf Zentimeter Kompost mit einer guten Menge eines organischen Düngers auf Stickstoffbasis auf die Beete auf und arbeiteten ihn ein. Diese Beete waren bereits Wochen später in Produktion, und sie produzieren über die Jahre hinweg weiter.

Anhaltende Fruchtbarkeit

Auf all meinen städtischen Parzellen verteile ich jedes Frühjahr mindestens fünf Zentimeter Kompost auf jedes Beet, und manchmal mache ich das auch in der Mitte der Saison, wenn ich der Meinung bin, dass dies notwendig ist. Ich verteile auch getrocknete Mehle und/oder flüssigen Komposttee und Seetang. Kompost wäre jedes Mal meine bevorzugte Methode, aber ich bin etwas eingeschränkt, weil ich mich auf einem Hof mit mehreren Parzellen befinde und der Transport viel zu zeitaufwendig ist.

Ich habe jedoch mit meinen kompakten und leichten Systemen viel Erfolg gehabt. Komposttee, flüssiger Seetang und getrocknete Düngemittel, wie Blutmehl oder getrockneter Mist, scheinen die organische Aktivität gut aufrechtzuerhalten. Mit einem Wenigerwerden der Bodenbearbeitung während der heißen Sommermonate sind meine Böden mit Wanzen, Würmern und allgemeiner biologischer Aktivität lebendig geblieben.

Anwendung zwischen den Kulturen

Zwischen den Fruchtfolgen meiner Hi-Rotation-Beete verwende ich Kompaktdünger zwischen den einzelnen Kulturen. Ich verwende die Menge zweier kleiner Kaffeedosen mit einem organischen Breitbanddünger, der eine Mischung aus einem ganzen Bündel von Zutaten für ein 7.62m-Beet ist. Es gibt hier keine Formel, die für jeden Hof und jeden Boden anwendbar ist. Ich verwende diesen Breitbanddünger, und er hat bei mir funktioniert Dein landwirtschaftlicher Boden erfordert jedoch vielleicht etwas ganz anderes. Du musst immer sicher sein, dass deine Pflanzen während der gesamten Saison gesund aussehen, und die Durchführung einiger Fruchtbarkeitstests in der Mitte und am Ende der Saison wird dir helfen zu erkennen, ob du auf dem richtigen Weg bist. An einigen der neuen Standorte, die zu Beginn einen wirklich schlechten Boden hatten, werde ich in der Mitte der Saison eine zweite Kompostanwendung durchführen, um die Fruchtbarkeit und die Bodenzusammensetzung auf Kurs zu halten. Aber in den meisten Fällen bringe ich meine Kompaktdünger zwischen den einzelnen Kulturen die ganze Saison über aus. Die Arten von Kompaktdüngern, die ich verwendet habe, sind Knochenmehl, Luzernemehl, Blutmehl, getrockneter Dünger oder eine Mischung aus einigen oder allen der oben genannten Düngemittel. Vor Kurzem habe ich mich für die Verwendung eines getrockneten organischen Truthahnmistes entschieden, der eine 8/2/4 NPK-Bewertung hat. Dieser Dünger hat in meinen Hi-Rotation-Gebieten zwischen den Erntefolgen gut funktioniert. Denke daran, dass die Hi-Rotation-Kulturen in der Regel Schwachzehrer sind, was bedeutet, dass sie nicht sehr viel Nährstoffe aus dem Boden ziehen. Radieschen, Kopfsalat und Spinat sind Schwachzehrer. Kulturen wie Tomaten gelten als Starkzehrer.

19

Landverträge und Pachten

Für städtische Landwirte, die in Vor- und Hinterhöfen anbauen, ist der Schlüssel zu einer schnellen und billigen Neugründung die Vermeidung des Landkaufs. Um Land zu pachten oder zu mieten, musst du verstehen, wie Landpachtverträge funktionieren. Ich bin kein Rechtsexperte; was ich dir hier mitteile, basiert ausschließlich auf meinen eigenen Erfahrungen. Wenn du dich mit der tatsächlichen Rechtmäßigkeit von Verträgen befasst, musst du deinen eigenen Rechtsbeistand finden, um definitive Antworten zu bekommen.

Für den größten Teil des Landes, das ich bewirtschafte, verwende ich ein Standard-Memorandum of Understanding (MOU). Dies muss kein rechtsverbindlicher Vertrag sein, obwohl es ein solcher sein kann. Das Formular, das ich verwende, umreißt alles bezüglich der Bedürfnisse und Verantwortlichkeiten jeder Partei, sodass es keine Grauzonen gibt. Bei allen meinen Gartenparzellen zahle ich die Kosten für die Nutzung des Landes mit wöchentlich frischen Produkten, die an den Landbesitzer geliefert oder von ihm abgeholt werden. Jeder Landbesitzer erhält für die Saison, für jede Woche, in der ich auf seinem Land anbaue, einen festen Betrag (zwischen $20 und $30 pro Woche [Verkaufswert]) in Produkten. Für Standorte, an denen ich die Saison verlängern kann, erhält der Landbesitzer entsprechend mehr Gemüse.

Aushandeln von Bedingungen und Basisvereinbarungen

Wenn du an dem Punkt angelangt bist, an dem du mit einem Stück Land vorankommen willst, musst du dich mit dem neuen Landbesitzer treffen, um alle Dinge zu besprechen, die du von ihm benötigen wirst, sowie alle Dinge, die du ihm zur Verfügung stellen wirst. Während der Verhandlungen musst du dich mit deinem Landbesitzer über jeden Punkt in deinem Pachtvertrag, Memorandum oder Mietvertrag einig sein. Du lässt dir alles unterschreiben, damit beide Parteien absolute Klarheit haben und es keine Grauzonen in der Verständigung gibt.

Absichtserklärungen (Memorandums of Understanding, MOUs)[20]

Bei den meisten meiner Landbesitzer verwende ich eine Standardvereinbarung. Das sind Absichtserklärungen für Grundstücke, die für meinen Betrieb nicht absolut kritisch sind – zum Beispiel wichtige Infrastruktur wie Gewächshäuser oder die Ausrüstung meiner Operationsbasis. Diese Vereinbarung ist nicht rechtsverbindlich, aber sie könnte es sein, wenn beide Parteien es wünschen.

Ich bitte alle Landbesitzer um eine mindestens dreijährige Verpflichtung wegen der Arbeit, die mit der Vorbereitung und Instandhaltung eines Geländes verbunden ist. Wenn sie jedoch nach einer Saison aussteigen müssen, ist das in Ordnung. Manchmal kann sich in ihrem Leben etwas verändert haben, das sie nicht vorhergesehen haben, und sie möchten, dass du gehst. In diesen Fällen bitte ich immer darum, dass ich die Saison beenden kann, sodass ihre Entscheidung für mich keine großen Kosten verursacht.

Pachtverträge[21]

Für all meine langfristigen Grundstücke verwende ich einen Pachtvertrag. Wenn ich Gewächshäuser besitze oder das Gelände als Betriebsstätte nutze, möchte ich einen rechtsverbindlichen Pachtvertrag abschließen. Manchmal zahle ich für diese Grundstücke eine jährliche Gebühr für die Nutzung des Geländes und betreibe keinen Handel mit Gemüse. Im Falle eines meiner Grundstücke habe ich in der Vergangenheit die jährliche Steuer für das Gelände bezahlt, die etwa $2.000 pro Jahr betrug. Das ist zwar nicht billig, wenn es um landwirtschaftlich genutzte Flächen geht, aber wenn ein Hi-Rotation-Grundstück in einer Saison $30.000 auf 279 m^2 erzeugen kann, wird die Zahlung der Grundsteuer immer noch wirtschaftlich sein.

Vermietungen

Vielleicht triffst du jemanden, der ein paar Mietwohnungen besitzt und dem die Idee gefallen könnte, dass jemand wie du diese verwaltet, anstatt jemanden für Gartenpflege zu bezahlen. In diesen Fällen könntest du auf

20 Siehe Downloadbereich im Impressum

21 Den von mir verwendeten Pachtvertrag über fünf Jahre findest du im Downloadbereich - siehe Impressum.

monatlicher Basis abrechnen, oder wie auch immer du es arrangieren möchtest. In diesen Fällen wäre ein Basisbetrag von $50 pro 186 m^2 pro Monat angemessen. Das sind $600 pro Jahr, was sehr vernünftig ist. Wenn du dieser Person Zeit und Geld bei der Gartenpflege einsparst, dann bringst du auch einen Wert in die Vereinbarung mit ein. Wenn die Person bereit wäre, Gemüse anstelle des gesamten oder eines Teils des Geldes zu nehmen (was für dich idealer ist), dann könntest du das in die Gleichung einfließen lassen. Ich entscheide mich, sooft ich kann dafür, mit Produkten zu handeln.

20

Städtische Schädlinge

Ein städtischer Landwirt muss mit vielen Arten von Schädlingen zurechtkommen. Nach meiner Erfahrung sind traditionelle landwirtschaftliche Insekten am wenigsten problematisch, weil ich vor ihnen weglaufen kann, indem ich bestimmte Kulturen von Parzelle zu Parzelle rotieren lasse. Nach meiner Erfahrung bereiten Säugetiere die meisten Probleme. Die beste Strategie für Schädlinge ist, den Weg des geringsten Widerstands zu gehen. Stelle zunächst fest, wo das Problem liegt: Greift der Schädling eine bestimmte Kulturpflanze an? Handelt es sich um ein Problem während einer bestimmten Jahreszeit? Wenn ja, gibt es vielleicht eine passive Lösung. Anstatt den Schädling zu bekämpfen, kann diese Kulturpflanze vielleicht an einen anderen Standort gebracht werden, oder sie sollte in dieser Jahreszeit nicht angepflanzt werden.

Vögel und Säugetiere

Gutes Einzäunen sollte deine erste Verteidigungslinie im Umgang mit Säugetieren, wie *Hirschen, Hunden* und *Menschen* sein. Wenn dein Landbesitzer einen anständigen Zaun hat, sollten diese Viecher kein allzu großes Problem darstellen. *Katzen, Murmeltiere* und *Waschbären* hingegen können über oder unter jeden Zaun gelangen. Ich habe im Laufe der Jahre mit vielen Situationen zu tun gehabt, und ich habe verschiedene Techniken ausprobiert, um damit umzugehen (wie Fangen und Freilassen). Der beste und einfachste Weg, *Katzen* von deinem Boden fernzuhalten, ist, ihn feucht zu halten. Wenn du einige neue Beete vorbereitest und nicht vorhast, sie für ein paar Tage oder ein paar Wochen zu bepflanzen, gieße sie sofort und decke sie dann sogar ggf. mit Planen ab. Das kannst du ohnehin als eine frühe Saatbeettechnik machen – es wird Katzen fernhalten. Der Schlüssel liegt darin, die Erde nach dem Pflanzen feucht zu halten. Sobald eine Kulturpflanze etabliert ist, werden Katzen normalerweise nicht mehr herumgraben. Deine Lieblingserde ist aufgelockert und trocken. Bei *Waschbären* scheint Einfangen das Einzige zu sein, was funktioniert. Am besten wendest du dich in solchen Situationen an die örtliche Schädlingsbekämpfung, deine Stadt, deinen Regionalbezirk oder an einen Schädlingsspezialisten.

Finde zuerst heraus, was die Tiere vor Ort fressen oder vernichten, und gehe dann von dort aus weiter. Die einzigen Vögel, die für mich ein Problem darstellten, sind Wachteln. Die beste Methode, die ich gefunden habe, um mit ihnen umzugehen, ist die Verwendung von schwimmendem Reihenabdeckgewebe über neu gepflanzten Kulturen. Vögel pflücken gerne die Spitzen von frisch gekeimtem Gemüse. Wenn man sie also bedeckt halten kann, bis sich die Kultur besser entwickelt hat, stellen sie kein so großes Problem dar. Aber auch hier gilt wieder das Gleiche: Finde heraus, was ihnen am besten gefällt, und versuche, es woanders anzupflanzen, wenn du kannst. Bei *Ratten, Mäusen* und *Wühlmäusen* funktionieren Köder und Fallen am besten; finde zuerst heraus, woher sie kommen, und konzentriere dich dann mit einer aggressiveren Strategie auf diesen Bereich. Ich hatte einmal eine Gruppe von Ratten, die in meinem Komposthaufen lebte. Ich hatte noch nie Probleme mit Ratten gehabt, geschweige denn je eine gesehen. Aber ich bemerkte, dass die Ratten alle Rübenbeete abfraßen, die sich in der Nähe des Komposthaufens befanden. Ich hörte sofort auf, an diesem Standort Rüben zu pflanzen. Dadurch mussten sie sich weiter von ihrem Nest entfernen, um nach Nahrung zu suchen, und die einheimischen Katzen bemerkten dies. Ich stellte auch Fallen auf. Bald darauf hatte ich kaum noch Rattenprobleme, weil die Katzen sich für mich um sie kümmerten. Der Grundgedanke dabei ist, dass der Schädling, wenn er für seine Nahrung weiter weg laufen muss, anfällig für andere Raubtiere in der Gegend werden kann – dies ist ein systemorientierter Ansatz.

Der Top-Schädling für den städtischen Landwirt sind andere *Menschen*. Manchmal plündern Menschen deinen Garten und pflücken hier und da etwas Gemüse. Meiner Erfahrung nach war das noch nie ein allzu großes Problem. Wenn jemand hineingeht und Karotten pflückt, Grünzeug schneidet oder Grünkohl pflückt, merke ich das meist gar nicht. Genau wie beim Umgang mit Hunden sind gute Zäune das beste Mittel, um plündernde Menschen abzuschrecken. Auch das ist ein Thema für die Nachbarschaft. Vielleicht fällt dir auf, dass einige Gebiete in deiner Stadt anfälliger für Schädlingsprobleme sind als andere. Als Erstes solltest du den Schaden abschätzen, sehen, wie oft er auftritt, und dann von dort aus entscheiden, welche Schritte unternommen werden können, um das Problem am besten in den Griff zu bekommen.

Die Einrichtung einer versteckten Kamera kann eine gute Möglichkeit sein, um herauszufinden, was oder wer das Problem ist. Diese Kameras werden von Jägern benutzt und kosten etwa $80. Du kannst sie irgendwo in einem Baum oder in der Nähe des Daches des Hauses verstecken. Die Kamera macht alle 10 Sekunden ein Bild, oder auf wie oft du sie auch immer einstellst. Ich habe festgestellt, dass diese Kameras sehr nützlich sind, um jede Art von Säugetierschädlingen auszuforschen, seien es Katzen, Hunde, Waschbären oder Menschen.

Eine passive Technik wäre es, auf dieser Parzelle keine leicht zu erntenden Pflanzen (wie Tomaten, Paprika oder Wurzeln) anzubauen. Ich habe noch nie jemanden gesehen oder bemerkt, der in meine Parzellen kommt, auf Hände und Knie geht und mit einem Messer Grünzeug erntet. Wenn du also glaubst, dass es auf deinem stark frequentierten Flächen zu Diebstahl kommen könnte, baue vielleicht die Feldfrüchte an, bei denen die Wahrscheinlichkeit eines Diebstahls am geringsten ist.

Insekten

Insekten werden immer ein Problem für Landwirte sein, und es gibt wirklich keine Möglichkeit, sie zu vermeiden. Gehe proaktiv vor, indem du Reihenabdeckungen verwendest, oder vermeide es, diese Kultur während des Trächtigkeitszyklus‘ des Insekts anzupflanzen. Zum Beispiel ist die Kohlwurzelmadenart für meine Radieschen und Rüben im späteren Frühjahr immer ein Problem. Da ich diese Kulturen die ganze Saison über pflanzen muss, verwende ich 80-Gramm-Insektennetze, um während dieser Zeit alle diese Kulturen abzudecken. Das Netz funktioniert in der Hitze des Sommers nicht so gut, weil es unter der Abdeckung zu heiß ist und die Hitze die Radieschen und Rüben schießen lässt. Zum Glück für mich sind diese Schädlinge im Sommer kein größeres Problem.

Ein weiteres Beispiel sind Blattläuse auf meinem Grünkohl. Blattläuse werden im Sommer zu einem Problem, sind aber zu keiner anderen Jahreszeit ein Thema. Ich habe versucht, meinen Grünkohl mit Netzen zu schützen, aber ich stellte fest, dass die Blattläuse immer noch ihren Weg zum Kohl finden. Deshalb ist mein Ansatz hier, von Ende Juli bis August keinen Grünkohl anzubauen. Ende Juli ziehe ich alles heraus; dann beginne ich in der dritten Juliwoche mit einer neuen Kultur für den Herbst und pflanze ihn dann um die erste oder zweite Augustwoche auf eine andere Parzelle um. Ich vermeide das Problem hier ganz und gar und mache mir nicht die Mühe, es zu bekämpfen.

Defensive Standortrotation

Einer der besten Aspekte eines städtischen Landwirtes mit mehreren Standorten ist, dass man vor vielen Problemen davonlaufen kann, indem man eine problematische Kultur auf einer anderen Parzelle anpflanzt. Im Laufe der Jahre konnte ich durch diese Technik meistens vermeiden, dass Schädlinge an all meinen Standorten zu einem systemischen Problem werden. Jedes Jahr, wenn ich zum Beispiel an einem Standort früh Pak Choi pflanze, merke ich, wenn die Pflanze fast reif ist, dass sie von Flohkäfern befallen wird. Aus diesem Grund pflanze ich jeweils nur eine kleine Menge an einem Standort, und wenn ich die Ernte einbringe, beginne ich mit der Auspflanzung an einem anderen. Da ich diesem Schädling die Hauptnahrungsquelle entziehe, hat er keine Möglichkeit, sich auszubreiten. Von hier aus pflanze ich einfach weiter Pflanzen an, an denen der Flohkäfer nicht interessiert ist. Das funktioniert sehr gut für alle Kulturen, die sich in Hi-Rotation befinden. Da sie kurze Wachstumszyklen haben, ist die Vorlaufzeit, um auf dieses Problem zu reagieren, relativ kurz. Die Standortrotation ist meine Hauptstrategie zur Bekämpfung aller Schädlinge. Zuerst muss die Pflanze vom Standort entfernt werden, und dann muss eine proaktive Technik entwickelt werden, um sie wieder zu vermeiden, sodass sie sich nie von Anfang an etablieren. Wegen all der physischen Hindernisse, die es in einer Stadt gibt (wie Gebäude, Straßen, Zäune, Sträucher), haben es Schädlinge schwerer, den Kulturen in der Umgebung zu folgen. Wenn du auf einem Einzelparzellenhof an einem Ende des Feldes Blattläuse hast, finden diese auch am anderen Ende des Feldes die Nahrung, die sie mögen. So einfach ist es wirklich und deshalb kann es eine großartige Sache sein, auf mehreren Parzellen anzubauen.

TEIL 5

DEINEN BETRIEB AUFBAUEN, EINEN STANDORT NACH DEM ANDEREN

Es gibt eine Reihe von Elementen, die bei der Entwicklung deines Betriebs eine Rolle spielen. Unabhängig davon, ob du dich für die Bewirtschaftung eines einzelnen Geländes oder für die Bewirtschaftung mehrerer Grundstücke entscheidest, ein Großteil der Kerninfrastruktur wird dieselbe sein. Aber wie immer du dich entscheidest, wo du deine Kerninfrastruktur errichtest, es wird besonders wichtig sein, wenn du mehrere Standorte hast.

21

Einen Rasen in eine Parzelle umwandeln

Es gibt eine Vielzahl von Techniken, die dir zur Verfügung stehen, um einen Standort in Produktion zu bringen. Vergewissere dich zunächst, dass du die in Kapitel 15 umrissene Checkliste für logistische Grundstücke durchgearbeitet und verstanden hast, um zu entscheiden, ob der von dir ins Auge gefasste Standort für deinen Betrieb geeignet ist. Es sind eine Reihe von Faktoren zu berücksichtigen, bevor du anfangen kannst, Land in einen landwirtschaftlichen Betrieb zu entwickeln, und diese Faktoren bestimmen die mögliche Vorgehensweise.

Erstens, welche Jahreszeit ist es? Bereitest du diese Parzelle während eines Sommers zur Bewirtschaftung im folgenden Frühjahr vor, oder zu Beginn des Frühlings, um sofort loszulegen? Ist dies eine nasse Jahreszeit oder ist es trocken? Während des Frühlings oder einer nassen Jahreszeit kann die Bodenbearbeitung, wenn der Boden schlammig ist, ein Chaos sein und auch deinen Boden beschädigen. Wenn es eine heiße und trockene Jahreszeit ist, dann benötigst du einen anderen Ansatz, um den Schaden am Boden zu mindern.

Zweitens, was wächst jetzt gerade auf diesem Boden? Ist es ein Standardrasen, der hier wächst, oder ist es eine Parzelle mit invasivem Gras auf einem Stück Land, das nicht gepflegt wurde? Diese beiden Bedingungen sind auch Gegensätze, die bestimmen, welchen Ansatz du verfolgst. Mit heimischem Gras hast du viel weniger Arbeit, wo hingegen bei invasivem Gras viel mehr Einsatz benötigt wird. Lasse dich nicht durch invasive Gräser entmutigen; die meisten meiner Parzellen waren am Anfang damit bedeckt.

Drittens: Ist der Boden wirklich stark verdichtet? Wenn du eine Gartengabel hineinsteckst, wie tief wird es gehen? Wenn der Boden wirklich hart ist, kannst du nicht einfach mit einem Rototiller hineingehen und alles zermahlen. Das ist sogar sehr gefährlich und könnte Verletzungen verursachen. Ich empfehle dringend, dass du den Boden nicht sofort mit dem Rototiller bearbeitest, wenn er stark verdichtet und trocken ist.

Für all diese Szenarien werde ich erklären, was meiner Erfahrung nach die wirksamsten Ansätze sind.

Beginn im Sommer oder Herbst

Die idealste Situation ist es, ein gutes Maß an Vorlaufzeit für die Vorbereitung deines Landes für die folgende Saison zu haben. In meiner Klimazone ist entweder Sommer oder früher Herbst am besten. Wenn es nicht dringend ist, den Boden schnell in Produktion zu bringen, gibt es einige passive Techniken, mit denen man die Umwandlung in einen landwirtschaftlichen Betrieb erleichtern kann. Man kann auch einen Großteil der Arbeit von der Zeit erledigen lassen.

In vielen nordamerikanischen Klimazonen wird es während der Sommermonate ziemlich heiß und trocken. Wenn das in deinem Bereich auch der Fall sein sollte, ist die Verwendung von Planen zum Ersticken des Grases ein sehr einfacher und effektiver Weg, um ohne weitere Arbeit ans Ziel zu kommen. Halte nach einigen großen, qualitativ hochwertigen, schwarzen Planen Ausschau. Die, die ich verwendet habe, sind dick und schwarz, sind etwa 12 x 18 m^2 groß und kosten etwa $200 pro Stück. Ich habe mindestens fünf davon auf meinem Hof, da ich sie auch für eine frühzeitige Unkrautbekämpfungstechnik verwende, die ich in Teil 7 erklären werde. Bevor du die Planen ausbreitest, wirst du als Erstes sicherstellen wollen, dass der Boden feucht und nicht trocken ist. Sobald der Boden schön nass ist, decke ihn komplett mit den Planen ab. Möglicherweise musst du ihn ein paar Abende bewässern und die Flächen mit Planen abdecken, damit das Wasser im Laufe des Tages nicht verdunstet. Um sicherzustellen, dass die Ränder der Planen nicht wegfliegen, solltest du einige Gewichte entlang aller Ränder aufbringen. Das soll auch dabei helfen, das Gras darunter zu ersticken. Ich empfehle, die Planen den ganzen Winter über zu belassen. Sobald es warm genug ist, dass kein Schnee auf dem Boden liegt und kein Dauerregen fällt, kannst du die Planen entfernen und sehen, ob etwas überlebt hat. Höchstwahrscheinlich wird alles braun sein. An diesem Punkt musst du dir keine Gedanken mehr über den Einsatz eines Rollrasenschneiders zum Entfernen des Grases machen. Du kannst sofort loslegen, den Boden zu bebauen.

Wenn du im Sommer oder Frühherbst beginnst und der Boden hart und trocken ist, finde zuerst heraus, warum der Boden so hart ist. Grabe dazu an verschiedenen Stellen herum, um zu sehen, was sich dort unten befindet. Wenn der Boden wirklich felsig ist (es gibt überall viele große Felsen), solltest du die Nutzung des Grundstücks noch einmal überdenken. Ich habe einige Parzellen mit vielen großen Steinen umgekrempelt, aber es funktionierte nicht überall. Es liegt an dir, die Entscheidung zu treffen, ob die Entfernung der Steine die Mühe wert ist.

Wenn der Boden im Grunde genommen hart gepackte Erde ist, weil er vielleicht in der Sonne festgebacken wurde – und wenn er schwere Mineralien enthält –, dann ist es möglich, diesen Boden zu nutzen. Er muss nur aufgelockert werden. Bei dieser Gelegenheit erinnere ich mich an eine Menge roter Böden, die ich in Südkalifornien oder Hawaii gesehen habe. Bei diesen trockenen, mineralischen Böden würde ich empfehlen, eine zeitbasierte Strategie unter Verwendung von Planen und viel Wasser anzuwenden, um den Boden aufzulockern. Starkes Wässern von Teilen der Parzelle (oder alle auf einmal, je nach Größe) im Verlauf einiger weniger Abende; Planen am frühen Morgen darüber decken, um die Verdunstung während des Tages zu verhindern. Diese Behandlung kann bis zu einer Woche dauern, je nachdem wie hart und trocken der Boden ist. Nach ein paar Tagen, in denen dies wiederholt gemacht wurde, solltest du in der Lage sein, einen Unterschied in der Weichheit des Bodens festzustellen. Hat es funktioniert, so kann man den Boden bestellen. Wenn man ihn nicht weich genug bekommen kann, geh manuell mit einer Breitgabel oder mit einem Untergrundlockerer für einen Traktor hinein. Ein Untergrundlockerer hat einen oder mehrere große Haken, die hinter einem Traktor hinterher gezogen werden; die Haken reichen tief in den Untergrund und brechen den Boden auf. Nachdem du dies getan hast, wird dein Grundstück hoffentlich für den Rototiller bereit sein.

Beginn im Frühling

Wenn du im späten Winter oder frühen Frühjahr beginnst, deinen Boden vorzubereiten und zum späten Frühjahr in Produktion gehen willst, musst du möglicherweise einen aggressiveren Ansatz wählen. In diesem Fall möchtest du das Gras so schnell wie möglich entfernen, damit du direkt mit dem Boden anfangen kannst. Beachte zunächst, dass du den Boden, wenn er zu nass oder noch gefroren ist, nicht wirst bearbeiten können, bis es etwas trockener und/oder aufgetaut ist. Und wenn der Boden wirklich trocken ist, möchtest du ihn vielleicht ein oder zwei Nächte durchnässen, bevor du mit dem Prozess beginnst.

Die Umwandlung eines Rasens in eine landwirtschaftliche Parzelle kann während des Frühlings in sieben Stufen erfolgen. Das könnte im Verlauf mehrerer Wochen getan werden, je nachdem, ob es viel invasives Gras gibt oder nicht.

Sieben Etappen bis zur schnellen Frühlingsproduktion

1. Das Gras entfernen
2. Rototillern
3. Forme die Beete aus
4. Ausheben von Schutt (Steine, Wurzeln und Rhizome)
5. Untergrund lockern
6. Änderungen hinzufügen
7. Beete für die Bepflanzung vorbereiten

Um zu beschreiben, wie lange jede Aufgabe dauern wird, gehen wir davon aus, dass wir über ein ca. 186 m^2 großes Gebiet reden.

1. Entfernen des Grases

Es ist egal, ob sich an dieser Stelle heimisches oder invasives Gras befindet, du kannst auf die gleiche Weise beginnen. Gehe zu einer örtlichen Maschinenvermietung und miete einen Grassodenschneider. Dieser könnte etwa 60$ pro Tag kosten, aber das ist es wert. Lasse die Maschine in gerade Linien über den Rasen gehen, so dass du den Rasen sozusagen abrollen kannst. Für eine Fläche von ca. 186 m^2 würde der Betrieb der Fräse eine Person ein paar Stunden beschäftigen. Dann den Rollrasen mit Hilfe aufrollen und abtransportieren, was auch noch einen halben Tag dauern könnte. Wenn es sehr wenig oder kein Gras gibt, dann kannst du zu Schritt 2 weitergehen und einfach mit dem Rototillern beginnen.

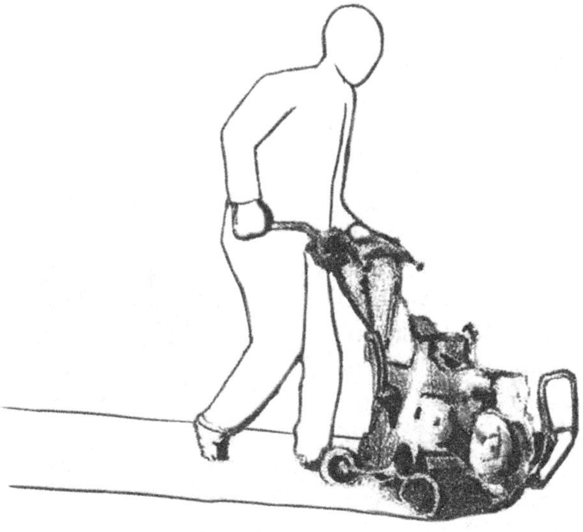

Abb. 12: Grassoden schneiden

2. Rototillern

Abb. 13: Die Grassode abziehen und aufrollen

Abb. 14: Das Gehen auf der Außenseite bebauter Wege formt die Beete aus, während deine Füße Abdrücke im Boden hinterlassen.

Sobald du die Grasnarbe entfernt hast, kannst du mit dem Rototillern des Bodens beginnen. Der erste Durchgang, den du mit der Bodenfräse machst, wird der schwierigste sein, aber jeder Durchgang wird leichter. Achte darauf, dass du mehrmals über den Boden gehst, um alles schön aufzulockern. Es kann etwa eine Stunde dauern, um eine Fläche von ca. 186 m^2 zum ersten Mal zu bearbeiten. Normalerweise mache ich mindestens drei Durchgänge über das gesamte Gebiet. Du willst, dass der Boden wirklich zermahlen aussieht. Wenn du immer noch große Erdklumpen siehst, musst du mehr Durchgänge machen. Bei größeren Parzellen von 1000 m^2 oder mehr solltest du einen Traktor für die erste Bodenbearbeitung in Betracht ziehen. Wenn der Boden uneben ist, musst du möglicherweise einen Landschaftsgärtner nehmen, um einige unebene Stellen auszugleichen. Stelle sicher, dass du dies vor dem nächsten Schritt tust.

3. Die Beete ausformen

Nachdem der Boden gut bestellt ist, kannst du damit beginnen, deine Beete auszuformen. Um vollkommen gerade Beete anzulegen, musst du eventuell Schnüre als Hilfslinien verwenden. In städtischen Gebieten gibt es oft etwas, dem man folgen kann, wie einen Zaun, eine Hausmauer oder einen Bürgersteig. Um Beete anzulegen, gehe neben deiner Harke, damit du nicht auf den gepflügten Boden trittst. Bei den Marken BCS und Grillo kannst du hinter den Traktoren gehen und den Lenker verstellen, um dies zu erleichtern. Die Breite der Beete, die du anlegst, sollte der Breite deiner Deichsel entsprechen. Wenn du keine Deichsel verwendest, musst du deine Beete mit einer Harke formen, die zwischen 60 und 76 cm breit ist. Ich empfehle die Verwendung einer 76-cm-Pinne und die Verwendung von 76-cm-Beeten; sie sind die Standardgröße für kleine, intensive Bauernhöfe. Die Breitseite des Beetes liegt oberhalb von dir. Ich setze meine irgendwo zwischen 15 und 45cm fest, basierend auf der Größe des Standortes und was ich dort anbauen werde.

Die Ausformung von Beeten kann innerhalb von ein paar Stunden passieren, wenn du den Dreh raus hast, die Pinne in geraden Linien zu führen. Nun, da die Beete geformt wurden, wird sich unsere gesamte Arbeit auf den Beeten abspielen. Mache dir an dieser Stelle keine Sorgen wegen der Wege. Diese können mit einer Steigbügelhacke sehr schnell bearbeitet werden.

Abb. 15: Achte auf die Stellung der Daumen nach oben und den Winkel der Harke, so dass der Schutt in eine Reihe zu deinen Füßen hin geharkt wird.

4. Ausharken – Felsen, Wurzeln und Wurzelstöcke

Je nachdem, wie viele Trümmer sich in deiner Erde befinden, wenn du deine Beete anlegst, kann es hier eine gute Idee sein, sie ein paar Tage ruhen zu lassen. Nach etwas Regen und wenn der Boden sich ein wenig beruhigt hat, wird tatsächlich einiges davon an die Oberfläche kommen. Nachdem dies geschehen ist, ist es viel einfacher, die Dinge auszugraben. Wenn der Boden noch viel invasives Gras enthält, wird dieser Prozess wahrscheinlich mehrfach durchgeführt werden müssen. Ich habe in der Vergangenheit auch festgestellt, dass es bei invasivem Gras manchmal hilft, die Beete nochmals mit dem Rototiller zu bearbeiten und dann ein paar Tage ruhen zu lassen. Dann auf den Anfang zurückgehen und die Rhizome wieder ausharken. Wenn es wirklich schlimm ist, kann diese Phase Wochen dauern. Der beste Weg, invasives Gras auszuharken, ist, deine Harke in einem Winkel auf dich zuzubewegen und den Fußweg rückwärts entlang zu gehen, und dabei die Rhizome entlang des Randes des Beets in eine Reihe zu harken. Dann hebe sie auf. Der Schlüssel ist, die Rhizome immer wieder herauszunehmen und sie von den Beeten zu entfernen. Lege sie nicht auf deinen Komposthaufen!

Abb. 16: Verwende eine Grabegabel zur Lockerung des Unterbodens

Wenn es in der Nähe Bäume gibt und du viele Wurzeln entdeckst, musst du sie vielleicht mit einer Schaufel oder einer Mistgabel herausziehen. Es hat Zeiten gegeben, in denen ich eine kleine Axt benutzen musste, um größere Wurzeln aus dem Boden herauszuholen. Auch kleine Steine kommen, genau wie Rhizome, mit der Zeit an die Oberfläche, und das macht es einfacher, sie auszuharken – oder die großen auszugraben.

5. Untergrund lockern

Nun, da deine Beete angelegt und ausgelesen wurden, musst du den Untergrund lockern. Die meisten Standorte, die zuvor Rasenflächen waren, werden ein gewisses Maß an Unterbodenverdichtung aufweisen, vor allem nach dem Rotofräsen. Für diese Arbeit kannst du eine starke Mistgabel oder Breitgabel verwenden. Du wirst sie so tief wie möglich ins Beet treiben müssen, dann ziehst du sie vorsichtig zurück. Nicht zu hart drehen, sonst bricht die Gabel ab. Mach dies über die Länge des Beetes mit ca. 30cm Abstand und dann gehe zum nächsten Beet. Dies kann ziemlich zeitaufwendig sein, und du solltest etwa einen halben Tag für diese Aufgabe vorsehen.

6. Zusatzstoffe hinzufügen

Deine Beete werden viel unordentlicher aussehen, nachdem du sie gelockert hast, aber das ist in Ordnung. An diesem Punkt bringe ich viel guten Fertigkompost und organische Düngemittel auf. Es gibt hier kein bestimmtes Rezept, außer dass meine wichtigste Bodenverbesserung Kompost ist. Je schlechter der Boden ist, desto mehr Kompost füge ich hinzu. Ich verwende keinen Mist in einer städtischen Umgebung. Dessen Gerüche könnten Nachbarn belästigen. Außerdem kann er, wenn die Qualität nicht perfekt ist, manchmal mehr Probleme schaffen, als er es wert ist. Unkrautsamen oder einige Schädlinge, wie ein Drahtwurm, können den Verdauungstrakt vieler Wiederkäuer überleben. Ich kaufe Kompost bei einem lokalen Unternehmen, das ihn auch selbst herstellt, und wo die Bodenqualität schlecht ist, schütte ich eine 5cm-Schicht auf jedes Beet – nur auf die Beete, nicht auf die Gehwege oder Grenzen.

Abb. 17: Mit Hilfe von 36-Liter-Eimern, die mit Kompost gefüllt sind, fügen wir jedem 7,6m-Beet zwei Eimer hinzu.

7. Beete für die Bepflanzung vorbereiten

An diesem Punkt könntest du entweder wieder fräsen oder verwende ein Werkzeug wie den *Tilther,* um deine Zusätze einzuarbeiten. Ein Durchgang mit einer Fräse oder einem Tilther über jedes Beet ist alles, was du an dieser Stelle benötigst.

Jederzeit mit großen Parzellen beginnen

Wenn du ein Gebiet vorbereitest, das 1.000 m^2 oder größer ist, solltest du vielleicht in Erwägung ziehen, schwerere Maschinen einzusetzen, um den Prozess zu beschleunigen. Die Bearbeitung eines großen Stückes Rohlandes mit einem Fußmarsch hinter einem Handtraktor kann sehr anstrengend sein und mehr Zeit als nötig in Anspruch nehmen. Wenn du also viel freien Zugang zu Land hast, solltest du in Erwägung ziehen, jemanden mit einem Traktor für einen Nachmittag zu engagieren, um die ersten drei Schritte zu erledigen. Bei 1.000 m^2 oder mehr könnten die Etappen wie folgt ablaufen:

1. Entferne das Gras mit einem Frontend-Lader oder Traktor
2. Untergrund mit einem Traktor lockern
3. Fräsen mit einem Traktor
4. Forme die Beete, indem du hinter dem Traktor her gehst
5. Ausheben von Schutt – Steine, Wurzeln und Rhizome
6. Zusätze hinzufügen
7. Beete zur Pflanzvorbereitung wieder fräsen

Wenn du eine Parzelle dieser Größe vorbereitest, sind die meisten dieser Phasen die gleichen wie für kleine Parzellen. Für Stufe 1 – wenn du passenden Zugang hast – könntest du einen Vorderlader oder Traktor verwenden, um das Gras zu entfernen. Verwende die Schaufel zum Abschaben der oberen Zentimeter. Du könntest auch einen Traktor mit einer Unterbodenfräse zum Lockern des Unterbodens verwenden. Wenn das Grundstück in einem stadtnahen Gebiet liegt und es andere Landwirte in der Nähe gibt, schaue, ob du jemanden bezahlen kannst, der die erste Bodenbearbeitung übernimmt. Ein großer Traktor kann dies viel schneller erledigen als ein Gang hinter dem Handtraktor.

22

Einen Standort auswählen

Dein erster Standort

Die erste landwirtschaftliche Parzelle, die du entwickelst, ist wichtig, aber verbringe nicht zu viel Zeit damit, den perfektesten Ort zu finden. Die Hauptidee ist es, einen Ort zu finden, an dem du etwas Produktion in Gang bringen kannst, um Erfahrung und Einkommen sammeln und soziale Gerechtigkeit in deiner Nachbarschaft oder Stadt aufzubauen. Das Schöne daran ist, dass du, wenn du erst einmal angefangen hast, mehr Land finden wirst. Denn die Leute werden sehen, was du tust, sie werden Fragen stellen, und dann hast du sie eingebunden. Das ist es, was du willst.

Der erste Schritt ist immer der schwerste, aber wenn man einmal in Bewegung ist, wird es mit jedem Schritt leichter. Dein erster Standort könnte entweder ein kleines Stück Land sein, das zu bewirtschaften ist – oder es könnte deine Operationsbasis sein – oder idealerweise beides. Im Laufe der Jahre bin ich mit dem Fahrrad durch 20 Stück Land gefahren und habe meine Heimatbasis dreimal verlegt. Das klingt schwierig, ich weiß, aber mit der Zeit hat es zu dauerhafteren und langfristigeren Pachtverträgen geführt, die ich vielleicht nie gefunden hätte, wenn ich nicht schnell angefangen und mir in meiner Stadt einen Namen gemacht hätte.

Wenn du einen Heimatstandort suchst (einen Ort, an dem du Werkzeuge lagern, die Infrastruktur erhalten und von dem aus du arbeiten kannst), dann willst du ihn in einem Gebiet haben, in dem es andere Grundstücke in der Nähe gibt. Zunächst einmal könnte deine Heimatbasis die Garage deines Nachbarn oder deines Onkels sein, auch wenn es kein Land vor Ort gibt, das du bewirtschaften könntest. Dort könntest du deine Kühlbox, Werkzeuge und andere Verarbeitungsinfrastruktur lagern. Wenn du einen solchen potenziellen Ort entdeckt hast, wäre es ideal, ein weiteres Stück Land zum Bewirtschaften in der Nähe zu finden sowie weitere mögliche größere Grundstücke in der Nähe. Der beste Ort, um mit der Suche anzufangen, ist zum Beispiel eine Kartierungssoftware. Suche nach einem Stadtviertel, in dem du dich gerne aufhalten würdest, schaue dir die Annehmlichkeiten in der Nähe an, den Bauernmarkt, potenzielle Restaurants und, was am wichtigsten ist, suche nach Häusern mit großen Rasenflächen. Wenn du einen Ort findest, der in einer solchen Nachbarschaft gut sichtbar ist, ist es garantiert so, dass die Leute aus der Nachbarschaft auf dich zukommen werden, sobald sie dich dort draußen arbeiten sehen.

Ein perfektes Szenario wäre ein Stück Land, das Platz zum Anbauen hätte (vielleicht ca. 186 m^2 oder mehr), sowie einen Ort, an dem du deine Heimatbasis-Infrastruktur aufbauen kannst. Das Wichtigste ist jedoch, mit der Produktion zu beginnen. Das wird dann zu vielen weiteren Möglichkeiten führen.

Satellitenhöfe

Sobald du deinen ersten Standort gefunden hast, wirst du auf weitere Grundstücke expandieren wollen. Der Schlüssel dazu könnte darin bestehen, ein wenig zu warten: Sobald du auf deinem ersten Standort etwas Produktion in Gang gebracht hast, lasse andere Landbesitzer zu dir kommen. Um diesen Prozess zu beschleunigen, empfehle ich dir, auf deinem ersten Grundstück, auch wenn es sich noch in der Entwicklung befindet, ein Schild aufzustellen, auf dem steht, was es ist und wie die Leute Kontakt aufnehmen können.

Im Laufe der Jahre sind meine Satellitengrundstücke immer näher an meinen inneren Kreis gerückt. Ich führe das darauf zurück, dass ich meine Arbeit bekannt gemacht habe. Inzwischen bin ich mit vielen Menschen in meiner Stadt verbunden. In meinen ersten Jahren hatte ich Parzellen überall in der Stadt verstreut; einige waren fünf Meilen oder mehr entfernt. Aber mit der Zeit bekam ich immer mehr Angebote für Land, das immer näher an meinem Wunschort lag. Ich ließ viele Grundstücke zurück, und in den meisten dieser Fälle wurden die Landbesitzer danach begeisterte Gärtner und waren froh, das Land zurückzuhaben. Auf anderen Grundstücken säte ich für die Landbesitzer aufgrund ihrer Anfragen Gras ein. Das passierte jedoch nur ein paar Male.

Wo sich die einzelnen Satellitenflächen in Beziehung zu deiner Heimatbasis befinden, bestimmt, welche Arten von Feldfrüchten dort wachsen. Für die am weitesten entfernten Parzellen im Netzwerk wirst du dich auf die Bi-Rotation (BR) konzentrieren wollen, aber nicht einfach irgendein BR: nur Kulturen, die für die Versorgung nicht viel brauchen. Tomaten und Sommerkürbis werden zum Beispiel als BR betrachtet. Jedoch brauchen Tomaten ständigen Rückschnitt, und Sommerkürbisse müssen während des Sommers mindestens jeden zweiten Tag gepflückt werden, um sie in einer kleinen Größe zu bekommen, was sie wertvoller macht. BR-Kulturen, die viel Versorgung brauchen, müssen noch in deinen inneren Bereich. Feldfrüchte wie Grünkohl, Karotten, Rüben, Frühlingszwiebeln, Mangold, Paprika und Auberginen sind die BR-Kulturen, die in deinem Netzwerk weiter entfernt sein können. Sobald solche Pflanzen etabliert sind, können sie einmal pro Woche geerntet werden. Sobald die Parzellen mittels Einsatz von Landschaftsgewebe und kompostierbaren Kunststoffmulchen eingerichtet sind, brauchst du nur zum Ernten hinzugehen. Andere Wartung ist kaum erforderlich.

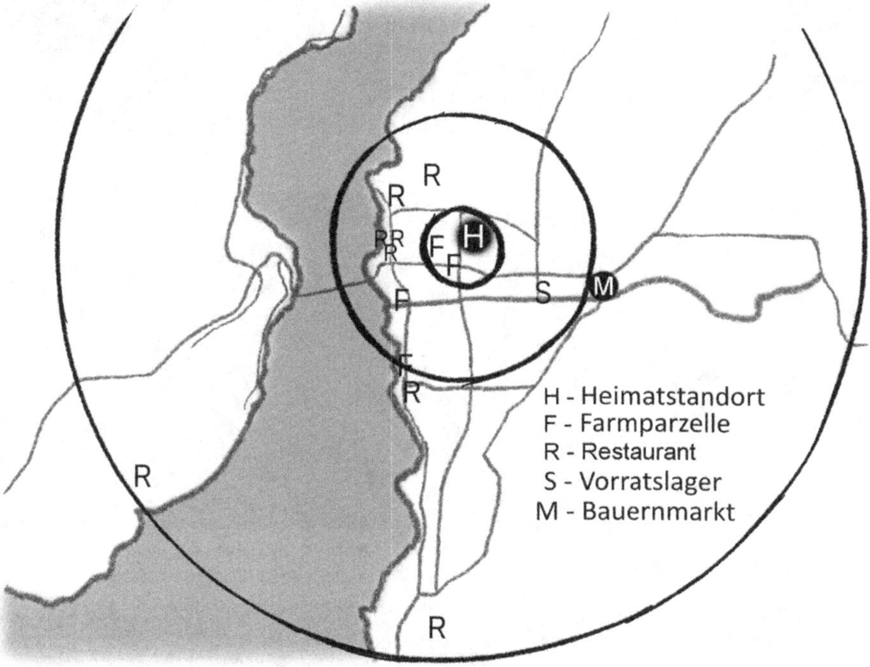

Abb. 18: Diese Karte veranschaulicht, wie mein Hof, meine Kunden, mein Bauernmarkt und meine Lieferanten innerhalb der Stadt angeordnet sind. Die drei Ringe stellen die Ringe aus Abbildung 1 dar. Quelle: Anthony Ross.

Abb. 1: Bauernmarkt (Quelle: Katie Huisman)

Abb. 2: Restaurant und Köche (Quelle: Katie Huisman)

Abb. 3: Invasive, aus dem Boden gegrabene Ackerwinde; beachte das lange Wurzelsystem.

Abb. 4: Beachten Sie den Schatten von Süden, der sich über dieses Grundstück erstreckt.

Abb. 5: Eine öffentlich sichtbare Parzelle

Abb. 6: Landschaftsgewebe

Abb. 7: 15 x 15 m Hi-Rotation-Parzelle, 5 Zonen Bewässerungssystem (oberirdisch)

Abb. 8: Hauptwasserleitungen des Bewässerungskastens

Abb. 9: Bewässerungsbox: fünf Zonen für das HR-Gebiet, die anderen drei für andere Teile der Parzelle.

Abb. 10: Vier-Zonen-Überkopfsystem, ungerade Parzelle, bitte beachte auch ein langes Beet, das vorübergehend zwei kürzere Segmente kombiniert.

Abb. 11: Mikro-Sprinkler im Gewächshaus

Abb. 12: Tropfenbewässerung: 4 Reihen auf einem 75 cm-Bett

Abb. 13: Eine einfache kleine Anzuchtstation (3.65 m x 6.00 m), benutzt den Raum auch vertikal

Abb. 14: Diese Indoor-Vertikalanzuchtstation kann im Winter auch für die Produktion von Mikrogrün genutzt werden.

Abb. 15: Polytunnel, der auch als vertikale Anzuchtstation dient.

Abb. 16: Nutze den Polytunnel als temporären Arbeitsbereich für frühe Anzuchtarbeiten: hier das Eintopfen von Tomaten auf einem Bodenmischtisch.

Abb. 17: Kleiner Dreizylinder-Importlastwagen, beladen für den Markt.

Abb. 18: Elektrisch unterstütztes Mehrzwecklastfahrrad mit zwei speziell angefertigten Anhängern mit Stahlrahmen. (Quelle: Andrew Barton)

Abb. 19: Spinat von Hand ernten: Bündel in der linken Hand und mit der rechten Hand schneiden. (Quelle: Katie Huisman)

Abb. 20: Sammele so viel wie möglich, indem du die linke Hand festhältst, bevor du das Produkt in den Behälter kippst. (Quelle: Katie Huisman)

Abb. 21: Salat von Hand geerntet; siehe auch dazwischen gepflanzte Tomaten im Salat. (Quelle: Andrew Barton)

Abb. 22: Ernten von Tatsoi mit dem Quick Cut Greens Harvester; beachten Sie die eingepflanzten Tomaten auf der linken Seite. (Quelle: Andrew Barton)

Abb. 23: Ernte von Sonnenblumensprossen: Bündel mit der linken Hand greifen und mit der rechten Hand schneiden. (Quelle: Andrew Barton)

Abb. 24: Radieschen ernten: mit der linken Hand greifen und mit der rechten Hand mit einem Gummiband bündeln. Die Tomaten sind bereits eingepflanzt; das Entfernen der Radieschen macht Platz für deren Wachstum frei. (Quelle: Andrew Barton)

Abb. 25: Ernte der Möhren: Lockere den Boden mit einer Gabel, ziehe dann die Möhren und lege sie in einen Behälter. (Quelle: Katie Huisman)

Abb. 26: Lege die Ernte in den Schatten und sprühe Wasser auf, um die Feldwärme abzuführen.

Abb. 27: Waschen von Sonnenblumensprossen.

Abb. 28: Den Beutel mit gewaschenem Grünzeug in die Schleudermaschine fallen lassen. (Quelle: Katie Huisman)

Abb. 29: Sortieren von Sonnenblumensprossen auf dem Trocknungs-/Sortiertisch. (Quelle: Andrew Barton)

Abb. 30: Waschen von losem Wurzelgemüse; wende dieselbe Technik für lose Möhren, Radieschen und Rüben an.

Abb. 31, 32, 33: Ein Beet kann von verschiedenen Positionen aus bearbeitet werden.

Abb. 34: In meinem Vorgarten befindet sich ein seltsam geformtes Grundstück. Der Bürgersteig verläuft in einem Winkel und bildet ein unvollkommenes Quadrat.

Abb. 35: Kurze Beete: Mikrogrün in Sechs-Fuß (ca. 1.8 m)-Gewächshausbeeten.

Abb. 36: Doppelbeete: zwei 30-Zoll (ca. 80 cm)-Beete nebeneinander. Ich habe einen Gehweg eingebüßt.

Abb. 37: Dreifache Zwischenpflanzung.

Abb. 38: Beet mit Rototiller bearbeiten

Abb. 39: Verwendung des Glätters (tilther) für die pfluglose Beetumwälzung

Abb. 40: Verwende eine Mistgabel, um den Boden zu lockern; beachte die fehlende Bodenstörung.

Abb. 41: Direktsaat mit der Jang-Sämaschine; ich säe die Reihen Augenmaß, wobei ich die Differenz zwischen den einzelnen Reihen aufteile.

Abb. 42: Verwende eine Saatbettwalze, um die Löcher zu markieren, in die umgepflanzt werden soll.

Abb. 43: Umpflanzen von Tomaten, die in Beeten mit Frühlingsgrün eingepflanzt werden, wobei für eine Tomatenreihe zwei Reihen Grün auf der linken Seite des rechten Beetes verloren gehen.

Abb. 44: Umpflanzen von Grünkohl in Stoffbeete.

Abb. 45: Bodenplatten in der Aufzuchtstation.

Abb. 46: Bodenplatten mit Kopfsalat.

Abb. 47: Pflanzen von Mikrogrün: Verteile den Samen mit der Hand gleichmäßig auf der Fläche.

Abb. 48: Feld-Mikrogrün gerade dem Licht ausgesetzt; die Platte wurde nach der Keimung der Samen entfernt.

Abb. 49: Erntereifes Beet aus Feldsonnenblumensprossen.

Abb. 50: Schnell aufgebauter Polytunnel mit Maschendrahtzaun-Oberschiene.

Abb. 51: Poly-Tunnel-Bausatz

Abb. 52: Niedrige Poly-Tunnel

Abb. 53: Trellisierte Tomaten mit der Technik des harten Rückschnitts.

360°. Siehe Foto Nr. 11 (Mikro Sprinkleranlagen) in der Sektion *Fotobeilage*.

Gartenhauszubehör	Verwendet für	Kosten / Stück	Anzahl für 1 84 m^2 Gewächshaus	Gesamtkosten
¾ Zoll Polyrohr, 30m Rolle	Hauptleitungen, die mit den Sprinklern verbunden werden	$28.00	1	$28.00
Filter	Filtert Partikel aus, lässt die Schlagköpfe länger leben, Filter vor den Timern verbauen.	$40 / Stück	1 / Parzelle	$40.00
Druckregulator	Reduziert den Druck der Wasserquelle	$15.00 / Stück	1 / Parzelle	$15.00
¾ Zoll männlich zu ¾ Zoll Gewinde weiblich Gartenschlauch-Kupplung	Verbindet die Timer-Zonen mit den Leitungen	$2.00	1	$2.00
1 Zonen-Timer	Gartenschlauch-Timer	$50.00	1	$50.00
¾ Schlauchklemmen	Befestigt die Polyschläuche	$0.90	10	$9.00
Mikrosprinkler mit Anti-Auslaufventil	Das Ventil verhindert das Nachtropfen, wenn das System ausgeschaltet wird.	$1.50	16	$24.00
Hängesprinkler	Das Rohr wird punktiert und hängt an der Hauptleitung; 1 Sprinkler alle 90 cm. Hängt einen Meter herunter, kann jedoch auf die gewünschte Länge verkürzt werden.	$1.50	16	$24.00
Gesamtkosten für 84 m^2 Gewächshaus $207.00				

Abb. 26: Liste der Bewässerungsausrüstung für ein allgemeines kleines Gewächshaus (5.50 x 15.24m): Eine Hauptleitung wird an die mittlere Firststange geschnallt, wobei alle 90cm Mikro-Sprinkler angebracht werden. Die Bewässerung der Sprinkler soll sich von Kopf zu Kopf ausbreiten und den Rand des Tunnels erreichen.

TEIL 6

INFRASTRUKTUR UND AUSRÜSTUNG

Viele der Werkzeuge und Geräte, die ein städtischer Landwirt benötigt, müssen kompakt, mobil und leicht sein. Wir haben es nicht nur mit Platzmangel für die Aufbewahrung von Dingen zu tun, sondern wir wirtschaften auch in kleinen Räumen mit engen Ecken, sodass Werkzeuge selbst unter diesen Umständen leicht zu bedienen sein müssen. Auch muss die Infrastruktur nicht von Dauer sein, da sie von Zeit zu Zeit verlegt werden muss.

26

Operationsbasis

Am besten ist es, wenn du deine Operationsbasis an einem Ort hast. Es ist ideal, sie in der Nähe oder bei dir zu Hause zu haben oder in der Nähe deines Hauptnetzes von Parzellen. Deine Operationsbasis wird der Ort sein, an dem du einen Arbeitsplatz für die Verarbeitung und Verpackung von Produkten, deine begehbaren Kühlboxen, ein Ort zur Aufbewahrung deiner Werkzeuge und Maschinen und eventuell auch ein Büro (obwohl das auch bei dir zu Hause sein könnte) hast. Die Operationsbasis für meinen Betrieb habe ich in den ersten fünf Jahren, in denen ich aktiv war, dreimal umgezogen. Jedes Mal rückte ich sie näher und näher, bis ich schließlich bei mir zu Hause landete (ein Ort, an dem ich ein Jahr lang Landwirtschaft betrieben habe, dann ein Grundstück zur Miete und als Letztes eines, das ich dann zwei Jahre später gekauft habe). Jetzt befindet sich meine Operationsbasis in meinem Hinterhof und Carport. Sie zu Hause zu haben, ist sehr praktisch, denn ich habe dort auch mein Büro. Lasse dich nicht entmutigen, wenn du nicht gleich die idealste Situation finden kannst. Weitere Gelegenheiten werden auftauchen, wenn du schon eine Weile in Gang bist und du einmal ein starkes Netz an Kunden und Unterstützern aufgebaut hast.

Ich lege die wichtigsten Teile meines Arbeitsbereichs gerne danach aus, wie oft ich sie benutze und wie sie sich in den allgemeinen Ablauf eines Arbeitstages einfügen. Meine begehbaren Kühlboxen befinden sich direkt in meinem Carport und sind leicht zugänglich, da sie das meistgenutzte Gerät sind. Wenn Produkte vom Feld hereinkommen, gelangen sie von meinem LKW- oder Fahrradanhänger direkt in die Kühlboxen; dann werden sie zur Verarbeitung und Portionierung herausgenommen und danach wieder hineingebracht. Im nächsten Schritt werden die Produkte für Lieferungen an Restaurants oder Bauernmärkte aufgeladen. Es ist also sehr wichtig, die Kühlboxen an einem leicht zugänglichen Ort zu haben.

Ich bewahre meine meistbenutzten Werkzeuge in der Nähe des Eingangs zu meinem Arbeitsbereich auf, in meinem Fall am Eingang des Carports. Ich mag es, die täglich benötigten Werkzeuge griffbereit zu haben.

Die Komponenten eines Arbeitsplatzes, die in Verbindung miteinander genutzt werden, sind die Waschstation, die Schleudermaschine, der Trockentisch und der Portionierbereich. Sie müssen alle nahe beieinander liegen, denn in deinem täglichen Arbeitsablauf wirst du sie alle zusammen benutzen. Es ist ideal, diese Stationen relativ nahe bei deinen begehbaren Kühlboxen zu haben.

Wo dein Büro in dieser Konstellation liegt, ist nicht so wichtig. Wenn du jedoch ein Fakturierungssystem mit Software verwendest, musst du es in der Nähe deines Arbeitsbereichs haben. Wenn dein Büro zu Hause ist und dein Arbeitsplatz an einem anderen Ort liegt, wäre es ein Problem, deine Rechnungen auszudrucken. Ich ziehe es vor, Rechnungen für unsere Restaurantkunden auszudrucken, nachdem die Bestellungen zusammengestellt worden sind – nur für den Fall, dass uns einige Dinge fehlen und wir die Bestellungen ein wenig ändern müssen. Bevor mein Büro an meinem Wohnort war, hatte ich einen Drucker am Arbeitsplatz und benutzte meinen Laptop für die Rechnungsstellung.

Kühlanlagen

Ein begehbarer Kühlschrank ist ein wichtiges Ausrüstungsteil, das du auf einem landwirtschaftlichen Betrieb haben musst. Es gibt drei Gründe, warum du einen begehbaren Kühlschrank benötigst; sie beziehen sich auf Qualität, Marketing und Arbeitsabläufe:

1. Wenn das Produkt geerntet wird, musst du die *Feldwärme* ableiten, damit es nicht verdirbt. Einige Kulturen (insbesondere Grünkulturen oder Mikrogrün) sind anfälliger für Hitzeschäden als andere. Um einen hohen Qualitätsstandard beizubehalten, musst du die Feldwärme entfernen.
2. Vermarktung. Du gewinnst für die Vermarktung eines Produkts erheblich mehr Zeit, wenn es richtig gelagert wird. Du musst es nicht am nächsten Tag verkaufen. Je nach Art des Produkts kannst du Tage bis Wochen Zeit gewinnen, um deine Ernte zu verkaufen.
3. Durch den Einsatz von Kühlern können wir an mehreren Tagen auf dem Bauernhof ernten. Bei Restaurantlieferungen am Freitag und einem Markt am Samstag beginnen wir die Ernte am Mittwoch. Anstatt alles am Vortag zu ernten, kannst du die Ernte auf mehrere Tage verteilen. Dies trägt zu einem strafferen Arbeitsab-

lauf bei, da die Ernte zur gleichen Zeit wie andere Aufgaben abläuft.

Operationsbasis und größere Anschaffungen	**ungefähre Investitionskosten**
Kühler (gebraucht gekauft	$1000.00
Waschmaschine	$100.00
Schleudermaschine	$70.00
Trocknungstisch	$60.00
Portionierungsstation	$630.00
Büro	$0 - $1740.00
Werkzeuge	$1550.00 - $7050.00
Marktausrüstung	$980.00
Anzuchtausrüstung	$788.00
Vertikale Aufzucht (indoor)	$865.00
Gewächshausanzucht	$500.00
6 Kunststofftunnel für 12 Beete	$415.00
Schnelltunnel (optional)	$500.00
Transport (könnte schon vorhanden sein)	$0 - $3000.00
Gesamt Investitionssumme $7458.00 - $17698.00	

Abb. 27: Größere Anschaffungen für einen städtischen Hof: Einige dieser Anschaffungen sind möglicherweise nicht notwendig (je nach Art des Hofs, für den du dich entscheidest), und möglicherweise verfügst du bereits über einige dieser Ausrüstungen (Transport- und Büromaterial).

Da mein Betrieb im Vergleich zu den meisten anderen Betrieben klein ist und ich meine Betriebsstätte einige Male umziehen musste, ziehe ich es vor, zwei mittelgroße begehbare Kühlräume statt einem großen zu haben. Platzmangel ist für städtische Landwirte oft ein Problem. Das Schöne an zwei Kühlräumen ist, dass nur einer von ihnen ständig in Betrieb ist. Der andere läuft bei uns nur donnerstags und freitags, wenn wir für Restaurants und den Bauernmarkt packen. Wir verwenden einen für Produkte, die gerade geerntet wurden, und den anderen für Produkte, die gewaschen, portioniert und verpackt werden. Das Zwei-Kühler-System sorgt dafür, dass alles organisiert und leicht zu finden ist.

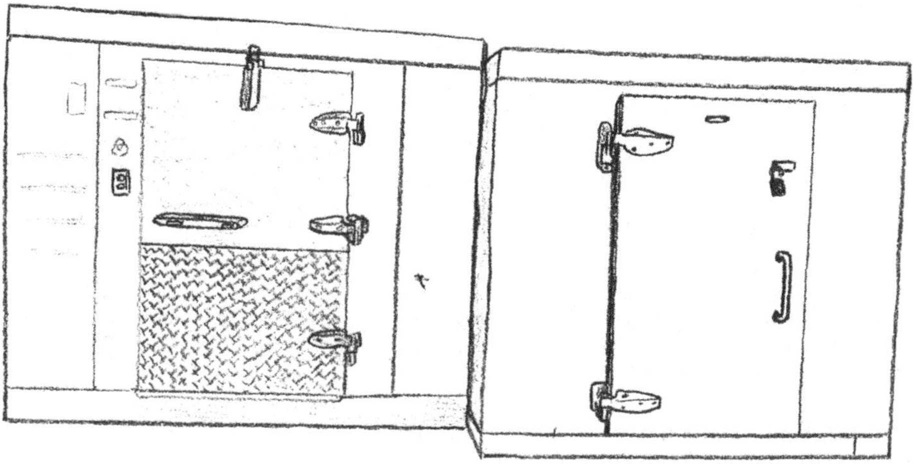

Abb. 28: Unsere beiden mittelgroßen, begehbaren Kühlschränke

Ich habe gesehen, dass einige Landwirte eine Sammlung von Haushalts-Kühlschränken zum Kühlen verwenden. Ich würde davon abraten, wenn du vorhast, kommerziell zu wirtschaften. Es ist sehr schwierig, Container vom Feld in Haushaltskühlschränke einzubauen. Der Platz im Inneren ist zu klein. Das bedeutet, dass du alles sofort verarbeiten und portionieren musst, wenn es vom Feld kommt, damit es in die Kühler passt. Und das ist kein effizienter Arbeitsablauf. Einige Landwirte verwenden kommerzielle Flaschen-Kühler (man sieht diese an Tankstellen oder in Lebensmittelgeschäften). Diese können für kleine Betriebe funktionieren, aber du brauchst vermutlich mehrere davon. Manchmal kannst du solche finden, die innen genug Volumen haben, damit deine Erntebehälter oder -tonnen hinein passen. Das wäre der Schlüssel. Wenn die Kühler für deine Behälter, Körbe oder Kisten nicht groß genug sind, dann kaufe sie nicht. Deren Hauptproblem ist, dass sie es nicht wert sind, repariert zu werden, wenn der Kompressor ausfällt oder stirbt. Heizungs- und Kühlungsreparaturen sind sehr kostspielig.

Ich empfehle begehbare Kühlräume im Restaurant-Stil oder speziell angefertigte Kühlboxen mit einem CoolBot™-System mit einer Klimaanlage anstatt eines Kompressors. Diese Kühler sind sowohl wirtschaftlich als auch leicht erhältlich. Begehbare Kühlboxen im Restaurant-Stil findet man online oder auf Auktionen, oder du kannst eventuell auch Restaurants suchen, die ihre Anlagen liquidieren. Das Gaststättengewerbe weist eine der höchsten Ausfallraten aller Unternehmen auf, sodass der Umsatz von Geräten recht hoch ist.

Landgröße	Minimum Kühlraum (cm)	Kubikmeter	Kostenbereich
ca. 1000 m^2	ca. 122 x 183 x 183	ca. 4	\$1000 - \$2000
ca. 1350 m^2	ca. 122 x 183 x 183 x 2	ca. 8	\$2000 - \$4000
ca. 2000 m^2	ca. 183 x 244 x 244	ca. 9	\$2500 - \$5000
ca. 2000 m^2 und mehr	ca. 244 x 244 x 244	ca. 14.5	\$3000 - \$6000

Abb. 29: Empfohlene Kühlerspezifikationen für vier Betriebsgrößen: Suche nach einem Kühler, der nur die Paneele enthält, unabhängig davon, ob das Gerät über einen funktionierenden Kompressor verfügt oder nicht. Wenn du ein CoolBot™-System verwendest, kannst du eine Klimaanlage im Wert von $200 modifizieren (weitaus günstigere Betriebskosten).

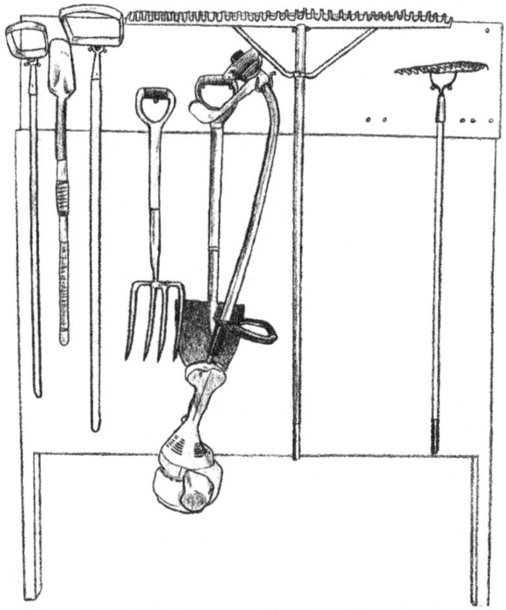

Abb. 30: Es ist eine gute Idee, Werkzeuge aufzuhängen, damit man nicht darüber stolpert – vor allem in stark frequentierten Bereichen.

Die nächstbeste Option ist der Selbstbau eines Kühlraums. Es gibt viele Entwürfe online. Du kannst einen in einem einfachen Raum in jeder gewollten Größe bauen, aber je größer du wirst, desto mehr Kühlleistung benötigst du. Eine Standardgröße für einen Hof – wenn du den Platz dafür hast – ist 2.40m breit, 2.40m tief und 1.8m hoch. Es gibt viele Optionen für eine hochwertige Isolierung und Dampfsperren zur Auswahl. Der Schlüssel zu diesem Design ist die Kühleinheit selbst. Anstatt einen Kompressor zu kaufen, kann man ein einfaches Stück Elektronik namens CoolBot™ nehmen; es macht aus einer Klimaanlage einen Kompressor.

Es kann auf einem Hof eine Katastrophe sein, wenn deine Kühlbox mitten im Sommer ausfällt. In einer Saison versagte der Kompressor meines Restaurantkühlers, und es war viel zu teuer, ihn reparieren zu lassen. Also bestellte ich eine CoolBot™-Einheit, brachte einen Stromanschluss an der Oberseite meines Kühlraums an und etwas Styropor, um die kalte Luft in den Raum zu leiten. Damit war ich innerhalb eines halben Tages wieder im Geschäft. Diese Einheiten verbrauchen übrigens auch weniger Strom als normal große Kompressoren.

Ein Platz für Werkzeuge

Die Organisation deiner Werkzeuge am richtigen Platz ist sehr wichtig. Ständig nach einem Werkzeug zu suchen, wenn du eines benötigst, summiert sich über den Verlauf einer Saison zu einer enormen Zeitverschwendung. Ich verwahre meine Werkzeuge an der Wand aufgehängt und vom Boden weg auf. Dann sind sie aus dem Weg, also stolpere ich nicht über sie oder werde auch nicht von einer Harke ins Gesicht geschlagen, wenn ich darauf trete. Alle meine Handwerkzeuge bewahre ich in der Nähe meines Arbeitsplatzes auf, einfach an einen Haken gehängt. Ich habe auch einen kleinen Geräteschuppen auf der Rückseite meines Grundstücks, in dem ich meinen Rototiller, Hacker/Schredder, Flammenhäcksler und alle anderen Maschinen oder weniger häufig verwendete Werkzeuge aufbewahre.

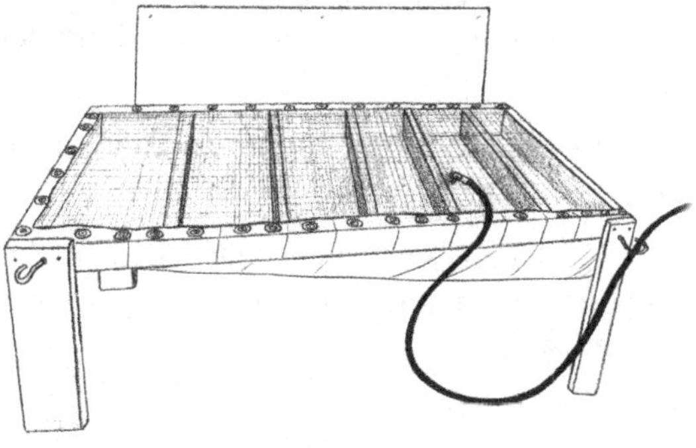

Abb. 31:Waschstation: 86cm tief × 2.40m breit × 78cm hoch. Materialien: 2.43m × 0.99m-Stahlnetz; fünf 5 × 10 x 20cm, zwei 5 × 12 × 20cm Kanthölzern; 30 mm PVC-Poolauskleidung (1.50m × 2.45m); 100 × 1.5 Zoll Holzschrauben; 50 × 1 Zoll breite Unterlegscheiben für Holzschrauben zum Festhalten der Poolauskleidung. Ungefähre Kosten: $100.

Die Waschstation

An der Waschstation wasche ich Produkte wie Radieschen, Möhren, Frühlingszwiebeln und Rüben. Die Waschstation wird gebaut aus 5 x 10cm Holzfüßen, ¼-Zoll-Stahlgewebe und Schwimmbad-Folie. Der Tisch selbst hat ein sehr einfaches Design, das Netz wird mit breiten Unterlegscheiben angeschraubt. Es gibt auf dem Tisch keine scharfen Kanten, damit der Tisch nicht reißt oder Dinge zerreißen. Die Schwimmbadfolie ist um den Boden gewickelt und bildet dadurch einen großen Kunststoffbehälter. Das Wasser fließt hinein und wird dann zu einigen Beerensträuchern und Bäumen auf meinem Grundstück weggepumpt. Siehe Foto Nr. 30 in der *Fotobeilage*.

Die Schleudermaschine

Die beste Art und Weise, die ich gefunden habe, Grünzeug zu schleudern, ist die Verwendung einer modifizierten Waschmaschine. Mir ist klar, dass dies manchmal nicht erlaubt ist, aber das ist es, was sich für mich bewährt hat. Wenn du etwa 50kg Grün pro Woche produzierst, wirst du mit einer handbetriebenen Schleuder Zeit verschwenden. In meinen ersten beiden Jahren benutzte ich eine Handschleuder zum Trockenschleudern unseres Grüns, und ich kurbelte eines dieser Dinger für vier Stunden pro Woche – keine effiziente Nutzung meiner Zeit.

Ich verwende zwei Geräte zum Schleudern von Grünzeug: eine modifizierte Waschmaschine und einige wenige Wäschesäcke, um das Grün zusammenzuhalten, während es sich in der Maschine befindet. Ich habe diese Maschine für $50 in einem Gerätereparaturladen gekauft, und ich bat sie, den Kegel in der Mitte zu kürzen, damit meine Wäschebeutel, wenn sie mit feuchtem Grün gefüllt sind, besser in die Maschine passen. Siehe Foto Nr. 28 im Abschnitt *Fotobeilage*.

Wenn es gewaschen werden soll, wird das Grünzeug in die Beutel getan, damit ein Teil des Wassers abtropft. Sobald ein Beutel voll ist, kommt er für fünf Minuten in die Schleudermaschine. Von dort kommt der Sack heraus, und das Grün wird auf den Trockentisch gekippt. Die Verwendung der Säcke hat einen doppelten Zweck:

1. Es ist einfacher, empfindliches Grün von Station zu Station zu transportieren, wodurch die Handhabung reduziert wird.
2. Durch die Verwendung von Säcken wird die Menge des in der Waschmaschine verbleibenden Schmutzes reduziert, wodurch die Maschine leichter zu reinigen ist.

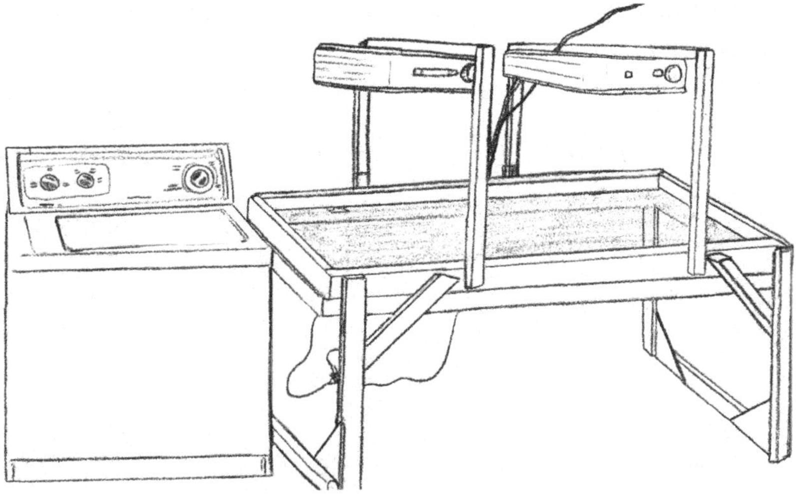

Abb. 32: Die modifizierte Waschmaschine kostet etwa $50, die Wäschebeutel je $10.

Der Trocknungstisch

Sobald das Grün aus der Schleuder kommt, gelangt es auf das Trocknungssieb. Dies ist ein einfacher Tisch, der aus 5cm mal 6.2cm Latten-

Abb. 33: Materialkosten für einen Tisch im Format 0.9m mal 1.8m = $60.

Holzrahmen und einem Netz mit 2cm-Maschen besteht. Es gibt zwei Kastenventilatoren, die von oben daran hängen. Die Unterseite des Tisches unter dem Sieb ist herausnehmbar, wenn du mit dem Trocknen eines Satzes Grünzeugs fertig bist; so kannst du die Reste leicht entfernen. Sie ist durch zwei Scharniere mit der Rückseite des Tisches verbunden. Siehe Foto Nr. 29 im Abschnitt *Fotobeilage*.

Portionierstation	**Gegenstandsbeschreibung**	**Ungefähre Kosten**
Analogwaage	zum Wiegen von Behältern	$100.00
Digitalwaagen	zwei digitale Waagen zum Portionieren	$60.00
Beutelkollektion	(wird in Teil 7 ausführlich behandelt)	$200.00
Bindfaden	Zum Verschließen der Beutel	$20.00
Gummiringe	einige Artikel können beim Portionieren gebündelt werden, zum Beispiel Grünkohl	$20.00
Regaleinheit	ein Ort zur Lagerung von Beuteln und Waagen	$50.00
Packtische	Möglicherweise als Markttische verwendbar	$80.00
Behälter zum Verpacken	Kästen, Behälter oder Kisten zum Verpacken	$200.00
Gesamt		**$730.00**

Abb. 34: Empfohlene Ausrüstung für Portionierstation

Ich finde, dass die Grüns und vor allem das Mikrogrün eine längere Haltbarkeit haben, sobald sie getrocknet worden sind. Das Verfahren bläst nur jegliches Restwasser von den Grüns weg; trockne sie nicht bis zum Punkt des Welkens. Sobald die Grüns geschleudert wurden, dürfen sie nur fünf bis zehn Minuten auf dem Tisch verbleiben, je nach nach Art des Grüns.

Die Portionierstation

Die Portionierstation ist der Ort, an dem das gesamte Einpacken und Bündeln erfolgt. Dieser Bereich hat ein Regal, in dem ich Waagen, Taschen, Schnur und Gummibänder aufbewahre, mit denen wir Bestellungen zusammenstellen und Artikel für den Bauernmarkt verpacken. Dieser Bereich ist auf der Terrasse meines Hauses. Er ist überdacht, um Schatten und Schutz vor den Elementen zu bieten, und ziemlich flexibel in der Gestaltung. Je nachdem, wie viele Menschen freitags bei der Portionierung helfen, kann ich mehrere Arbeitsbereiche durch Aufstellen von Klapptischen, die ich sonst auf dem Markt verwende, zur Unterbringung von mehr Menschen aufstellen. Das können ein bis drei Personen sein, die freitags helfen, und so habe ich hier genügend Platz dafür. Dieser Bereich liegt in der Nähe meiner Kühlschränke. Die Helfer holen das fertige Produkt daraus, tüten es ein oder bündeln es, füllen es in einen beschrifteten Behälter ein und bringen es anschließend in einen Kühlschrank zurück. Da ich zwei begehbare Kühler habe, verwende ich einen für unfertige Produkte und einen für das Endprodukt. Das macht es einfach, die Dinge zu finden.

Das Büro

Ein Büro zu haben ist wichtig, aber am Anfang nicht ganz entscheidend. Wenn du dich mehr darauf konzentrierst, Restaurants zu bedienen, dann wird ein Büro wichtiger sein. Der Hauptgrund ist, dass du Restaurants Rechnungen stellen wirst. Nur sehr wenige werden bar bezahlen. Du wirst viel Papierrechnungen produzieren, die sie signieren und von mir gesammelt werden. Ich drucke zwei Kopien einer Rechnung, eine für den Kunden und eine, die er unterschreibt und die ich mitnehme. Wenn ich nach der Auslieferung zurückkomme, kommen diese unterschriebenen Rechnungen in eine Kiste mit der Aufschrift *ausgelieferte Rechnungen*; später verschicke ich sie monatlich.

Die Hauptbestandteile meines Büros sind

- Desktop-Computer $1.000
- Buchhaltungssoftware $500
- Laserdrucker zur Rechnungsstellung $200
- Posteingangsboxen (an der Wand verschraubt) $40

> Die Kosten für die Einrichtung eines Büros können sehr stark variieren. Da die meisten Menschen bereits Zugang zu einem Computer, einem Drucker und damit bereits ein Heimbüro haben, sind diese Ausgaben für die meisten nicht notwendig.

Ich verwende meine Buchhaltungssoftware für die Rechnungsstellung, für die Verfolgung von Verkäufen und offenen (unbezahlten) Rechnungen. Wenn du es mit vielen Restaurants als Kunden zu tun hast, ist das sehr wichtig. Man kann leicht den Überblick verlieren, wenn man kein gutes System hat. Mit meiner Software kann ich alle meine offenen Rechnungen auflisten (Kunden, die mir Geld schulden). Die meisten Kunden haben 21-40-Tage-Fristen, was bedeutet, dass sie nach einer bestimmten Anzahl von Tagen zahlen müssen. Sobald ich mich in der Hauptsaison befinde (der Monat Mai und danach), bekomme ich jede Woche Schecks herein. Jeden Samstag nach dem Bauernmarkt gebe ich alle diese Schecks in das System ein. Wenn ich bemerke, dass einige Kunden mit ihren Zahlungen im Rückstand sind, stelle ich eine Erklärung darüber zusammen, wie viel sie mir schulden, und ich schicke sie ihnen per E-Mail. Die Erklärung ist eine Liste aller unbezahlten Rechnungen. Es ist wichtig, ein solches System zu haben, damit die Leute nicht in Zahlungsverzug kommen.

Nur bei wenigen Gelegenheiten habe ich Kunden erlebt, die ihre Rechnungen nicht bezahlt haben. Für dies Szenario lautet mein Protokoll wie folgt:

- Wenn jemand zwei Wochen nach seiner Zahlungsfrist nicht gezahlt hat, schicke ich ihm eine freundliche und höfliche Email, die besagt, dass er mit seinen Zahlungen im Rückstand ist. Wenn es ein neuer Kunde ist, erkläre ich, dass wir keine Produkte mehr liefern können, bis die vorherigen Rechnungen bezahlt worden sind. Wenn es sich um einen älteren Kunden handelt, bin ich im Allgemeinen nachsichtiger, besonders wenn es nicht häufig vorkommt.
- Wenn einige Kunden konsequent in Zahlungsrückstand sind und ich sie jedes Mal drängen muss, um bezahlt zu werden, höre ich auf, sie zu beliefern. Dies geschieht jedoch nur selten.

27

Werkzeuge

Als städtische Landwirte verwenden wir Handwerkzeuge als primäre Werkzeuge. Weil die städtische Landwirtschaft mehr oder weniger dort ist, wo Gartenarbeit auf kommerzielle Landwirtschaft trifft, verwenden Gärtner als auch Landwirte eine Menge Werkzeuge gemeinsam – außer dem Traktor natürlich. Die Maschinen meines Hofes könnten sogar in einem privaten Garten benutzt werden.

Alle Höfe werden einige der klassischen Werkzeuge, wie Mistgabeln, Schaufeln, Spitzhacken und Harken haben. Sie werden für die Ernte, zum Graben oder zum Formen des Bodens verwendet.

Mistgabel

Die Mistgabel wird zur Ernte von Karotten verwendet, zum Entfernen von Unkraut durch Ausgraben der tief reichenden Wurzeln und zum Lockern des Bodens. Manchmal bevorzuge ich die Verwendung einer Mistgabel zum Auflockern des Untergrunds, denn in sehr steinigem Boden kann es schwierig sein, eine breite Gabel tief genug nach unten zu treiben. Wenn ich den Untergrund dort lockern will, wo die Seitenwände meines Gewächshauses zu niedrig sind, verwende ich ebenfalls eine Mistgabel.

Breitgabel

Die primäre Funktion dieses Werkzeugs ist auf meinem Betrieb die Lockerung des Unterbodens für die Vorbereitung des Direktsaatbeets. Sie kann auch für die Ernte von Karotten verwendet werden, aber die Wege auf meinem Hof sind oft zu schmal, um sie effektiv zu nutzen. Breitgabeln können den Boden auch lockern, um bei der Vorbereitung eines neuen Standorts für die Produktion invasives Gras oder Unkraut auszureißen (siehe Abbildung 16 in Teil 5).

Werkzeug	Ungefähre Investitionskosten
Heugabel	$40.00
Breitgabel (nicht unbedingt erforderlich)	$200.00
Steigbügelhacke	$60.00
Rasenkantenschneider (nicht unbedingt erforderlich)	$50.00
Landschaftsrechen	$50.00
Handtraktor (möglicherweise mieten oder gebraucht kaufen)	$0 - $5000.00
Pflanzgeräte	$600.00
Erntebehälter	$500.00
Erntemesser	$50.00
Schnellschnitt-Grün-Erntemaschine (anfangs nicht unbedingt erforderlich)	$500.00
Gesamt	**$1550.00 - $7050.00**

Abb. 35: Wenn du über ein knappes Budget verfügst, ist es im ersten Jahr möglich, bereits zu beginnen, ohne all diese Werkzeuge zu kaufen. Breitgabel, Rasenkantenschneider, Breitgabelzinken und Handtraktor sind für den Anfang nicht unbedingt erforderlich.

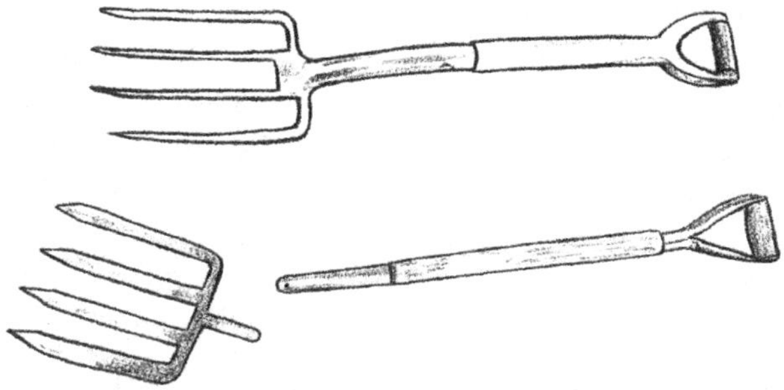

Abb. 36: Wenn du eine Mistgabel willst, die langlebig ist, kaufe eine, bei der die Gabel mit dem Schaft durch ein massives Stück oder eine Schweißnaht verbunden ist. Mistgabeln, bei denen die Gabel am Ende anmontiert ist und mit Schrauben, Bolzen oder Leim an Ort und Stelle gehalten wird, halten nicht einmal eine Saison.

Steigbügelhacke

Das einzige echte Unkrautvernichtungsgerät, das ich auf dem Hof habe, ist eine Steigbügelhacke. Sie wird meistens für die Unkrautbekämpfung an Gehwegen und Grundstücksgrenzen verwendet. Ich persönlich bevorzuge das Jäten der Beete von Hand. Ich benutze eine Steigbügelhacke auch zur Beetlockerung für die Direktsaat.

Rasenkantenschneider

Ein Rasenkantenschneider ist ein gängiges Landschaftswerkzeug, das verwendet wird, um Grasränder um eine Eingrenzung herum zu schneiden. Ich verwende ihn genau dafür – er dient für keine andere Anwendungen. Es ist kein notwendiges Werkzeug, weil man auch eine Schaufel dazu verwenden kann.

Landschaftsrechen (Beetvorbereitungs-Harke)

Der Landschaftsrechen ist ein ziemlich wichtiges Werkzeug auf dem Hof und ist im Wesentlichen eine Harke zur Beetvorbereitung. Er ist 90cm breit, und ich benutze ihn für ein paar verschiedene Aufgaben bei der Beetvorbereitung: gleichmäßiges Ausbringen von Kompost und Beete formen bei der Vorbereitung der Parzelle, insbesondere wenn der Boden mit viel invasivem Gras bewachsen ist. Dies ist das Werkzeug, mit dem wir Graswurzeln aus den Beeten harken (siehe Teil 5, Abbildung 15).

Rototiller und Handtraktor

In den meisten Jahren, in denen ich Landwirtschaft betrieben habe, war mein Laufen hinter einem Handtraktor entscheidend für meinen Betrieb. In den letzten Jahren, in denen ich zu mehr Direktsaatverfahren übergegangen bin (wie in Teil 8 beschrieben), bin ich jedoch der Meinung, dass es möglich ist, einen Betrieb mit einer Fläche von ca. 1350 m^2 oder weniger zu betreiben, ohne einen solchen zu besitzen. In diesem Fall könntest du einen mieten, wenn er für eine Parzellenvorbereitung benötigt wird. Wenn du auf mehr Fläche als diese ca. 1350 m^2 Landwirtschaft betreibst, ist der Besitz einer Maschine eine lohnende Investition. Es gibt viele Geräte zur Auswahl, aber das wichtigste ist zunächst der Rototiller. Wenn du eines dieser Geräte gebraucht findest, lohnt es sich. Wenn diese Maschinen gut gepflegt werden, halten sie ein Leben lang. Eine neue Maschine mit Bodenfräse kann für $5.000 gekauft werden, aber gebraucht könnest du vielleicht eine für $1.000 finden. Siehe Foto Nr. 38 (ich benutze eine Fräse) in der *Fotobeilage*.

Pflanzmaschinen

Geeignete Sämaschinen sind ein Muss für einen kommerziellen Betrieb. Versuche auf keinen Fall, Samen mit der Hand in den Boden zu säen. Einige Landwirte glauben, dass sie, da sie fast auf Gartenebene arbeiten, mit der Handaussaat davonkommen können. Bitte erspare dir die vergeudeten Stunden und kaufe eine Sämaschine!

Für eine Sämaschine der Einstiegsklasse kannst du mit einer Earthway für $100 beginnen. Sie ist einfach und hat einige Mängel, aber sie funktioniert. Die präziseste Sämaschine, die ich auf dem Markt gesehen habe, heißt Jang-Seeder. Sie hat viel mehr Möglichkeiten für die Präzisionssaat in verschiedenen Dichten, kostet aber etwa $600. Sie ist jetzt die Hauptsämaschine, die wir in unserem Betrieb einsetzen. Anders als die Earthway verwendet er Rollen statt Platten, um das Saatgut aufzunehmen. Die Walzen, die ich für den Jang-Seeder verwende, sind alle in Teil 10 beschrieben. Siehe Foto Nr. 41 (Direktsaat) im Abschnitt *Fotobeilage*.

Erntemaschinen

Für die Ernte von Baby-Grün benutzte ich jahrelang ein einfaches Handmesser. Ich begann damit, ein kleines, gezacktes Steakmesser für alle Salate, Rucola, Senf und Spinat zu verwenden. Ich ermutige dich, gute Messer- und Handtechniken zu erlernen, bevor du Hightech-Werkzeuge wie den Quick Cut Greens Harvester (QCGH) verwendest, denn es wird immer Zeiten geben, in denen man mit der Hand ernten muss. Der Transport des QCGH von Parzelle zu Parzelle braucht eine Menge Zeit, in der man ihn herumschleppen muss, aber ein kleines Messer in deinem Lkw- oder Fahrradbeutel ist einfach. Der QCGH hat die Herangehensweise auf unserem Hof verändert: Was früher acht Stunden dauerte, kann jetzt in 45 Minuten erledigt werden. Das ist eine gewaltige Zeitersparnis; auch wenn diese Einheit etwa $500 kostet, es hat sich innerhalb des ersten Monats durch reduzierte Arbeitskosten bereits amortisiert. Wenn du nicht mehr als 25kg Grün pro Woche produzierst, ist dieses Gerät vielleicht nicht notwendig. Siehe Fotos Nr. 21 und 22 in der *Fotobeilage*. Erntemaschinen werden in Kapitel 32 ausführlicher behandelt (Ernten).

Marktausrüstung für Landwirte

Wenn du dich auf den Besuch eines Bauernmarktes vorbereitest, ist es, wie bei den meisten Dingen in der Landwirtschaft, wichtig, die richtige Ausrüstung zu kaufen. Wenn dein Markt unter freiem Himmel stattfindet, ist die gängigste Art des Aufbaus die Verwendung einer Art Marktüberdachung. Ein 3 x 3 Meter großes Quadrat ist die gebräuchlichste Größe, die ich bei Marktverkäufern gesehen habe, aber es gibt viele verschiedene Größen da draußen. Kaufe keine billige Marktüberdachung. Gib mehr aus, um die bestmögliche Überdachung zu erhalten. Das ist etwas, das du Hunderte Male auf- und abbauen wirst, und wenn du etwas Billiges nimmst, wirst du es wahrscheinlich in weniger als einer Saison ersetzen müssen.

Klapptische sind in den meisten Kaufhäusern leicht zu finden, und du wirst ein paar davon für deine Auslage benötigen. Das Schöne an diesen Tischen ist, dass du sie auch für andere Aufgaben auf dem Hof – wie das Verpacken und Sortieren für die Marktvorbereitung – verwenden kannst. Diese Tische werden vielseitig genutzt, also kaufe gute.

Andere Artikel, die du auf dem Marktstand verwenden wirst, sind Tischtücher, Etiketten für Produkte, Artikel und Schaukästen oder Behälter. Einzelhandelsgeschäfte haben oft alles, was du an Etiketten benötigst, sowie auch andere Anzeigearten für deinen Marktstand. Du kannst auch dieses Zubehör selbst herstellen, wenn du geschickt bist. Einige der schönsten Stände auf den Märkten sind handgemacht. Diese Stände haben ein authentisches und bodenständiges Aussehen, das die Menschen auf den Märkten lieben. Siehe Foto Nr. 1 (mein Marktstand für den Bauernmarkt) in der *Fotobeilage*.

Marktausrüstung	Verwendung	Ungefähre Kosten
Klapptische	Nur gute Qualität	$50.00
Überdachung 3 x 3m	Sie bildet deinen Stand auf dem Markt. Bringe Gewichte mit, um deinen Baldachin festzuhalten: Mit Wasser gefüllte Kanister, die mit Bungee-Seilen angebunden sind, funktionieren gut.	$500.00
Tischtücher		$50.00
Schilder	Besorge dir ein Schild, das leicht zu sehen und so groß ist, dass die Menschen es von Weitem sehen können.	$150.00
Schaukästen	Diese können neu erworben werden. Manchmal können alte Obstverpackungskisten ein rustikales Aussehen haben.	$150.00
Ständer und Clips für Artikelanhänger	Halten deine Etiketten und Preisschilder	$50.00
Kasse	Für das Wechselgeld	$30.00
Gesamt		**$980.00**

Abb. 37: Empfohlene Marktstand-Ausrüstung: Gib ein wenig mehr aus, um die beste Qualität zu erhalten. Du willst Dinge, die nicht kaputtgehen, während du auf dem Markt bist.

28

Spezielle Anbaugebiete

Die Anzuchtstation

Die Anzuchtstation ist der Ort, an dem alle Pflanzungen der frühen Saison stattfinden. Für viele städtische Landwirte kann es eine logistische Herausforderung sein, einen Platz für ein Gewächshaus zu finden, insbesondere im Zusammenhang mit mehreren Standorten. Ich habe jedoch einige einfache Strukturen geschaffen, die als kleine, bewegliche Einheiten dienen können. Als ich anfing, war die erste Anzuchtstation, die ich baute, ein kleines Gewächshaus von 3.6 x 6m mit vertikalen Regalen, um den Platz zu maximieren. Siehe Fotos Nr. 13, 15, 16, 45 und 46 in der *Fotobeilage*.

Abgesehen von der Grundstruktur für die Einrichtung dieser Gewächshäuser werden noch weitere Dinge benötigt, wie zum Beispiel flache Pflanzschalen von 25 x 50cm und anderen Größen. Ich verwende 13 x 13cm^3 und 8 x 8cm^3 große Pflanzschalen, 6.3cm und 10cm-Töpfe, Keimschalen, Erdmischung, Kompost, Erdsieb, einen Erdmischtisch und einen organischen Allzweckdünger.

Vertikale Indoor-Anzuchtstation

Dieser Aufbau kann mit Stahldraht gebaut werden, aus Regalen (wie sie häufig in Restaurants verwendet werden) oder Industrieregalen mit fluoreszierender Beleuchtung. Ich verwende Regale, die 60cm tief und 1.2m oder 2.4m breit sind. Man kann die Länge so auf beliebig viele Pflanzschalen anpassen. Die gebräuchlichsten Leuchten sind T8-Leuchtstoffröhren, wobei jede Leuchte zwei Röhren beinhaltet; jede Halterung ist 1.2m lang. Damit habe ich auf ein 60cm x 1.20m Regal zwei Beleuchtungskörper mit insgesamt vier Röhren. Ich habe festgestellt, dass man vier Leuchten benötigt, um ausreichend Licht an die Pflanze zu bringen.

Man kann diese Art Aufbau in einer beheizten Garage oder sogar in deiner Küche aufstellen. Wenn du große, nach Süden gerichtete Fenster hast, kann diese Art einer Anzuchtstation dort ebenfalls eingerichtet werden. Nach meiner Erfahrung bringt natürliches Licht im Allgemeinen eine bessere Kulturpflanze hervor, aber es hängt davon ab, wie viel Licht in dein Haus gelangt und wie sonnig es in deiner Gegend den ganzen Winter über ist, oder wann immer du deine erste Pflanzung vornehmen musst.

Anzucht Ausrüstung	Verwendung	Anzahl	Kosten
Mini-Bodenblocker	Wird verwendet, um Salat, Rüben, Frühlingszwiebeln und Tomaten zu säen. Ich passe 420 Blöcke in eine 24 × 48 cm Keimfläche ein.	1	$30.00
Keimschalen (2.4 x 24 x 48cm)	Hauptsächlich für Mikrogrün wird aber auch für Mini-Bodenblöcke verwendet	1 x 100	$200.00
128er Pflanzschalen	128 Zellen pro Schale. Ich verwende diese meist für Grünkohl, Mangold und manchmal für Rüben.	1 x 100	$200.00
6.5 x 10cm Töpfe	Wir topfen Tomaten aus kleinen Stecklingen in 6.4cm-Töpfe und manchmal in 10cm-Töpfe ein, wenn sie nicht sofort in die Erde kommen können.	500-800	$70.00
Erdsieb	Verwende dies, um eine feine Bodenmischung herzustellen. Baue es mit einem einfachen Rahmen aus 5 × 10 cm Kantholz und ¼-Zoll-Stahlgeflecht, das einen Behälter überspannt. Drücke Erde und Kompost durch das Sieb, um eine feine Mischung für das Eintopfen herzustellen.	1	$30.00
Erdmisch-Tisch	Baue ihn mit 5 x 10cm Kanthölzern und Sperrholz. Es ist ein hüfthoher Tisch zur Aufnahme der Erdmischung.	1	$80.00
Pflanzerde	Es gibt viele Marken da draußen, die alle das Gleiche machen. Ich verwende eine organische Mischung auf Torfbasis mit Perlit. Kaufe zu Beginn 4 Ballen.	4	$100.00
Allzweck-Düngemittel (4/4/4)	Ich verwende eine Allzweck-NPK-Einstufung von 4/4/4 für alle meine Topfpflanzen in meiner allgemeinen Anzuchtstation.	1	$28.00

Anzucht Ausrüstung	**Verwendung**	**Anzahl**	**Kosten**
Erdmischung für Bodenblöcke und Töpfe	Zur Herstellung der Erdmischung: 1 Teil gesiebter Kompost auf 2 Teile Blumenerde. 2 Teile Düngemittel auf 210 Teile Erdmischung. Ich mische 3 Behälter mit jeweils 70 Litern auf einmal.	-	-
Bewässerungsstab	Verwende einen Stab mit weicher Niederdruckdüse.	1	$30.00
An/Aus-Ventil aus Messing	Verbindet sich mit dem Stab. Kaufe einen, der ganz aus Messing ist, mit einem Hebel, der mindestens 3.6 cm lang ist.	1	$20.00
Gesamt			**$788.00**

Abb. 38: Empfohlene Anzuchtausrüstung: Das Bodensieb, Keimschalen, Bewässerungsstab und Blumenerde, die in der Baumschule verwendet werden, kann auch für Mikrogrün genutzt werden.

Die Bewässerung deiner Pflanzschalen kann eine kleine Herausforderung sein, wenn sich die vertikale Anzuchtstation in deinem Haus befindet. In der Vergangenheit füllte ich einen kleinen Plastikbehälter mit ein paar Zentimetern Wasser und dann stellte ich die zu bewässernden Pflanzschalen, eine nach der anderen, direkt dort hinein. Ich ließ die Schale für ein paar Sekunden drin, hob sie dann heraus, ließ das Wasser ablaufen und stellte die Pflanzschale dann wieder ins Regal. Bedenke, dass diese Art von Aufzucht nicht die idealste ist, aber sie funktioniert und ist leicht und für kleines Geld aufzubauen. Für einen städtischen Landwirt, der auf ca. 2000 m^2 oder weniger agiert und der sich hauptsächlich auf hochpreisige Waren konzentriert, kann dies viele Jahre lang funktionieren, weil ein so kleiner Betrieb keine riesigen Mengen an Setzlingen braucht. Auf meinem Hof brauche ich nur etwa 32 Pflanzschalen von 25 x 50 cm, um das Gemüse der Saison anzusetzen. Sobald sich die Dinge draußen ein wenig aufwärmen, kommen die Sachen ins Gewächshaus.

In Abbildung 39 führe ich alle wichtigen Materialien für die Einrichtung einer solchen Anzuchtstation auf. Diese kann auch als kleines Produktionssystem für Mikrogrün dienen (mehr zu Mikrogrün in Teil 8). Siehe Foto Nr. 14 (Indoor-Vertikalanzuchtstation) in der *Fotobeilage*.

In einem kleinen Hinterhofgewächshaus kannst du viele Pflanzschalen unterbringen, wenn du den Raum durch Optimierung der vertikalen Flächen gut ausnutzt. Das habe ich auf zwei Arten getan:

1. In einem kleinen, ca. 18.5 m^2 großen Gewächshaus habe ich Regale aus Holz gebaut und sogar Klapptische auf andere Tische gestellt, um mehr vertikalen Raum zu schaffen. Diese Anzuchtstation habe ich für $500 an Material gebaut. Eine kleine Gewächshaus-Gärtnerei kann mit den gleichen Materialien gebaut werden, wie die im nächsten Teil besprochenen Schnelltunnel oder Reifenhäuser.
2. Ich habe auch einen Polytunnel für Bodenkulturen als Anzuchtstation verwendet. Ich hänge Stahl-Ts an der Firststange auf und lege 5 x 10 cm Kanthölzer auf die T-Stücke, um die Pflanzschalen von oben aufzuhängen.

In kälteren Monaten und wenn die Sonne tiefer am Himmel steht, wird in beiden Fällen sehr wenig Schatten auf die Pflanzen darunter geworfen. Manchmal habe ich auch einen kleinen Teil eines Polytunnels isoliert, um eine kleine Anzuchtstation zu bauen. Dies ist im Grunde ein Gewächshaus im Gewächshaus.

Ich verwende keine dieser Möglichkeiten bis die Außentemperatur nachts über dem Gefrierpunkt liegt. Ich versuche, alle meine frühen Anfänge so lange wie möglich in meiner Innengärtnerei zu halten, bis mir der Platz ausgeht. Das passiert normalerweise, wenn Tomaten in größere Töpfe gesetzt werden. Siehe Foto Nr. 15 (Polytunnel-Gärtnerei) in der Rubrik *Fotobeilage*.

Ausrüstung	Verwendung	Anzahl	Betrag
Regale aus Chromdraht (0.6 x 1.2 x 1.8 m)	Vertikale Regaleinheiten für Mikropflanzschalen. Vier Schalen pro Regalebene. Eine 1.80 m hohe Einheit könnte 4 Ebenen im Abstand von ca. 45cm haben, die 16 Schalen aufnehmen.	1	$150.00
Erdnivellierer	Schneide ein 2 cm Sperrholzstück auf 25 × 50 cm. Verwende dieses Werkzeug, um die Erde in den Ebenen nach unten zu drücken, um eine feste Pflanzfläche zu erhalten. Schraube einen kleinen Türgriff auf die Rückseite, damit er leicht aufgenommen werden kann.	1	$10
Pflanzschalen (2.4 x 24 x 40 cm)	Hauptsächlich für Mikrogrün, aber auch für Mini-Erdblöcke verwendet.	100	$200.00
T8 Leuchtstofflampe	Dies sind die Hauptleuchten für diese Anzuchtstation. Verwende bei einer vierstufigen Einheit zwei pro Ebene, um insgesamt acht zu	8	$160.00

Ausrüstung	Verwendung	Anzahl	Betrag
	erhalten.		
Licht-Timer	Ein einfacher Timer zum Ein- und Ausschalten der Lichter. Dieser wird vor die Stromleitung geschaltet, an der alle Lichter angeschlossen sind.	1	$20.00
Luftentfeuchter	Es ist entscheidend, die Luftfeuchtigkeit beim Anbau in Innenräumen niedrig zu halten, um Schimmelbildung zu verhindern.	1	$200.00
Standventilator	Ein konstanter Luftstrom ist beim Anbau in Innenräumen sehr wichtig.	1	$60.00
Steckerleiste	Hochleistungs-Steckerleiste mit 8 Buchsen	1	$35.00
Gesamt			**$865.00**

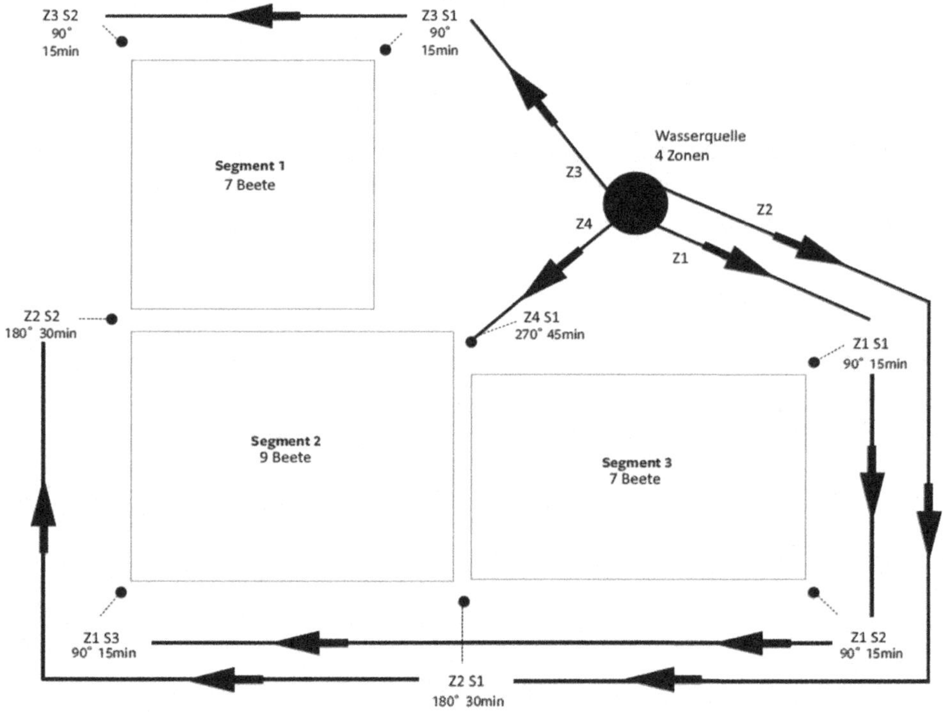

Abb. 39: Materialliste für die Indoor-Anzuchtstation

29

Kostengünstige Saisonverlängerung

Für städtische Landwirte kann die Saisonverlängerung auf dem Feld eine logistische Herausforderung darstellen. Manchmal können dich Form und Lage einer Parzelle davon abhalten, Gewächshäuser zu installieren, ganz zu schweigen von der Tatsache, dass wir oft nicht Eigentümer des Grundstücks sind oder einen langfristigen Pachtvertrag haben. Der Bau von Gewächshäusern kann auch sehr kostspielig sein, und diese Kosten kann sich ein neuer Landwirt nicht gleich zu Beginn leisten.

Ich benutze in meinem Betrieb drei Arten von Polytunneln: Poly-Niedrigtunnel, Schnell-Tunnel und Reifentunnel. Niedrige Tunnel sind am billigsten und am schnellsten einzurichten und zu benutzen, und die beiden anderen sind etwas teurer, bieten aber Vorteile und sind ebenfalls einfach zu benutzen.

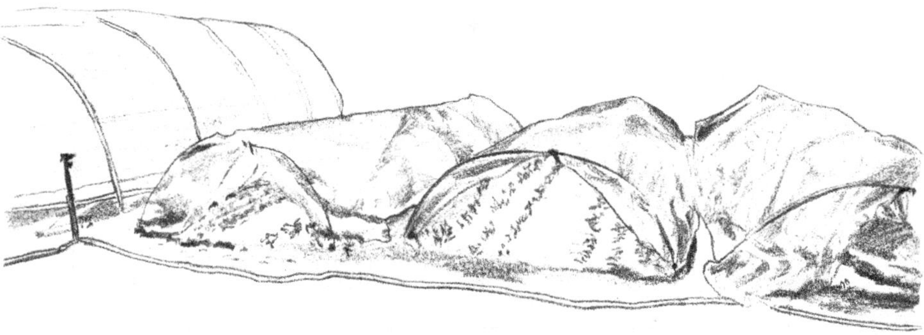

Abb. 40: Ein Zoll Federklemmen halten die offenen Enden dieser drei Tunnel offen.

Modulare Poly-Niedrigtunnel und Reihenabdeckung

Die niedrigen Polytunnel waren die erste Art der Saisonverlängerung, die ich vor Ort einsetzte, und ich benutze sie noch heute. Die Tunnel sind aus Gewächshausplastik gefertigt, die zwei ca. 76cm-Beete bedecken. Die Strukturen bestehen aus 24cm langen, 1.2cm starken Metallrohren (EMT), die in Form eines Halbkreises gebogen und 30cm tief in den Boden getrieben werden. Die Tunnel können so lang oder kurz sein, wie du möchtest. Ich verwende sie in der Regel für 7.62m oder 15.24m Beete. Die Metallbügel für die Tunnel werden mit einem Nylonseil zusammengebunden, das sowohl am Anfang als auch am Ende des Tunnels durch einen Bewehrungspfahl mit einem Bügel verankert wird. Ich mache einen Knoten auf dem Bewehrungspfahl und ziehe das Seil am ersten Reifen fest und dann an einem weiteren Knoten dort. Sobald diese gespannt sind, wickelt sich das Seil bis zum Ende um jeden Reifen, dann werden zwischen dem Pfahl und dem letzten Reifen zwei weitere Knoten geknüpft. Das Seil wirkt wie eine Firststange, um zu verhindern, dass die Tunnel bei Schnee oder starkem Wind zusammenbrechen. Zum Festhalten des Plastiks werden Federklemmen und Steinbeutel verwendet. Die Federklemmen werden auch verwendet, um die Enden des Plastiks zur Belüftung während der Tage offen zu halten.

Um diese Tunnel herzustellen, kaufe ich zuerst eine 6 x 30 m große Rolle Gewächshauspoly, dann suche ich einen freien Platz, auf dem ich jeweils 10.67 m Länge auf einmal ausrollen kann. Ich verwende eine ca. 10m-Länge für ein 7.62 m-Beet. Du benötigst eine zusätzliche Länge von 3m, weil die Tunnel ein paar Meter über dem Boden liegen, und du brauchst die zusätzliche Länge, damit der Kunststoff den Boden erreichen kann. Rolle den Kunststoff aus und schneide ihn auf die gewünschte Länge; dann schneide ihn mit einer sehr scharfen Schere in der Mitte auf. Eine 6m breite Rolle Poly wird zu Vierteln gefaltet, und das Teilen in der Mitte ist einfach eine Frage der Nähte an den Falten. Meine Grundkosten für diese Einheiten betragen $63 für das Poly, die Reifen, Klemmen und Firststangen. Das sind also etwa $31.50 pro 10.67m-Beet, das 6 EMT-Bügel pro Beet verwendet. Siehe Foto Nr. 52 im Abschnitt *Fotobeilage*.

Schnelltunnel

Ein Schnell-Polytunnel ist ein einfacher und kostengünstiger Saisonverlängerer, der in ein oder zwei Tagen gebaut werden kann. Die Grundmaterialien sind eine 3m lange, kettengliedrige obere Zaunschiene, Bodenpfosten, 6-mm-Gewächshauspoly, Kanalschleuse und 5 x 10 cm Kanthölzer. Diese Tunnel können bis zu vier 76.2 cm breite Beete mit 20.32 cm breiten Laufwegen abdecken, die in beliebiger Länge gebaut werden können. Auf meinem Hof hatte ich noch nie eine Parzelle, die länger als 15.24m war. Ein 15m-Schnelltunnel kostet etwa $500. Der Vorteil dieser Gewächshäuser für städtische Grundstücke ist, dass sie relativ klein sind und in die meisten städtischen Hinterhöfe passen. Siehe Fotos 42 und 50 (Schnelltunnel) in der *Fotobeilage*.

Hochtunnelhäuser

Das Hochtunnelhaus ist ein eher traditioneller Gewächshaustyp. Im Hinterhof meines Hauses habe ich davon zwei ca. 5.50 m x 14.60 m große Häuser. Sie wurden gebraucht für weniger als $1.000 pro Stück gekauft. Ein Hochtunnelhaus ähnelt eher einem traditionellen Gewächshaus. Als ich meines kaufte, waren alle Teile mit den Firststangen und Reifen vorgefertigt. Ich baute die Stirnwände nach Maß und installierte eine Kanalschleuse, um das Plastik festzuhalten. Ich würde den Bau eines Hochtunnelhauses aus Kostengründen und wegen der Zeit, die der Aufbau des Hochtunnelhauses in Anspruch nimmt, nur dann vorschlagen, wenn du einen langfristigen Pachtvertrag oder einen gesicherten Mietvertrag hast oder wenn du das Land selbst besitzt. Siehe Fotos Nr. 11, 20, 37 und 51 des Hochtunnelhauses im Abschnitt *Fotobeilage*.

Polyniedrigtunnel	Verwendung	Anzahl	Betrag
Biegemaschine	Kann gekauft oder einfach aus Holz gebaut werden. Zum Biegen der EMT-Bögen verwenden.	1	$60.00
1.2 cm x 3.00 m EMT	Die Bögen für die Tunnel. Verwende 6 pro ca. 7.60 m Beet; $2.30 pro Bogen.	6	$13.80
Rebar-Metallpfahl mit Schlaufe	Zwei Pfähle für jeden Tunnel halten das Seil unten, das als Firstbalken dient.	2	$6.00
¼Zoll gedrehtes Kunststoffseil	Das Seil wird an den Bewehrungsschlaufen verankert, an den Anfangsbogen gebunden, dann durch jeden Bogen geschlungen und wieder am Endreifen gebunden und verankert. Verwende ca. 12 m pro 7.60m-Beet. Eine 365m-Rolle kostet $45; Kosten = $1.50 pro Beet.	1	$1.50
6 m breite 6 mm starke Gewächshaus-Polyfolie	Eine 6m-Rolle kann in der Mitte geteilt werden, um zwei 3 m breite Stücke für die Tunnel herzustellen. Eine 6 m × 33 m-Rolle kostet etwa $215 und ergibt 6 Tunnel; Kosten = $35 pro Tunnel.	1	$35.00

Polyniedrigtunnel	**Verwendung**	**An-zahl**	**Betrag**
1Zoll Federklemmen	Um die Enden tagsüber offenzuhalten und den Kunststoff in windigen Gebieten zu sichern. 6 Klammern kosten $4; ich verwende mindestens 6 pro 7.60 m Beet.	6	$4.00
Sandbeutel	Sandsäcke können mit Sand oder Steinen gefüllt werden, um den Kunststoff ebenfalls festzuhalten. Kosten = $1.50 pro Stück; 6 pro 7.60 m Beet. Die Kosten pro Tunnel betragen $69.30. Das sind $35.65 pro 7.60 m Beet.	6	$9.00
Gesamt			**$129.00**

Abb. 41: Materialbedarf für Polyniedrigtunnel

30

Transport

Der Transport ist möglicherweise eine der größten Vorab-Investitionen, die du für deinen Hof tätigst, oder vielleicht gar keine. Weil städtische Höfe klein sind, sind riesige Investitionen im Allgemeinen nicht erforderlich. Weil wir nur kleine Produktionsmengen haben, brauchen wir nicht gleich große Fahrzeuge wie die meisten landwirtschaftlichen Betriebe. Für Betriebe mit 2000 m^2 oder weniger ist ein kleiner Lastwagen, Minivan, SUV oder Fahrräder mit Anhängern alles, was du brauchst, um deine tägliche Lieferung an Restaurants und Bauernmärkte zu tätigen. Meine anfängliche Investition in den Transport war etwas über $1.000 für ein Fahrrad und einen kundenspezifisch gebauten Anhänger. Ich hatte keine elektrische Unterstützung auf dem Fahrrad, als ich anfing, was mir einige Herausforderungen bescherte.

Lastwagen und Lieferwagen

Kleinlastwagen, Kombiwagen und Minivans funktionieren für einen städtischen Landwirt gut. Ich benutze einen kleinen Dreizylinder-Importlastwagen, und der erfüllt alle unsere täglichen Bedürfnisse auf dem Hof. Ich kann alles mitnehmen, was ich für den Markt brauche, um meinen Rototiller herumzufahren und 1.5m^3 Ladungen Kompost auf meine städtischen Grundstücke zu bringen. Viele Menschen, die in die städtische Landwirtschaft einsteigen, haben möglicherweise bereits ein Fahrzeug, das sie verwenden können. Ein großer Lastwagen oder Lieferwagen ist nicht unbedingt erforderlich. Siehe Lkw-Foto Nr. 17 in der *Fotobeilage*.

Pedalkraft

Als ich meinen Hof gegründet habe, waren alle meine Lieferungen zum Markt und zu Restaurants vollständig pedalbetrieben. Dies brachte einige

Herausforderungen auf der körperlichen Seite mit sich, da es bedeutete, dass ich oft Zeit und Energie darauf verwenden musste, zwischen den Parzellen hin und her zu fahren, anstatt meine Zeit mit mehr konstruktiven Dingen auf dem Hof zu verbringen.

Die Vorteile dieser Art der Landwirtschaft waren für mich, dass es am Anfang eine relativ preiswerte Methode war. Das Beste war jedoch das Maß an erzeugter Publicity. Auch heute kennen uns Menschen als *die Fahrradlandwirte,* und wir haben eine sehr engagierte Schar von Leuten, die fest an das glauben, was wir tun. Wenn du auf einem Fahrrad mit Anhänger herumfährst, wenn du einen 200kg- Rototiller ziehst, werden sich sicher einige Köpfe zu dir hin drehen. Jeden einzelnen Tag, an dem ich auf dem Markt verkaufe, kommen Leute auf mich zu und sagen, sie hätten mich mit dem Anhänger gesehen, und sie sind immer richtig aufgeregt darüber.

Um einen städtischen Hof mit dem Fahrrad zu betreiben, muss man die Kulturen und Standorte sehr sorgfältig auswählen. Du musst die Fahrzeiten zwischen den einzelnen Parzellen so kurz wie möglich halten, denn das kann an einem Tag viel Zeit verschlingen. Du kannst zehn Minuten mit dem Fahrrad zu einer Parzelle fahren und dann feststellen, dass du ein Werkzeug vergessen oder nicht genug Platz auf deinem Anhänger hast, um alles zurückzubringen, was du brauchst. Das verschlingt leicht viel Zeit am Tag und kann sehr kontraproduktiv sein. Mein bester Rat für das Betreiben deines Hofes mit Pedalkraft ist, nur Parzellen zu bewirtschaften, die innerhalb von 800m liegen, und nur Pflanzen anzubauen, die leichtgewichtig sind. Wenn ich noch einmal von vorne anfangen müsste, würde ich genau das tun. Sobald dein Hof wächst und du expandieren willst, nimm nur noch weiter entfernte Grundstücke in Angriff, wenn du ein Fahrzeug kaufen kannst. Anbausysteme wie Hi-Rotation und Bi-Rotation können dir ebenfalls helfen. Das alte Sprichwort *Notwendigkeit ist die Mutter der Erfindung* ist in diesem Fall absolut richtig.

Wir verwenden jetzt zwei elektrisch unterstützte Langheck-Nutzfahrräder mit speziell angefertigten Anhängern mit Stahlrahmen. Diese Fahrräder kosten mit der elektrischen Unterstützung jeweils rund $3000, und für den Bau der Anhänger mussten $400 für einen lokalen Schweißer aufgewendet werden. Nicht ganz so billig, aber der Wartungsaufwand ist weitaus geringer als bei einem Kraftfahrzeug, wenn man Versicherung und Verschleiß mit einbezieht. Siehe Foto Nr. 18 im Abschnitt *Fotobeilage*.

TEIL 7

ARBEITEN

In jedem Betrieb müssen täglich oder wöchentlich viele verschiedene Aufgaben erledigt werden. Dein Ziel als städtischer Landwirt sollte es immer sein, alle Aufgaben, die keinen unmittelbaren, quantifizierbaren Ertrag bringen, zu minimieren, zu rationalisieren oder zu eliminieren, sodass du dich auf Aufgaben konzentrieren kannst, die einen messbaren Ertrag bringen: Ernte, Pflanzen und Vermarktung. Für Aufgaben wie Unkrautjäten, Ausdünnen der Pflanzen, Wenden von Kompost und Handbewässerung sollte möglichst wenig Zeit aufgewendet werden. Minimiere diese Aufgaben, damit du mehr Zeit für deine Lieben hast, das Leben genießen und letztlich produktiver sein kannst. Ich arbeite im Durchschnitt 48 Stunden pro Woche auf meinem Hof, im Sommer sogar noch weniger.

31

Intelligenter statt härter arbeiten

Wahrscheinlich kennst du das alte Klischee *Arbeite intelligenter, nicht härter*. In meiner Freizeit spiele ich im Winter viel Squash. Es ist ein großartiges Beispiel für dieses Prinzip. In meinen jungen Jahren, als ich dieses Spiel erlernte, spielte ich mit einigen älteren Männern und Frauen, die sehr strategisch spielten und die mich Kreise um sie ziehen ließen. Ich war so erschöpft, dass ich meine Fähigkeit verlor, klar zu denken und den Ball zu kontrollieren, und so verlor ich das Spiel. Strategisch zu handeln ist das, was intelligentes Arbeiten ausmacht, und im landwirtschaftlichen Kontext bedeutet das, Zeit, Technik und die entsprechende Technologie einzusetzen, um die eigene Arbeit besser zu nutzen.

Sich seiner Zeit bewusst zu sein, ist sehr wichtig. Als ich mit dem Hof begann, habe ich jede einzelne Aufgabe zeitlich geplant, um mir ein besseres Verständnis dafür zu verschaffen, wie lange es dauern sollte. Ich habe alle Aufgaben dokumentiert. Wenn du weißt, wie lange Aufgaben dauern, kannst du deine Woche besser planen. Am Sonntagabend nach dem Abendessen verbringe ich normalerweise 30 Minuten damit, meine Woche zu planen. Ich habe eine Liste aller verschiedenen Aufgaben, die zu erledigen sind, und die habe ich in einen Kalender eingetragen. Da ich weiß, wie lange bestimmte Aufgaben dauern werden, kann ich mir ein ziemlich klares Bild davon machen, wie die Woche aussehen wird. Für jede Aufgabe, für deren Erledigung ich eine gewisse Zeit brauche, plane ich normalerweise 15-20 % mehr ein, wenn sie von jemand anderem erledigt wird.

Liste alle Aufgaben in deinem Betrieb auf. Notiere die Aufgaben, die du gut machst und die dir Spaß machen. Die Aufgaben, die dir nicht gefallen oder die du nicht so gut erledigst, sollten die ersten sein, die du an andere delegierst, zumindest solltest du sie zwischen dir und jemand anderem aufteilen. Auf meinem Hof macht es mir nicht besonders viel Spaß, Grünfutter einzusammeln; es macht mir nicht nur keinen Spaß, sondern ich weiß auch, dass meine Zeit an anderen Orten effektiver sein kann. Das war also die erste Sache, für die ich anfing, Hilfe in Anspruch zu nehmen.

Eine Aufgabe, die mir sehr viel Spaß macht und die ich sehr gut erledige, ist das Pflanzen, und so mache ich bis heute den größten Teil der Pflanzarbeiten auf meinem Hof. Ich bekomme oft Hilfe beim frühen Umpflanzen, aber wenn es um die Nachfolgebepflanzung und die Direktsaat geht, mache ich das alles selbst. Es ist eine Aufgabe, bei der es sehr wenig Spielraum für Fehler gibt. Irgendwann werde ich dabei Hilfe brauchen, aber es könnte eine der letzten Aufgaben sein, die ich delegiere. Ich will damit nicht sagen, dass du eine solche Aufgabe nicht delegieren solltest, aber du solltest auf jeden Fall zuerst Prioritäten setzen, was am besten delegiert werden kann.

Hauptaufgaben des Betriebs

- Waschen
- Portionierung
- Verpackung
- Bewässerung
- Ernte
- Bepflanzung
- Büroarbeit
- Aufzeichnung von Felddaten

Eine weitere Möglichkeit, deine Zeit gut zu nutzen ist es, alles, was du tust, auf der Grundlage von Einnahmen und Kosten zu sehen. Früher habe ich ein paar Stunden pro Woche den Komposthaufen gewendet. Dieses Arbeit ist niedere Arbeit (soweit es mich betraf). Erstens machte es mir überhaupt keinen Spaß, und zweitens, als ich den dafür aufgewendeten Zeitaufwand tatsächlich aufsummiert und mit dem Wert des Kompostes verrechnet habe, den ich im Gegenzug machte, war ich schockiert, wie teuer mein eigener Kompost war. Wenn ich insgesamt fünf Stunden damit verbringe, bei verschiedenen Gelegenheiten Kompost zu wenden, könnte das etwa einen Meter Kompost ergeben. Für $40 kann ich einen Meter Kompost von einem lokalen Kollegen kaufen, der es weit besser macht, als ich das kann, und ich muss meinen Rücken nicht belasten, wenn ich ihn von Hand wende. Mache eine echte Kosten-Nutzen-Analyse von allem, was du tust; schau dir an, ob es eine bessere Möglichkeit gibt, dies zu tun, oder verzichte ganz darauf.

Hinterfrage alles, was du auf dem Hof machst. Wenn du viel Zeit damit verbringst, Unkraut zu jäten, frage dich: „Warum ziehe ich ständig Unkraut? Gibt es einen Weg, Unkraut ganz zu vermeiden? Gibt es etwas, was ich tun kann, bevor Unkraut zu einem Problem wird?“ Dasselbe gilt für Pflanzenbau. Früher musste ich die Karotten von Hand ausdünnen. Dies ist eine riesige Verschwendung der Zeit, denn wenn du die herausgezogenen Teile nicht verkaufen kannst, wirst du für deine Arbeit nicht bezahlt. Für mich bestand die Lösung also darin, Möhren auf eine Weise auszusäen, die kein Ausdünnen erforderte. Dies bedeutete Investitionen in eine bessere Aussaat-Ausrüstung, wie den Jang Seeder.

Ein weiterer Aspekt einer intelligenteren Arbeitsweise ist es, kein Perfektionist mehr zu sein. Wenn du in allem nach Perfektion strebst, wirst du selten zufrieden sein. Wenn du eine Qualität von 85 % erreichen kannst, ist das gut genug, und die meisten Leute können keinen Unterschied zwischen 85 % und 100 % erkennen. Stelle dir vor, du füllst ein Glas Wasser unter dem Wasserhahn auf. Die ersten 85 % füllen sich sehr schnell und um es dann voll zu bekommen, müsstest du den Wasserfluss verlangsamen, damit es nicht überläuft. Das ist im Leben so und besonders bei vielen Aufgaben auf dem Hof. Bei der Direktsaat ist es nicht so wichtig, sich die zusätzliche Zeit zu nehmen, um perfekt gerade Reihen zu bekommen, denn das macht keinen merklichen Unterschied in deiner Produktion. Die meisten Leute kommentieren ohnehin, wie gerade meine Reihen sind. Mache die Arbeit richtig, sei effektiv, aber bringe dich nicht um, indem du alles perfekt machst.

Kann die Zeit einen Teil deiner Arbeit für dich erledigen? Das zeitweise Abdecken eines Rasens unter Verwendung von Planen, um eine neue Parzelle vorzubereiten, kann den größten Teil des Rasens vernichten. Das bedeutet weniger Arbeit und Ressourcen, die du aufwenden musst, um die Arbeit zu erledigen. Die Verwendung der Frühbeettechnik zur Vorbereitung von Beeten und das anschließende Abdecken mit Planen für ein oder zwei Wochen ist eine zeitbasierte Technik, bei der eine geeignete Technologie zum Einsatz kommt. Lasse die Zeit die Arbeit tun, Unkraut auf der Bodenoberfläche zum Keimen zu bringen, damit du das Unkraut abflammen kannst, oder lasse es einfach von den Planen ersticken. Das spart massiv Zeit, denn wenn du keine Unkräuter in deinen Beeten hast, musst du keine Zeit mit dem Herausrupfen verbringen. Wenn ich Möhren ernte, weiche ich sie an dem Tag sofort in Wasser ein. Das Einweichen macht das Waschen der Möhren sehr einfach, denn die Zeit, die sie im Wasser verbringen, lockert den Schmutz auf, sodass sie viel leichter zu reinigen sind. Denke bei jeder Aufgabe, die du erledigst, daran, wie Zeit, Technik und Technologie die Aufgaben beschleunigen und dir die Arbeit erleichtern können.

Die 48-Stunden-Woche (oder weniger) auf dem Hof

Wenn ich Landwirten sage, dass ich durchschnittlich 48 Stunden pro Woche arbeite und im Sommer oft weniger, glauben sie mir nicht. Wie ist es möglich, dass ein Landwirt weniger arbeitet als die meisten Kleinunternehmer? Nun, dafür gibt es viele Gründe. Der auffälligste Grund ist die Auswahl meiner Kulturpflanzen. Ich baue nur eine Handvoll Sommerkulturen an, wie Tomaten, Gartenkürbis, Paprika und Auberginen. Viele Landwirte sind in den Sommermonaten am meisten beschäftigt, weil zu dieser Zeit so viele ihrer Ernten reifen, dass es mit Ernte und Unkrautbekämpfung viel Arbeit zu tun gibt. Unkraut ist auf meinem Hof kaum ein Thema, weil es proaktive Techniken gibt, die ich in diesem Teil näher erläutern werde. Auch weil ich in der Nähe meines Bauernmarktes wohne, muss ich am Samstag nur 30 Minuten früher aufwachen, bevor ich am Morgen hinfahre.

Eine Strategie, die mir viel Zeit erspart, ist, dass ich meine wöchentliche Ernte ausbalanciere. Anstatt alles an einem Tag für die Restaurantlieferungen am Freitag und den Samstagsmarkt zu ernten, balanciere ich es über die ganze Woche aus. Im Allgemeinen versuche ich, die am wenigsten verderblichen Kulturen (zum Beispiel Hackfrüchte) zu Beginn der Woche zu ernten, dann die am meisten verderblichen (Grün und Mikrogrün) gegen Ende der Woche. Ich habe im Laufe der Jahre festgestellt, dass ich am produktivsten bin, wenn ich gut ausgeruht bin und die gleiche Aufgabe nicht zu lange erfülle. Meine produktivsten Stunden des Tages sind die ersten paar Stunden am Morgen und die letzten ein oder zwei Stunden nach einer Siesta im Sommer. Wenn du auf etwas Neues stößt, wirst du es mit viel mehr Elan angehen. Das ist zum Teil der Grundgedanke hinter der Verteilung der Ernte. Finde auch den optimalen Zeitpunkt für die Ernte einer bestimmten Pflanze, sodass es weniger Arbeit ist, sie zu ernten oder zu waschen. Wenn zum Beispiel das Wetter unter der Woche perfekt ist, ernte ich Salatgrün in der Regel an einem Donnerstag, sodass der Freitag damit verbracht werden kann, Bestellungen zusammenzustellen und zu portionieren. Wenn das Wetter jedoch nicht perfekt ist und es am Erntetag regnet, muss ich das Grünzeug waschen, was die Woche um weitere vier Stunden verlängern kann. Ich beobachte jede Woche die Wettervorhersage und plane, die Grüns am besten Tag dafür zu ernten. Wenn das bedeutet, dass Dienstag der trockenste Tag der Woche sein wird, werde ich sie eben dann ernten. Wenn ich die Grüns nicht waschen muss, sind sie viel länger haltbar. Im Allgemeinen finde ich, dass es am besten ist, nichts im Regen zu ernten, wenn es möglich ist. Wenn deine Stiefel im Schlamm stecken bleiben, bremst dich das aus. Wenn du ab und zu anhältst, um dein Hemd, deine Socken oder Handschuhe zu wechseln, bremst dich das. Manchmal ist es unvermeidlich, aber so oft ich kann, strukturiere ich meine Ernte nach dem wöchentlichen Wetter.

Strukturierung der Woche

Es gibt viele Aufgaben auf dem Hof, die regelmäßig erledigt werden müssen. Zu diesen Aufgaben gehören Pflanzen, Ernten, Baumschularbeiten, das Wenden von Beeten, die Vorbereitung neuer Parzellen, der Ab- und

Aufbau der Polyniedrigtunnel, das Flammenjäten sowie das Öffnen und Schließen von Gewächshäusern.

Die Verwaltung mehrerer Parzellen kann hektisch sein, daher ist eine Strategie, bei der man die Arbeitsbelastung ausgleicht, sehr wichtig. Bei den Parzellen in meinen Hi-Rotations-Bereichen ist die Arbeit an diesen einfach, weil sie so nahe beieinander liegen. Einige Parzellen in meinen Bi-Rotations-Bereichen sind jedoch etwas weiter entfernt, sodass ich dort so viele Aufgaben wie möglich auf einer Tour dorthin erledigen möchte. Egal, ob ich dort unter der Woche pflanzen oder ernten muss, ich fasse alle Aufgaben auf dieser Parzelle in einer Ausfahrt zusammen. Für diese Ausfahrten benutze ich meinen Lastwagen und packe meine Pflanzgeräte, Werkzeuge für die Notfallbewässerung und Ernteausrüstung ein. Ich mache alles, was auf der Parzelle getan werden muss, in einem Rutsch.

Wöchentliche Routinen

Die Aufbauphase ist die arbeitsreichste Zeit unserer Saison. Von Mitte März bis Mitte Mai arbeite ich etwa 60 Stunden pro Woche. Für die meisten Landwirte ist dies eine arbeitsreiche Zeit, da sie die gesamte Infrastruktur für eine weitere Saison zusammenstellen: Bewässerung einrichten, Gewächshäuser ausräumen, Polytieftunnel anlegen, neue Parzellen vorbereiten, in der Anzuchtstation mit der Aussaat beginnen und große Flächen von Beeten für frühe Saatbeete vorbereiten. Das Leben auf dem Hof ist zu dieser Jahreszeit ziemlich hektisch, aber wenn die Infrastruktur erst einmal aufgebaut ist, geht es für den Rest der Vegetationsperiode mehr oder weniger reibungslos vonstatten.

Schneller Überblick

Auf wöchentlicher Basis beliefert mein Betrieb neun Großkunden und einen Bauernmarkt. Sieben dieser Kunden sind mittlere bis gehobene Restaurants unterschiedlicher Größe, und zwei davon sind Vertreiber von Bioprodukten. Ich liefere jeden Freitag bis 14.00 Uhr an die Restaurants, dienstags bis 9.00 Uhr an einen der Verteiler und am Mittwochnachmittag an den anderen. Der Verteiler Nr. 2 holt seine Bestellungen manchmal am Mittwoch ab. Ich erhalte eine Bestellung von Verteiler Nr. 1 am Sonntagnachmittag, sodass ich am Montagmorgen mit der Ernte für diesen Kunden beginnen kann. Ich erhalte die Bestellung von Verteiler Nr. 2 am späten Montagnachmittag. Meistens kann ich mit der Ernte für beide Vertriebspartner etwa zur gleichen Zeit beginnen. Ich tue dies, damit ich zur gleichen Zeit an denselben Standorten ernten kann, was für mich weitaus effizienter ist, da mein Betrieb ja an mehreren Standorten tätig ist.

Ich erhalte alle meine Restaurantbestellungen bis Donnerstag um 9 Uhr morgens, und das bedeutet, dass der Großteil der Ernte und des Waschens für Restaurants am Donnerstag und der Großteil der Verarbeitung mit Waschen, Portionieren und Verpacken am Freitag erfolgt. In den Sommermonaten, wenn die Mengen hoch sind und die Temperatur ebenfalls hoch ist, beginnen wir mit der Ernte am Mittwoch. Zu den Frühernten gehören Rüben, Karotten, Tomaten und andere weniger verderbliche Pflanzen. Meine Strategie besteht darin, die Erntezeit auf einige Tage zu verteilen, sodass wir zu den optimalen Tageszeiten ernten können. Im Sommer sind das die frühen Morgen- und Abendstunden.

Präventive Unkrautbekämpfung

Unkrautjäten müsste die eine Aufgabe sein, die ich am wenigsten tun möchte. Es macht mir jedoch tatsächlich Spaß, Unkraut zu jäten, und ich liebe das Gefühl, es aus dem Boden zu ziehen. Genau das ist auch das Problem. Es ist etwas, das ich tue, und Stunden vergehen und dann frage ich mich, wo der Tag geblieben ist. Der beste Weg, mit Unkraut umzugehen ist, gar nicht zu jäten. Proaktive und präventive Maßnahmen zur Unkrautbekämpfung sind der beste Zeitgewinn auf dem Hof.

Wenn du Biobauern fragst, werden dir die meisten sagen, dass ein großer Teil ihrer Arbeit dem Unkrautjäten gewidmet ist. Das ist mit ein Grund dafür, dass viele Landwirte am Ende der Saison keinen großen Gewinn erzielen. Unkrautjäten ist eine dieser Aufgaben, die kein leicht messbares Ergebnis haben. Man kann es nicht zählen oder einen Preis darauf setzen, wie man es bei einem Pfund Suppengrün oder Bündeln von Radieschen macht. Deshalb darf man nicht zu viel Zeit darauf verschwenden.

Präventive Unkrautbekämpfung für Beete

Die Unkrautvermeidung erfolgt durch die Technik des *frühen Saatbeets*: Wir bereiten die Beete Wochen vor der Auspflanzung vor, damit die Unkrautsamen keimen können; dann beseitigen wir dieses Unkraut entweder durch Ersticken oder durch Flammenjäten. Zu Beginn der Saison bereite ich mit dieser Technik große Beetflächen vor. Ich beginne mit der Vorbereitung entweder durch Rototillen oder durch Direktsaat mit einer breiten Gabel und einem Kipper. Bei beiden Verfahren gebe ich meinen gesamten Kompost und Dünger in das Beet und arbeite beide dann in den Boden ein. Danach werden die Beete stark gewässert und dann mit einer Plane abgedeckt.

Die Idee besteht darin, ein optimales Umfeld für das Keimen der Unkräuter in der obersten Bodenschicht zu schaffen. Die Dauer dieser Keimung ist je nach Jahreszeit unterschiedlich lang. Am Anfang dauert es mindestens zwei Wochen, im Sommer kann die Keimung aber auch nur eine Woche dauern. Sobald das Unkraut keimt, hast du zwei Möglichkeiten: Entweder lässt du die Plane noch zwei Wochen drauf (wenn du die Zeit dafür hast), oder wenn du sofort eine neue Kultur anpflanzen musst, bringst du den Flammenjäter zum Einsatz und fackelst die Beete ab. Ein Flammenjäter verbrennt nur die oberen 8mm des Bodens und verletzt deine Bodenstruktur nicht. Aber die Flammen zerstören all diese neuen Unkräuter. Wenn du nun pflanzt, säst oder Setzlinge direkt in den Boden setzt, dann ohne ihn zu stören und die restlichen Unkrautsamen zum Keimen zu bringen. Wenn wir bis zur Mitte der Saison einen stetigen Wechsel der Beete erreicht haben, verwenden wir immer noch den Flammenjäter. Sobald eine Kultur geerntet und die verbleibenden Ernterückstände entfernt worden sind, ist es an der Zeit, sie neu zu bepflanzen. Große Unkräuter werden von Hand aus dem Beet gezogen und kleine, die vor Kurzem gekeimt sind, gegebenenfalls abgefackelt. Dann bearbeiten wir das Beet mit einer Direktsaattechnik, um uns auf die Neupflanzung vorzubereiten. Wenn es nicht viele äußere Gründe dafür gibt, dass Unkrautsamen auf dein Land wehen, werden deine Beete mit der Zeit durch diesen Prozess weniger unkrautanfällig.

Präventive Unkrautbekämpfung für den Randbereich

Ich verwende im Randbereich schweres Landschaftsgewebe oder eine Art Mulch, in der Regel Holzspäne. Standardmäßig verwende ich Landschaftsgewebe, weil es für eine Person leicht ist, eine Umgrenzung in 30 Minuten anzulegen, während das Schaufeln von Hackschnitzeln den ganzen Tag dauern kann. Ich verwende Holzhackschnitzel nur dann, wenn ich einen langfristigen Besitzanspruch auf dieses Landstück habe. Wenn es sich um ein Grundstück handelt, auf dem ich vielleicht nur ein paar Jahre bin, dann ist Landschaftsgewebe der beste Ansatz. Siehe Fotos Nr. 6 und Nr. 12 im Abschnitt *Fotobeilage*.

Abb. 42: Abflammen mit einem 5-Flammenjäter

Unkraut jäten, wann und wann nicht

Zu wissen, wann gejätet werden muss, ist ebenfalls sehr wichtig. Zeit damit zu verbringen, ein Radieschenbeet mit Unkraut zu jäten, ist keine effektive Nutzung der Zeit; denn Radieschen wachsen so schnell, dass sie gut mit dem Unkraut konkurrieren, und dann sind sie aus dem Boden.

Es ist jedoch wichtig, immer darauf zu achten, dass man Unkraut zieht, das zur Aussaat geht. Ein Unkraut wird Tausende von Samen produzieren, also musst du den Überblick behalten, vor allem in der Nähe von Nutzpflanzen, wie zum Beispiel bei Loseblattgrün. Diese Pflanzen werden mehrfach geschnitten, deshalb ist es sehr wichtig, dass die Beete um sie herum frei von Unkraut sind. Andernfalls wirst du zu viel Zeit damit verbringen, die Kultur nach der Ernte vom Unkraut zu befreien.

Wenn du längerfristig anbaust, ist es selbst bei Karotten sehr, sehr wichtig, ein *frühes Saatbeet* zu schaffen, aber es wird unweigerlich Zeiten geben, in denen du dort Unkraut entfernen musst.

Deine Verluste minimieren

„You’ve got to know when to fold ’em, know when to hold ’em.“[22], so das klassische Lied von Kenny Rogers. Das ist in der Landwirtschaft sehr zutreffend. Man muss wissen, wann man seine Verluste begrenzen, korrigieren und weitermachen muss. Auf der Mikro-Landbasis eines städtischen Hofs ist es absolut entscheidend, die Produktion zu maximieren. Seien wir ehrlich, in der Landwirtschaft passiert manchmal auch das Unerwartete. Es kann extremes Wetter sein, ein Ausfall der Bewässerung, schlechtes Saatgut – es gibt viele Gründe, warum eine Ernte ausfallen kann. Der Trick be-

22 Etwa: „Man muss wissen, wann man aufgibt und wann man weitermacht.“

steht darin, das Problem schnell zu erkennen, es zu korrigieren und neu zu beginnen.

Manchmal verkaufe ich vielleicht nicht so viel von einer Kultur, wie ich dachte, und um kein Geld mehr für eine unverkäufliche Kultur zu verlieren, ziehe ich sie vielleicht aus dem Boden und pflanze etwas anderes an, das stärker nachgefragt wird. Während einer Saison ließ ich eine Fläche mit Grünkohl bepflanzen. Auf einer Parzelle gab es sechs Beete davon in Produktion. Ich pflanzte die sechs Beete mit dem Plan, zwei pro Woche abzuernten, und nachdem die letzten beiden geerntet waren, würden sich die ersten beiden so weit regeneriert haben, dass sie erneut abgeerntet werden könnten. Dies funktionierte in den ersten beiden Zyklen gut, aber als ich die letzten beiden Beete aberntete, waren die ersten beiden bereits vollständig regeneriert. Zu diesem Zeitpunkt produzierte ich also zu viel Grünkohl – oder zumindest mehr, als ich verkaufen konnte. Ich hatte vor, hier nach dem Grünkohl am 1. August Herbstmöhren anzubauen, also beschloss ich, am 1. Juli zwei Beete abzuräumen und an ihrer Stelle zwei Beete mit Rübenbabys zu pflanzen. Das war nicht ideal, denn ich pflanzte ein Schnellgemüse in einem Bi-Rotation-Gebiet, aber es war nur für kurze Zeit und unterbrach meinen Arbeitsablauf nicht. Im Sommer sind Rübenkulturen eine 21-Tage-Ernte, und ich mache ein paar Schnitte, bevor ich sie untergrabe. Ich konnte so meine Möhren trotzdem termingerecht pflanzen, weil das Rübengrün einen so kurzen Zyklus hatte.

32

Die Ernte

Nur sehr wenige Aufgaben passieren auf dem Hof so oft wie die Ernte. Ich bin bestrebt, meinen Betrieb auf einem konstanten Produktionszustand zu halten, indem ich mich auf Kulturen konzentriere, die ständig neu gepflanzt und geerntet werden. Der beste Weg, einen stetigen Cashflow auf einem Hof zu erzielen, ist, ständig Produkte zum Verkauf zu haben. Wenn wir uns in der Hauptsaison befinden, ernten wir jeden Tag etwas. Die Ernte ist eine Aufgabe, die deshalb so rationell und effizient wie möglich durchgeführt werden muss.

Es gibt eine Reihe von Ernteprotokollen für die verschiedenen Kulturen auf dem Hof, und es gibt einige Kernprinzipien, die für alle gelten, unabhängig davon, was wir ernten. Sei mit deinen Körperbewegungen effizient. Führe mit deinen Händen oder Werkzeugen so wenig Hin- und Herbewegungen wie möglich aus und maximiere die Produktmenge, die du hältst, schneidest oder ziehst. Wenn du zum Beispiel Grüns von Hand erntest, solltest du beim Schneiden so viele Grüns in deiner Hand halten, wie du kannst – bevor du deine Hand bewegst, um sie in deinen Korb zu werfen. Wenn du ein Blatt nach dem anderen pflückst und deine Hände für kleine Mengen hin und her bewegst, dauert es viel länger, bis du deine Ernte beendet hast. Wenn du Radieschen pflückst, nimm ein ganzes Bündel in die Hand, bevor du welche ablegst, und jedes Mal, wenn du deine Hände zum Erntekorb bewegst, wirf ein ganzes Bündel hinein.

Effizientes Bewegen gilt auch beim Hin- und Hergehen von deinem Ernteplatz zu deinem Erntefahrzeug oder wo immer du das Produkt hinbringst. Bringe jedes Mal, wenn du von Punkt A nach Punkt B gehst, etwas mit. Bringe so viele Erntewerkzeuge mit, wie du bequem mitnehmen kannst, wenn du auf das Feld gehst; dadurch wird die Zeit minimiert, in der du von der Parzelle weggehen musst, um ein anderes Werkzeug oder einen anderen Behälter zu holen.

Erntewerkzeuge und -ausrüstung

- Ernte-Kontrollzettel auf einer Zwischenablage – um die Ernte zu verfolgen, Notizen oder Änderungen vorzunehmen und meine Erträge zu verfolgen.
- Analoge Waage – zum Wiegen der laufenden Ernte
- Malerklebeband und Marker – zum Beschriften von Behältern bei der Ernte
- Erntebehälter und Großbehälter
- Heugabel – um Möhren zu ernten und bei Bedarf tiefes Unkraut oder invasives Gras zu ziehen
- Erntemesser – zum Ernten von Spinat und gebündelten Kräutern
- Quick Cut Greens Harvester mit vier Ersatzbatterien
- Minibehälter mit Gummibändern – zum Bündeln von Kräutern und Wurzeln

Die Ernte in Betrieben mit mehreren Parzellen kann logistisch sehr aufwendig sein, da du sorgfältig abwägen musst, was du an diesem Tag ernten wirst, wo sich die Ernte befindet und welche Werkzeuge und Geräte du benötigst, um die Arbeit schnell und korrekt zu erledigen. Wenn ich für einen Erntetag packe, belade ich meine Fahrradanhänger oder Lastwagen mit allem, was ich brauche, und manchmal auch mit ein paar zusätzlichen Werkzeugen, nur für den Fall, dass ich sie brauche. Oft bringe ich auch eine Steigbügelhacke und eine Mistgabel mit, falls ich irgendwelche potenziell wilde Stellen mit Unkraut sehe. Ich bringe auch eine kleine Tasche mit ein paar Kupplungen für die Bewässerungsleitungen, Werkzeug und zusätzliche Batterien für die Zeitschaltuhr für den Fall mit, dass ich Probleme mit der Beregnungsanlage auf einer Parzelle habe. Diese nicht dabei zu haben, hat mich schonmal ein paar Fahrten zu den Parzellen hin und her gekostet, obwohl ich mich eigentlich nur auf die Ernte hätte konzentrieren sollen.

Die sieben Stufen der Ernte

Wir folgen sieben Stufen, um jede Woche eine erfolgreiche Ernte zu erzielen. Solange wir alle notwendigen Werkzeuge und Ausrüstungen haben, die wir für den Tag der Ernte benötigen, gehen wir so vor, um alles, was wir brauchen, zu ernten und für Lieferungen und den Markt bereit zu machen.

1. Strukturierung der Erntewoche.
2. Sammle deine Bestellungen und stelle ein Ernteblatt zusammen.
3. Ernten zur richtigen Tageszeit (trocken und kühl).
4. Entscheide im Voraus die Reihenfolge, in der du erntest.
5. Stelle deine Ernte in den Schatten zum Abkühlen der Feldwärme.
6. Schaffe dir einen Überblick über deine Ernte.

7. Lagere deine Ernte im Kühlhaus.

1. Strukturierung der Erntewoche

In diesem Stadium prüfen wir, welche Pflanzen während der Woche geerntet werden, wo sie sich befinden und an welchen Tagen sie am besten geerntet werden können. Eine schnelle Überprüfung der wöchentlichen Wettervorhersage könnte deine Pläne leicht ändern. In der Vor- und Nachsaison wird auf meinem Hof die gesamte Ernte und Verarbeitung am Donnerstag und Freitag durchgeführt. Im Sommer, wenn der Betrieb voll produktiv ist, brauchen wir mindestens drei Tage, um die Ernte, das Waschen und das Verpacken abzuschließen. Am Mittwoch beginnen wir mit den am wenigsten verderblichen Kulturen (wie Rüben, Karotten und Tomaten) und/oder mit den am weitesten entfernten Kulturen im Netz der landwirtschaftlichen Parzellen. Die meisten davon werden am Ende des ersten Erntetags geerntet und/oder gewaschen sein. Wenn einige landwirtschaftliche Parzellen in der Netzwerkkette weiter entfernt sind, werden wir alle benötigten Feldfrüchte von diesem bestimmten Standort ernten. Wenn wir zum Beispiel Rüben und Karotten von einem Standort ernten, der auch Grünkohl hat, ist es sinnvoll, dass wir auch den Grünkohl ernten, damit wir nicht am nächsten Tag wiederkommen müssen.

Im Allgemeinen werden die verderblichsten Feldfrüchte am zweiten Tag geerntet. Donnerstags ernten wir die meisten Babywurzeln, wie Radieschen, Rüben und Grünzeug, und am Ende des Tages dann Mikrogrün. Im Hochsommer wird am Freitag alles verpackt und portioniert. Um unsere Zeit so gut wie möglich zu nutzen, mischen wir die Ernte mit anderen Aufgaben auf dem Hof. Wenn wir zum Beispiel aus einem bestimmten Grund an einen unserer entfernteren Standorte gehen müssten – sei es, um die Bewässerung zu reparieren, etwas anzupflanzen oder Polytunnel zu verlegen – und es an diesem Standort etwas zu ernten gäbe, würden wir versuchen, es dann auch zu ernten.

2. Sammle deine Bestellungen und verfasse ein Ernteblatt

Bevor wir mit der Ernte beginnen können, müssen wir zunächst unsere Bestellungen sammeln und sie in ein Ernteblatt eintragen, das wir mit aufs Feld nehmen. Dies geschieht, indem wir die Summen jeder zu erntenden Kulturart addieren und dann eine Liste aller dieser zu erntenden Summen erstellen.

Bauernmärkte

Was ich jede Woche zum Bauernmarkt mitnehme, basiert ungefähr auf dem, was letzte Woche gekauft wurde und dann leicht modifiziert auf der Grundlage der Verkäufe oder dem, was übrig blieb. Wenn ich zum Beispiel eine Woche lang 100 Packungen Frühlingsmischung mitgebracht, jedoch nur 80 verkauft habe, bringe ich beim nächsten Mal etwa 80 Packungen mit und versuche, jede zusätzliche Menge, die sonst auf den Markt gegangen wäre, an andere Kunden, zum Beispiel Köche, weiterzugeben.

Grundbesitzer

Unsere Landbesitzer erhalten am Montag eine Email, in der alle Produkte aufgelistet sind, die wir für sie zur Verfügung haben. Du kannst je nach Saison einen Wert zwischen $20 und $30 wählen, und sie müssen diese Bestellungen bis Donnerstagmorgen bei uns abgegeben haben. Diese Mengen werden in das Ernteblatt aufgenommen.

Restaurants

Unser wöchentliches Frischeblatt geht jeden Montagmorgen an die Köche, und ab Mittwoch erhalten wir von ihnen Bestellungen. Die Frist für Restaurantbestellungen endet am Donnerstagmorgen um 9 Uhr. Ich gebe alle meine Restaurantbestellungen in eine Tabelle ein, sobald ich sie erhalte. Wenn ich bis 9 Uhr morgens nicht alle Bestellungen erhalten habe, schicke ich eine Textnachricht, einen Telefonanruf oder eine Email. Wenn ich immer noch nichts von ihnen höre, gehe ich aufs Feld und beginne trotzdem mit der Ernte. Bei Kunden, die sehr konsistent sind, werde ich einfach ihre Bestellung der letzten Woche ausschneiden und in das Ernteblatt einfügen und auf dieser Grundlage mit der Ernte beginnen. In den Sommermonaten fangen wir am Mittwoch mit der Ernte an, und ich spekuliere bei einigen Bestellungen auf der Grundlage dessen, was sie in der letzten Woche hatten. Wenn du alles auf Tabellenkalkulationen verfolgst, hast du einen Überblick über die Bestellungen deiner Stammkunden. Du wirst aus Erfahrung lernen und voraussagen können, was deine Hauptkunden jede Woche brauchen werden. Es wird einige Zeit dauern, aber im Laufe der Jahre war ich in der Lage, die Bestellungen meiner Kunden auf der Grundlage früherer Saisons vorherzusagen.

3. *Ernten zur richtigen Tageszeit*

Die Ernte bei kühler Witterung ist besser für die Haltbarkeit und das Aussehen des Produkts, und sie ist auch besser für die Menschen, die die Arbeit verrichten. Einige Nutzpflanzen sind anfälliger für Hitze als andere, aber in der Regel ist es besser, während der kühlen Tageszeit zu ernten. Zwei Ausnahmen hiervon sind Wurzel- und Sommerkulturen. Wenn es sein muss, kann man sie auch bei Hitze ernten, aber es müssen einige Protokolle eingehalten werden, um ihre Qualität zu gewährleisten. Siehe Kapitel 33 und Teil 10 für weitere Einzelheiten.

Im Frühling und Herbst ist die Tageszeit nicht ganz so wichtig, da die Temperaturen im Allgemeinen viel kühler sind. Wichtiger ist in diesen Jahreszeiten die Ernte bei Trockenheit. Im Falle von Grüns wird dadurch die Verarbeitungszeit verkürzt, aber es ist auch nicht sehr angenehm, im Regen zu arbeiten.

Wenn du im Regen arbeiten musst, erledige so viele Aufgaben, wie du an diesem bestimmten Tag in Gewächshäusern oder unter Dach erledigen musst: Das könnte die Verarbeitung einiger bereits geernteter Pflanzen oder die Ernte in den Gewächshäusern sein. Diese Planänderung könnte dir genug Zeit verschaffen, um den Regen abzuwarten. Ich überprüfe ständig die Wettervorhersagen, um zu sehen, wie das Wetter sein wird, und ich plane dann meine Erntewoche entsprechend. Wenn das Wetter angenehm und beständig ist, halte ich mich an die regelmäßigen Ernteprotokolle, die in Phase 1 festgelegt wurden.

4. *Entscheide im Voraus die Reihenfolge, in der du erntest*

Die Reihenfolge, in der du erntest, ist sehr wichtig: Ernte die am wenigsten verderblichen Pflanzen zuerst und die am meisten verderblichen zuletzt. Da wir auf mehreren Parzellen anbauen, gibt es einige logistische Aspekte zu berücksichtigen. Wenn wir zu einer Parzelle kommen, auf der Radieschen, Kräuter, Rüben und Grünzeug geerntet werden müssen, ernte ich zuerst die Radieschen und Rüben, dann das Grünzeug und die Kräuter. Lasse die verderblichsten Feldfrüchte bis zum Ende der Erntezeit stehen, um die Zeit zwischen der Ernte und dem Ablegen in deinem Kühlschrank so kurz wie möglich zu halten.

5. *Stelle deine Ernte zum Abkühlen der Feldwärme in den Schatten*

Wenn es sonnig ist, stelle deinen Behälter, nachdem du einen Korb, eine Tonne oder einen Behälter voller Produkte geerntet hast, sofort in einen schattigen Bereich. Wenn du mit Hackfrüchten beginnst, besprühe diese nach der Ernte mit etwas Wasser, während sie im Schatten stehen. Manchmal fülle ich den Behälter auch mit Wasser und lasse die Wurzeln darin, während ich weitere Produkte ernte. Das hat einen doppelten Effekt: Zum einen entzieht es dem Gemüse die Feldwärme, und zum anderen löst sich der Schmutz auf dem Gemüse leichter, wenn es gewaschen werden muss. Achte nur darauf, die Behälter abzulassen, bevor du sie auf dein Fahrzeug packst. Sommerkulturen, wie Tomaten, Gartenkürbis und Paprika, stelle einfach in den Schatten.

Im Allgemeinen wässere ich Grüns nach der Ernte nicht. Nur wenn die Temperatur bei der Ernte zu warm ist, füge ich einen Spritzer Wasser hinzu. Stelle die Grüns sofort in einen schattigen Bereich und lasse den Deckel auf dem Behälter, damit sie keine Feuchtigkeit verlieren.

6. Schaffe dir einen Überblick über deine Ernte

Jedes Mal, wenn ich einen Behälter mit Grünzeug oder Wurzelgemüse fülle, wiege oder zähle ich es und markiere dann diese Informationen auf meinem Ernteblatt (siehe Abbildung 9). Du musst den Überblick darüber behalten, was du geerntet hast, damit du weißt, was du noch brauchst. Dann nehme ich Malerklebeband und Marker und beschrifte den Behälter, sodass ich, wenn er in den Kühler kommt, sehen kann, was er enthält. Während der Ernte ist es wichtig nachzuvollziehen, wie viel Ertrag deine Parzellen bringen. Wenn du ein Rucola-Beet schneidest, schreibe auf, wie viel du geerntet hast. Wenn du ein halbes Karottenbeet abgeerntet hast, schreibe das auf: Notiere, wie viel von dem Beet geerntet wurde und das Gewicht. All diese Informationen helfen dir bei der zukünftigen Betriebsplanung, da du weißt, was du von bestimmten Kulturen zu erwarten hast.

7. Lagere deine Ernte im Kühlhaus

Sobald du wieder an deiner Heimatbasis angekommen bist, lege sofort alles in deine begehbaren Kühlschränke. Ich finde es hilfreich, Dinge, die nicht verarbeitet werden müssen, in die Nähe der Rückseite oder des Bodens zu legen, sodass Produkte, die du zuerst brauchst, in der Nähe der Ober- oder Vorderseite sind. Das erspart dir unnötiges Herumschieben von Behältern.

Protokolle

Hier findest du einige spezifische Protokolle für Nutzpflanzensorten, die wir auf meinem Hof anbauen. Umfassende Einzelheiten zu jeder Kultur findest du in Teil 10.

Grüns

Grüne Pflanzen (Baby-Blattgrün wie Kopfsalat, Rucola, Senfgrün und Spinat) können je nach Wetterlage am schnellsten oder am langsamsten geerntet werden. Die Überprüfung der Vorhersage kann den Unterschied zwischen einer schnellen Ernte (in zwei Stunden) oder einer schlammigen Zeit im Regen bedeuten, die fast den ganzen Tag dauert, oder sogar noch länger, wenn man die Waschzeit einrechnet. Wenn das Wetter perfekt ist, werden wir unser gesamtes Grünzeug am Donnerstag ernten, um uns auf die Restaurantlieferungen am Freitag und den Bauernmarkt am Samstag vorzubereiten. Im Falle einer schlechten Wettervorhersage ist es jedoch besser, die Grüns an jedem Tag zu ernten, an dem man Regen oder eine Ernte von nassem Grün vermeiden kann. Ich stelle die Zeitschaltuhren für die Bewässerung auf dem Hof so ein, dass die Grünflächen trocken sind, wenn wir morgens zur Ernte gehen. Wenn wir planen, am Donnerstagmorgen zu ernten, stelle ich die Zeitschaltuhren so ein, dass sie an diesem Tag nicht bewässert werden, und wenn wir die Parzelle nach der Ernte verlassen, schalte ich sie sofort manuell auf Bewässerung um. Dies ist vor allem im heißen Sommer wichtig, in dem wir jeden Tag bewässern müssen. In allen anderen Jahreszeiten ist das nicht so entscheidend.

Stelle sicher, dass deine Beregner so eingestellt sind, dass sie keine Erde auf die Grünflächen spritzen. Das erspart uns eine enorme Menge an Wasch- und Verarbeitungszeit. Siehe Fotos Nr. 19 bis 23 im Abschnitt *Fotobeilage*.

Wurzelgemüse

Wir verwenden für die Ernte jedes Wurzelgemüses eine etwas andere Methode. Karotten und Frühlingszwiebeln folgen dem gleichen Protokoll: Mit einer Mistgabel lockern wir den Boden auf und ziehen sie dann vom Boden ab. Bei Möhren drehen wir das Grün ab und werfen es während der Ernte in einen Behälter für den Kompost. Oder bei Möhren mit sehr langem Grün schneiden wir dieses mit einem sehr scharfen Messer ab, während sie noch im Boden stecken (wobei wir ein oder zwei Zentimeter Grün dran lassen), und bearbeiten sie dann mit einer Gabel.

Radieschen und Rüben werden auf die gleiche Art und Weise geerntet, da sie meistens alle gleichzeitig reifen, sodass sie alle auf einmal geerntet werden können (*herausgezogen*). Es gibt Zeiten während der Saison, in denen ein Radieschen- oder Rübenbeet über zwei Wochen geerntet wird: in der ersten Woche durch Ausdünnen geerntet und in der zweiten Woche wird dann das Beet komplett abgeräumt.

Rüben werden meist dünn geerntet, was bedeutet, dass wir zuerst die reifen Rüben ernten und den Rest eine weitere Woche ruhen lassen. Bei der Ernte von Wurzelgemüsen an heißen Tagen solltest du nach dem Befüllen eines Behälters diesen an einen schattigen Platz auf deiner Parzelle bringen und mit etwas Wasser abspritzen, oder im Falle von Karotten und Frühlingszwiebeln den Behälter mit Wasser auffüllen. Dadurch wird die Feldwärme sofort abgeführt, und das Gemüse ist leichter zu reinigen, wenn es verarbeitet werden soll. Siehe die Fotos Nr. 24, 25 und 26 zur Wurzelernte im Abschnitt *Fotobeilage*.

Sommerkulturen

Die Ernte von Sommerkulturen wie Gartenkürbis, Zucchini, Tomaten, Paprika und Auberginen ist sehr einfach. Bei der Wahl der richtigen Tageszeit für die Ernte von Sommerkulturen muss nicht so viel Sorgfalt aufgewendet werden, da sie nach der Ernte nicht so stark geschädigt werden wie Grünfrüchte oder sogar Wurzelgemüse. Tomaten müssen nicht einmal in den Kühler gelegt werden. Solange sich deine Tomaten in einem schattigen und belüfteten Bereich befinden, halten sie sich gut. Gartenkürbisse werden von Hand gepflückt, und wir tragen beim Pflücken lange Ärmel, Hosen und Handschuhe, da die Pflanzen kleine Dornen haben, die Juckreiz verursachen können. Bei der Ernte von Zucchini verwenden wir ein kleines Messer oder eine Schere zum Beschneiden. Wenn wir Zucchini mit der Hand abreißen, brechen sie manchmal an der Basis. Ein kleiner Schnitt dagegen trennt sie sauber am Stiel. Gartenkürbis und Zucchini sollten direkt nach der Ernte in den Kühler gelegt werden. Paprikaschoten werden von Hand gepflückt und sollten nach der Ernte ebenfalls gekühlt werden.

Verarbeitung nach der Ernte

33

Die *Verarbeitung* bezieht sich auf das Waschen, Sortieren und Reinigen von Gemüse, das entweder für einen Markt oder die Lieferung an ein Restaurant verpackt werden soll. Hätte mir jemand die Techniken, die ich entwickelt und in diesem Teil beschrieben habe, zu Beginn meiner landwirtschaftlichen Laufbahn gezeigt, hätte er mir viel Zeit eingespart. Hoffentlich werden meine Erfahrungen für dich wertvoll sein.

Die Phasen nach der Ernte sind wie folgt:

1. Ableiten der Feldwärme.
2. Waschen, Schleudern und/oder Trocknen.
3. Portionieren und/oder Verpacken.

Diese Phasen folgen nicht immer dieser Reihenfolge, aber in den meisten Fällen wird die Verarbeitung mit Stufe 1 beginnen und mit Stufe 3 enden. Tomaten müssen nicht gekühlt oder gewaschen werden, aber sie werden portioniert und verpackt. Paprika, Auberginen und Sommerkürbis müssen auch nicht gewaschen werden, aber sie sollten gekühlt und portioniert werden.

Der Schlüssel zu Spitzenpreisen für deine Produkte ist es, sie nahezu perfekt aussehen zu lassen. Du möchtest die Farbe und die Frische des Gemüses für deine Kunden vorzeigen, sodass sie immer wieder zurückkommen, um mehr zu kaufen. Ebenso wichtig ist es, effizient zu sein. Versuche, einen Rhythmus für deinen Arbeitsablauf festzulegen und die Dinge konsequent in Bewegung zu halten.

Auf unserem Hof sind drei Arten von Gemüse üblich, und diese benötigen die meiste Verarbeitungstechnik, um sie für den Verkauf vorzubereiten.

Grün und Mikrogrün

Das Waschen von Grünzeug mache ich nur, wenn es unbedingt notwendig ist. Waschen reduziert die Haltbarkeit von frischem Grün erheblich. Es hält viel länger und sieht besser aus, wenn es nicht gewaschen wird. Die meiste Zeit in der Saison muss ich das Grün nicht waschen, denn meine Bewässerung ist so eingerichtet, dass sie keinen Schmutz auf das Grün spritzt; deshalb ist es normalerweise direkt vom Feld aus sehr sauber. Während der Regenzeit in der Saison ist es jedoch unvermeidlich, dass das Grün mit Schmutz bespritzt wird. Nachdem das Grün geerntet worden ist, wird es mindestens einige Stunden im Kühlschrank verbringen. Dadurch wird die Feldwärme abgeführt; es ist sehr wichtig, dass dies geschieht, bevor es gewaschen wird. Wenn das Grün bei warmem Wetter geerntet wird, spritze ein wenig kaltes Wasser darauf. Es ist gut, das Grün eine Weile im Kühlschrank zu lassen. Dies führt dazu, dass sich die Blätter festigen.

Die drei Stufen der Verarbeitung von Grüns und Mikrogrün sind

1. Waschen
2. Schleudern
3. Trocknen und Sortieren

In einigen Fällen brauchst du möglicherweise nicht alle drei Stufen. Wenn dein Grün vom Frühjahrsmorgentau nur ein bisschen feucht und kein stehendes Wasser darauf ist, kannst du einfach zu Stufe 3 (Trocknen und Sortieren) übergehen. Wenn du einen leichten Regen gehabt hast und das Grün ein wenig nass, aber nicht schmutzig ist, dann kannst du möglicherweise Stufe 1 überspringen und einfach schleudern, trocknen und sortieren. Wenn dein Grün jedoch tagelang verregnet wurde, wird es sehr nass und kiesig sein, mit aufspritzendem Schmutz vom Boden her. Es muss gewaschen werden und alle drei Phasen durchlaufen. Mit Sonnenblumen- und Radieschensprossen folgst du immer den drei Stufen.

Stufe 1: Waschen

Auf meinem Waschtisch habe ich drei Behälter vor mir. Der Behälter links kam aus dem Kühlschrank; er enthält unser zu waschendes Produkt. Der mittelgroße Behälter in der Mitte ist zu 2/3 mit sauberem, kühlem Wasser gefüllt. Der dritte Behälter zu meiner Rechten ist ein großer Behälter mit in den Boden gebohrten Löchern für die Entwässerung. Ich hänge einen Wäschesack in diesen Behälter und verwende ein paar Wäscheklammern, um ihn weit offenzuhalten. Ich lege das Grün in diesen Sack, wenn ich es gewaschen habe.

Zum Waschen nehme ich einige Handvoll Grün von Behälter 1 und schütte es in Behälter 2. Ich rühre ein paar Mal um und dann nehme ich diese Handvoll jetzt gewaschenes Grünzeug und werfe es in den Behälter 3. Ich wiederhole diesen Prozess, bis entweder der Wäschesack voll oder Behälter 1 leer ist. Im Verlauf des Waschens von einigen Behältern musst du Behälter 2 leeren und ihn mit frischem Wasser auffüllen. Ich kippe einfach das schmutzige Wasser auf den Waschtisch und es fließt von dort aus ab. Aus diesem Grund mache ich diesen Arbeitsschritt auf dem Waschtisch.

Beim Waschen von Sonnenblumen- oder Rettichsprossen – wenn du einige Handvoll davon in deinen Waschbehälter kippst, schnippe mit den Händen an der Wasseroberfläche entlang. Indem du von dir weg spritzt, wirst du feststellen, dass sich die Samenschalen auf dieser Seite des Behälters ansammeln. Wenn du nun die Sprossen unter Wasser fasst und zu dir hin und weg von den Schalen ziehst, hast du eine Handvoll Sprossen mit sehr wenigen Schalen und du kannst sie dann in den Behälter 3 werfen. Von Zeit zu Zeit benutze ich ein kleines Sieb, um die Schalen von der Oberfläche zu schöpfen und sie auf den Kompost zu werfen. Siehe Foto Nr. 27 (Sprossen waschen) im Abschnitt *Fotobeilage*.

Stufe 2: Schleudern

Von hier aus geht der Wäschesack voller Grünzeug von Behälter 3 in die Schleuder. Achte darauf, dass der Beutel gleichmäßig über den Umfang der Schleuder verteilt ist, damit das Gewicht gleichmäßig verteilt wird. Wenn dies nicht der Fall ist, macht die Maschine bei der Bewegung eine Menge Lärm. Ich stelle die Maschine auf Schleudergang ein und lasse sie laufen. Während sie läuft, wasche ich weiterhin Grün und fülle einen weiteren Wäschesack. Sobald dieser Beutel voll ist, ist der erste Schleudergang normalerweise beendet. Siehe Foto Nr. 28 (Schleudermaschine) im Abschnitt *Fotobeilage*.

Stufe 3: Trocknen und Sortieren

Ich ziehe den Beutel mit frisch geschleudertem Grün aus der Maschine und kippe ihn auf das Trockensieb. Ich verteile das Grün gleichmäßig über das Sieb und lasse dann die Ventilatoren volllaufen. Wenn ich alle drei Stufen auf einmal laufen lasse, ist das wie wenn ich ein kleines Fließband am Laufen habe. Ich wasche, schleudere und trockne alles zur gleichen Zeit. Wenn das Grün auf dem Sieb trocknet, mische ich es vorsichtig ein wenig, um mehr Blattoberfläche der Luft auszusetzen, und ich nutze diese Gelegenheit auch, um alle schlechten Blätter, Unkraut oder Viecher herauszupicken, die ich finden kann. Wenn du das Grün auf dem Sieb hast, breite es wirklich so aus, dass du sehen kannst, was entfernt werden muss.

Beim Trocknen der Sprossen fallen die letzten verbliebenen Schalen durch das Trocknungssieb, während du sie bewegst. Man muss aufpassen, dass man sie nicht zu sehr trocknet, sonst welken sie. Siehe Foto Nr. 29 (Sortierung auf dem Trocknungstisch) im Abschnitt *Fotobeilage*.

Gebündelte Wurzelkulturen

Wir bündeln unsere Wurzelgemüse nicht immer, aber wenn wir es tun, wird es auf diese Weise gemacht. Manchmal wird das Grün auf dem Feld entfernt, manchmal entferne ich es in der Verarbeitungsphase und manchmal entferne ich es überhaupt nicht. Es hängt alles davon ab, was deine Kunden wollen. Wenn gebündeltes Wurzelgemüse vom Feld kommt, kann es entweder für eine Weile in den Kühlschrank wandern oder sofort gewaschen werden. Wenn es eine Weile im Kühlschrank verbleibt, gebe ich ihnen vorher gerne noch einen kleinen Spritzer Wasser darauf. Dadurch lassen sie sich später leichter reinigen.

Wenn du das Grünzeug entfernen willst, gibt es zwei Stufen der Verarbeitung von Wurzelgemüse:

1. Entfernen des Grünanteils,
2. Waschen.

Stufe 1: Grünanteil entfernen

Manchmal kann man Radieschen und Rüben auf dem Feld von Grünzeug befreien. Es gibt jedoch auch Zeiten, in denen wir sie während der Verarbeitung entfernen, weil

- ein Kunde es angefordert hat.
- wir vielleicht nicht genug Platz hatten, um den Grünanteil auf dem Grundstück zu lassen.
- wir sie aus Gründen, wie schlechtes Wetter oder einer überstürzten Bestellung, schnell ernten wollten.

Um den Grünanteil von den Wurzeln zu entfernen, benutze ich eine gute Schere. Auf meinen Waschtisch lege ich einen großen, perforierten Behälter mit Wurzeln auf meine rechte Seite, einen großen Behälter auf dem Boden zu meinen Füßen und einen großen, leeren Behälter auf die linke Seite des Tisches. Ich greife mit meiner linken Hand (ich bin Rechtshänder) ein Bündel Wurzeln und schneide den Grünanteil etwa 2.5 cm oberhalb des

Gummibandes ab. Dieser Grünanteil fällt in den Behälter zu meinen Füßen, und das Bündel Wurzeln fällt in den Behälter auf der linken Seite. Für diesen Vorgang benötige ich zwischen zwei und vier Sekunden pro Bund.

Stufe 2: Waschen

Um das gebündelte Wurzelgemüse zu waschen, schiebe einen Behälter voller gebündelter Wurzeln auf die rechte Seite des Tisches und stelle einen sauberen Behälter auf die linke Seite. Stelle den Wassersprüher auf scharfen Strahl und lasse ihn laufen. Ich halte den Sprüher in meiner rechten Hand, greife das Wurzelbündel mit der linken Hand und sprühe es sauber. Ich drehe das Bündel um 360°, sodass ich überall Wasser hin bekomme. Ich sprühe grundsätzlich jeden Teil des Straußes sauber, auch das Grün. Sobald du in einen Rhythmus kommst, dauert das Waschen nur noch etwa fünf Sekunden pro Bund. Nachdem du deinen Bund gereinigt hast, kommt er in einen sauberen Behälter. Wenn ich eine große Restaurantbestellung habe – etwa 30 oder mehr Bündel – wasche ich sie einfach und lege sie direkt in eine gewachste Schachtel für diese Bestellung. Es ist auch möglich, Radieschen und Rüben ähnlich wie Möhren zu ernten und zu waschen, indem man das Grünzeug nach und nach entfernt und nicht in Bündeln zusammenlegt. Dies würde bei Großbestellungen beim Verkauf nach ca. 450 g erfolgen.

Schalotten

Schalotten (Frühlingszwiebeln) sind das mühsamste Gemüse zum Waschen; sie brauchen mehr Zeit als die meisten anderen Wurzelgemüse. Das liegt daran, dass ihre Wurzeln eine Menge Schmutz aufnehmen, wenn man sie auf dem Feld zieht. Eine Möglichkeit, deren Verarbeitung zu erleichtern, besteht darin, frisch geerntete Frühlingszwiebeln aufrecht in einem Behälter stehen zu lassen und diesen mit ein paar Zentimetern Wasser aufzufüllen. Wenn man sie über Nacht oder zumindest für einige Stunden stehen lassen kann, lassen sie sich viel leichter waschen.

Das Waschen der Frühlingszwiebeln ist in vier Phasen unterteilt:

1. Breite sie auf dem Tisch aus und sprühe sie ab.
2. Ziehe einen Teil der toten Haut ab.
3. Wurzeln beschneiden.
4. Erneut absprühen, bündeln oder verpacken.

Phase 1: Ausbreiten und oberflächliches Absprühen

Nimm so viele Frühlingszwiebeln aus deinem Behälter, wie du halten kannst, und breite sie auf deinem Waschtisch aus. Sprühe sie gut ab. Du versuchst hier nur, das meiste des starken Schmutzes wegzubekommen.

Phase 2: Ziehe die tote Haut ab

Nimm eine kleine Handvoll, die fast einem ca. 113 g-Bündel entspricht, und fächere sie in der Hand auf. Du wirst sie in der Mitte der Länge der Frühlingszwiebeln festhalten. Jetzt ziehe die abgestorbene Haut ab und säubere sie ganz allgemein. Bilde einen großen Haufen und gehe dann zur nächsten Etappe über. Vervollständige nicht einen ganzen Haufen auf einmal, denn du wirst die Schere viele Male aufheben und ablegen, und jedes Mal summiert sich das.

Phase 3: Wurzeln abschneiden

Nachdem du die abgestorbene Haut entfernt hast, schneide die Wurzeln mit einer Schere auf etwa 0.6 cm oder weniger zurück. Beginne damit, einen kleinen Haufen auf der linken Seite des Waschtisches anzulegen.

Stufe 4: Erneut absprühen und bündeln

Sobald du einen guten Haufen geschälter und geschnittener Frühlingszwiebeln hast, sprühe Letztere gründlich ab. Schiebe sie dabei ein wenig herum, um den restlichen Schmutz zu entfernen. An diesem Punkt werden sie viel leichter zu reinigen sein, da nur noch sehr wenig (Wurzeln und überschüssige Haut) übrig bleibt, um den Schmutz festzuhalten. Wenn du diesen Haufen Frühlingszwiebeln abgesprüht hast, kannst du sie nun bündeln oder in Großbestellungen verpacken.

Lose Wurzeln

Das Waschen von losem Wurzelgemüse (Rüben, Karotten, Radieschen) geht wesentlich schneller und gründlicher. Bündel wasche ich nur auf spezielle Anfrage. Nach der Ernte weiche ich das Erntegut oft in Behältern in Wasser ein und lasse es dort stehen, während ich anderes Gemüse ernte. Wenn ich es später am Tag bearbeite, fülle ich, wenn ich es zurück zur Heimatbasis bringe, wieder mit Wasser auf und lasse es im Schatten neben meinem Waschtisch stehen. Nach dem Waschen am nächsten Tag lege ich es einfach gleich in den Kühlschrank.

Das Waschen mit dieser Methode ist eine Bearbeitungsstufe, aber es kann eine zweite Stufe geben, wenn du das Wurzelgemüse nach Größe sortieren musst. Die erste Stufe kann sehr schnell erfolgen. Mit dieser Methode kann ich ca. 45 kg Wurzelgemüse in 30 Minuten waschen. Alles, was du brauchst, ist ein perforierter Erntebehälter zum Waschen und ein sauberer, der das gewaschene Produkt aufnimmt.

Stufe 1: Waschen der Wurzeln

Schütte vom Feldbehälter aus eine etwa 5 cm hohe Schicht Wurzeln in deinen Waschbehälter. Schalte die Wassersprühvorrichtung auf fast volle Leistung, halte die Sprühvorrichtung mit der rechten Hand und sprühe in den Behälter. Während du sprühst, bewege den Behälter mit der linken Hand hin und her. Dadurch werden die Wurzeln hin und her geschoben, sodass sie alle gleichmäßig besprüht werden. Es sollte nur ein paar Minuten dauern, einen ganzen Behälter zu waschen. Wenn die Wurzeln völlig sauber sind, wirf sie in einen sauberen Behälter auf der linken Seite. Diesen Vorgang führst du so lange durch, bis du einen Behälter bis oben hin gefüllt hast. Lasse genügend Platz, damit du eine weitere Packung darauf stapeln kannst, ohne das Produkt darunter zu beschädigen. Ich mache so weiter und staple die Behälter so lange, bis alles gewaschen ist. Ich lasse sie dann gerne etwa 20 Minuten lang stehen, damit sie abtropfen, bevor sie in den Kühlschrank kommen. Siehe Foto Nr. 30 (Waschen von Wurzeln) im Abschnitt *Fotobeilage*.

Stufe 2 (optional): Das Sortieren

Ich sortiere nicht, es sei denn, die Größen variieren stark. Im Allgemeinen versuche ich, kleines bis mittelgroßes Wurzelgemüse anzubauen, weil ich dafür einen höheren Preis erziele. Wenn sie alle gewaschen sind (Stufe 1), lege ich sie in die Mitte des Waschtisches und stelle links und rechts davon saubere Behälter auf. Jetzt gehe ich einfach durch und werfe kleinere in den linken und größere in den rechten Behälter.

34

Portionieren und verpacken

Nachdem dein gesamtes Produkt geerntet und gewaschen wurde, ist es nun an der Zeit, es zu verpacken und zu deinen Kunden zu bringen. Auf meinem Hof kümmert sich ein kleines Team um das Verpacken für den Markt, da es mühsam ist, Hunderte von Artikeln in kleine Einheiten von $3 bis $5 zu portionieren. Das Verpacken für Restaurantbestellungen unterscheidet sich stark davon. Das Volumen der Einheiten ist viel größer. Die Arbeit ist viel weniger mühsam, und normalerweise kann die ganze Arbeit von einer Person erledigt werden. Eine Bestellung kann einen Wert von $200 bis $1.000 haben und aus vielen verschiedenen Artikeln bestehen. Beim Packen von Bestellungen für Küchenchefs muss man besonders sorgfältig vorgehen. Wenn Kunden wöchentlich so viel Geld ausgeben, musst du es richtig machen.

Packen für den Markt

Auf meinem Hof wird das gesamte Packen für den Markt freitags vorgenommen. Das Ernten und das Waschen wurden bereits vorher erledigt. Ich arbeite freitags mit einem kleinen Team von Leuten. Das Packen für den Markt ist eine sehr einfache und nicht anstrengende Arbeit, und ich fand es sehr einfach, Leute zu finden, die gerne ein paar Stunden Arbeit im Austausch gegen Gemüse leisten. Wenn wir packen, arbeiten wir in einem geschützten Bereich mit viel Schatten. Jeder Packer steht an einem Tisch und arbeitet jeweils an einem Produkt. Du hast normalerweise auf der linken Seite einen Behälter mit fertigen Produkten, die aus dem Kühlschrank kommen, mit einer Waage und Drehbändern, Beuteln und/oder Gummibändern vor dir. Auf der rechten Seite befindet sich ein weiterer Behälter, der das portionierte Produkt aufnimmt. Wenn du einen Behälter mit Beuteln oder Büscheln füllst, beschriftest du ihn mit Malerband und einem Marker, wobei du festhältst, um was für ein Produkt es sich handelt und wie viele sich davon in der Schachtel befinden. Dann kommt jeder volle

Behälter an eine bestimmte Stelle in den Kühlschrank. Wenn wir in der Hochsaison in voller Produktion sind, lassen wir zwei Kühler laufen. In einem befindet sich das zu portionierende, in der anderen das fertig portionierte und für Restaurantbestellungen zusammengestellte Produkt.

Da einige unserer Wurzelfrüchte für den Markt auf dem Feld gebündelt werden, packen wir freitags nur Grüngemüse, Mikrogrüngemüse und lose Möhren für den Markt; außerdem packen wir Grünkohl, Mangold und Frühlingszwiebeln. Artikel wie Tomaten, Gartenkürbisse oder Paprika werden morgens auf dem Markt zusammengestellt und in Beerenkörbchen gewogen, während wir uns vorbereiten.

Die nachstehende Tabelle zeigt alle Artikel, die wir zum Bauernmarkt mitnehmen, das Gewicht, die Art der Verpackung und den Preis, zu dem sie verkauft werden. Wir verkaufen alle gezeigten Artikel zum Preis von $2.50, für $3 pro Stück oder in einem Zwei-für-$5-Angebot. Alle Artikel werden als Einheiten verkauft, mit Ausnahme der großen, traditionellen Tomaten, die pfundweise verkauft werden müssen, da keine zwei Tomaten die gleiche Größe haben. Für diesen Fall bringen wir eine kleine Waage mit auf den Markt, um die Artikel an Ort und Stelle zu wiegen.

Wenn wir Beutel für den Markt packen, befolgen wir die 85 %-Regel. Wenn das Grünzeug auf der Waage liegt, reicht es aus, wenn du innerhalb von 85 % des erforderlichen Gewichts liegst. Es vergeudet wertvolle Zeit, wenn sich eine Person zusätzliche Zeit nimmt, um jeden Beutel exakt perfekt zu machen. Bei Hunderten und Tausenden von Beuteln kann sich die aufaddierte Zeit wirklich summieren. Wenn wir ca. 114 g-Beutel wiegen und du bei 125 g liegst, ist der Unterschied für die meisten Kunden vernachlässigbar gering. Im Allgemeinen versuchen wir, eher etwas über als unter dem Sollgewicht zu bleiben.

Packen für Köche

Restaurantbestellungen sind sehr umfangreich, und wir verwenden verschiedene Arten von Beuteln und Kartons. Ich sammle recycelte, gewachste Schachteln aus Bioläden und verwende diese für die Verpackung von Restaurantbestellungen. Diese Kisten werden nach Bestimmungsort mit Malerklebeband und Markern beschriftet. Ich sammle auch flache Tomaten- und Avocadoschachteln, um Kisten mit vielen Tomaten zu verpacken. Diese findet man auch im Abfall von Bioläden.

Grüne Tomaten werden in kistengroße Beutel verpackt, die ca. 0.9 kg wiegen. Diese Beutel werden auf einer Rolle geliefert und können diese 0.9 kg fassen, ohne dass die Produkte zu eng gepackt werden müssen. Bei sehr großen Bestellungen von Grünzeug werde ich Beutel ähnlich wie Müllsäcke verwenden, um 4.5 kg in eine Schachtel zu füllen. Achte darauf, dass du etwas verwendest, das lebensmittelecht ist. Artikel wie Tomaten werden in flache, ca. 7.6 cm hohe Tomatenkartons verpackt und als Kisten mit ca. 4.5 kg geliefert. Grünkohl und Mangold werden in einer ca. 2.3 kg-Schachtel verkauft. Diese Grünkohlarten werden in gewachste Kartons verpackt und wir versehen den Karton vor dem Verpacken mit einer Kunststoffauskleidung.

Das Verpacken von Artikeln für Restaurants ist ähnlich wie das Verpacken für den Markt. Wir arbeiten mit einer Liste der zu verpackenden Artikel in alphabetischer Reihenfolge und portionieren jeden Artikel, während wir die Liste durchgehen. Beginnen wir zum Beispiel mit Rucola, packen wir alle Kisten und Schachteln der Kistenpartie und legen sie dann in den Kühler. Ich verkaufe Artikel an Köche in Standardkistenpartien, weil das das Verpacken vereinfacht. Wenn wir die Portionsliste durchgegangen sind, packen wir dann die spezifischen Bestellungen ein. Ich lege die Kartons in einem offenen und schattigen Bereich aus, beschrifte jeden einzelnen mit Malerklebeband, gehe dann die Liste hindurch und ordne die Artikel den einzelnen Kartons zu. Wenn alle Bestellungen zusammengestellt sind, belade ich dann den Lastwagen oder Fahrradanhänger. Dann drucke ich Rechnungen aus; ich warte mit dem Rechnungsdruck nur für den Fall, dass es bei den Bestellungen leichte Änderungen gibt (zum Beispiel, wenn ein bestimmter Artikel knapp wird).

Wenn wir Restaurantbestellungen packen, versuchen wir, mit dem Gewicht genau oder etwas darüber zu sein, niemals jedoch darunter. Da diese Kunden große Mengen kaufen, wollen wir die perfekte Menge liefern.

Abb. 43: Abwiegen und Eintüten

Produkt	Typ	Marktpreis	Gewicht/ Einheit	Packform	Details
Aubergine	Früchte	$3, 2 für $5	ca. 283 g	½ Liter große Beerenschale	
Basilikum	Kräuter	$3, 2 für $5	ca. 114 g	12.7 x 7.6 x 30 cm Beutel, Drehverschluss	
Dill	Kräuter	$2	ca. 56 g	Mit Gummiband gebündelt	Auf dem Feld gebündelt
Erbsensprossen	Mikrogrün	$3, 2 für $5	ca. 56 g	12.7 x 20.3 cm Beutel, Drehverschluss	
Erbsensprossen (groß)	Mikrogrün	$5	ca. 142 g	10 x 5 x 25.4 cm Beutel, Drehverschluss	
Frühlingszwiebeln	Wurzelgemüse	$2	ca. 114 g	Mit Gummiband gebündelt	
Gewürz-Salat-Mischung	Salate	$3, 2 für $5	ca. 114 g	12.7 x 7.6 x 30 cm Beutel, Drehverschluss	
Karotten	Wurzelgemüse	$3	ca. 340 g	12.7 x 7.6 x 30 cm Beutel, Drehverschluss	Gekappt und eingetütet
Kohl	Gemüse	$3, 2 für $5	ca. 227 g	Mit Gummiband gebündelt	
Koriander	Kräuter	$2	ca. 56 g	Mit Gummiband gebündelt	Auf dem Feld gebündelt
Mangold	Gemüse	$3, 2 für $5	ca. 227 g	Mit Gummiband gebündelt	
Pak Choi	Gemüse	$3, 2 für $5	ca. 227 g	26.6 x 38cm Rollbeutel, Drehverschluss	
Petersilie	Kräuter	$2	ca. 56 g	Mit Gummiband gebündelt	Auf dem Feld gebündelt
Radieschen	Wurzelgemüse	$3, 2 für $5	ca. 227 g	Mit Gummiband gebündelt	Grünzeug nach den Bündeln abgeschnitten
Radieschensprossen	Mikrogrün	$3, 2 für $5	ca. 114 g	12.7 x 7.6 x 30 cm Beutel, Drehverschluss	
Roter Grünkohl	Salate	$3, 2 für $5	ca. 114 g	12.7 x 7.6 x 30 cm Beutel, Drehverschluss	
Rucola	Salate	$3, 2 für $5	ca. 114 g	12.7 x 7.6 x 30 cm Beutel, Drehverschluss	
Rucola (groß)	Salate	$5	ca. 255 g	26.6 x 38 cm Rollbeutel, Drehverschluss	
Rüben	Wurzelgemüse	$3	3-4 Rüben	Mit Gummiband gebündelt	Wird mit Grün verkauft

Produkt	Typ	Markt-preis	Gewicht/ Einheit	Packform	Details
Salatmischung	Salate	$3, 2 für $5	ca. 114 g	12.7 x 7.6 x 30 cm Beutel, Drehverschluss	
Salatmischung (groß)	Salate	$5	ca. 255 g	26.6 x 38 cm Rollbeutel, Drehverschluss	
Salatrüben	Wurzelgemü-se	$3	ca. 227 g	Mit Gummiband gebündelt	
Schmorbraten-mix	Salate	$3, 2 für $5	ca. 114 g	12.7 x 7.6 x 30 cm Beutel, Drehverschluss	
Sonnenblumen-sprossen (groß)	Mikrogrün	$5	ca. 170 g	10 x 5 x 25.4 cm Beutel, Drehverschluss	
Spinat (Baby)	Salate	$3, 2 für $5	ca. 114 g	12.7 x 7.6 x 30 cm Beutel, Drehverschluss	Erster Schnitt, Premiumsalat
Spinat (große Blätter)	Salate	$5	ca. 340 g	26.6 x 38cm Rollbeutel, Drehverschluss	Zweiter und weitere Schnit-te, zum Kochen und Saften
Sommerkürbis	Früchte	$3, 2 für $5	ca. 283 g	½ Liter große Beerenschale	Baby-Zucchini und Patisson
Sonnenblumen-sprossen	Mikrogrün	$3, 2 für $5	ca. 56 g	12.7 x 7.6 x 30 cm Beutel, Drehverschluss	
Tomaten (Cherry)	Früchte	$3, 2 für $5	ca. 283 g	½ Liter große Beerenschale	
Tomaten (traditionell)	Früchte	$2.50/ca. 453g	-	Wird lose verkauft	
Tomaten (Ro-ma/San Marza-no)	Früchte	$3, 2 für $5	ca. 368g	½ Liter große Beerenschale	

Abb. 44: Packtafel für den Markt

Produkt	Typ	Restaurantpreis	Einheit/ Gewicht	Preis/ca. 453g/Einheit	Verpackung	Details
Aubergine (Baby)	Früchte	$4	ca. 453 g	$4	In Tomatenboxen gepackt	
Basilikum	Kräuter	$20	906 g Behälter	$10	ca. 354 x 553 g Rollbeutel	
Erbsensprossen	Mikrogrün	$30	ca. 906 g Schachtel	$15	ca. 354 x 553 g Rollbeutel	
Frühlingszwiebeln	Wurzelgemüse	$8	Wird lose per ca. 453 g verkauft	$8	ca. 354 x 553 g Rollbeutel für ca. 453g oder mehr	
Gewürz-Salat-Mischung	Salate	$20	ca. 906 g Schachtel	$10	ca. 354 x 553 g Rollbeutel	
Karotten	Wurzelgemüse	$4	Wird lose per ca. 453 g verkauft	$4	Wird lose in gewachsten Pappschachteln verkauft	Mit 5–7 cm Grün
Kohl	Gemüse	$25	ca. 2.26 kg Schachtel	$5	Wird lose in gewachsten Pappschachteln verkauft	
Koriander	Kräuter	$2	ca. 57 g Bündel	$2	Mit Gummiband gebündelt	Wird auf dem Feld gebündelt
Mangold	Gemüse	$25	ca. 2.26 kg Schachtel	$5	Verpackt in gewachste Pappschachteln	
Pak Choi	Gemüse	$25	ca. 2.26 kg Schachtel	$5	Wird lose in gewachsten Pappschachteln verkauft	
Petersilie	Kräuter	$2	ca. 57 g Bündel	$2	Mit Gummiband gebündelt	
Radieschen	Wurzelgemüse	$25	ca. 2.71 kg Schachtel	$5	Lose in einem 354 x 553 g Rollbeutel verpackt	
Radieschensprossen	Mikrogrün	$20	Wird per ca. 453 g verkauft	$20	ca. 354 x 553 g Rollbeutel	
Roter Grünkohl	Salate	$20	ca. 90 6g Schachtel	$10	ca. 354 x 553 g Rollbeutel	
Rüben (pre-	Wurzel-	$4	Wird lose per ca.	$4	Wird lose in	Mit 5 cm

Produkt	Typ	Restaurantpreis	Einheit/ Gewicht	Preis/ca. 453g/Einheit	Verpackung	Details
mium Golfballgröße)	gemüse		453 g verkauft		gewachsten Pappschachteln verkauft	Grün oben und lose in Schachteln verkauft
Rüben (größere Größen)	Wurzelgemüse	$2.50	Wird lose per ca. 453 g verkauft	2.50	Wird lose in gewachsten Pappschachteln verkauft	Alles Grün weggeschnitten
Rucola	Salat	$20	ca. 906 g Behälter	$10	ca. 354 x 553 g Rollbeutel	
Rucola (Box)	Salate	$90	ca. 4.53 kg Behälter	$9	Gewachste Box mit eingelegter Kunststofffolie	
Salatmischung	Salate	$20	ca. 906 g Schachtel	$10	ca. 354 x 553 g Rollbeutel	
Salatmischung (Box)	Salate	$85	ca. 4.53 kg Schachtel	$9	Gewachste Box mit Plastikeinlage	
Salatrüben	Wurzelgemüse	$40	ca. 2.71 kg Schachtel	$7	Lose in einem 354 x 553 g Rollbeutel verpackt	
Schmorbratenmix	Salate	$20	ca. 906 g Schachtel	$10	ca. 354 x 553 g Rollbeutel	
Sonnenblumensprossen	Mikrogrün	$30	ca. 906 g Schachtel	$15	ca. 354 x 553 g Rollbeutel	
Sommerkürbis	Früchte	$40	ca. 4.53 kg Schachtel	$4	In Tomatenboxen verpackt	
Spinat (Baby)	Salate	$16	ca. 906 g Schachtel	$8	ca. 354 x 553 g Rollbeutel	
Spinat (große Blätter)	Salate	$12	ca. 906 g Schachtel	$6	ca. 354 x 553 g Rollbeutel	
Tomaten (Cherry)	Früchte	$40	ca. 4.53 kg Schachtel	$4	In Tomatenboxen verpackt	
Tomaten (traditionell)	Früchte	$25	ca. 4.53 kg Schachtel	$2.50	In Tomatenboxen verpackt	
Tomaten (Roma/San Marzano)	Früchte	$30	ca. 4.53 kg Schachtel	$3	In Tomatenboxen verpackt	

Abb. 45: Packtafel für Köche

TEIL 8

PRODUKTIONSSYSTEME

In diesem Teil werde ich alle Aufgaben im Kontext der Produktion auf meinem Betrieb skizzieren. Einige dieser Aufgaben sind für viele kleine Höfe üblich, und einige sind völlig einzigartig für den städtischen Bauernhof. Aufgrund der Größe meines Hofes überlagern sich einige Produktionsmethoden, da ich normalerweise mit Platzmangel zu kämpfen habe, sodass einige meiner Techniken etwas unorthodox sein können.

35

Beete für die Produktion

Auf einem städtischen Hof ist unsere Beet-Einheit wegen der kleinen Parzellen, auf denen wir arbeiten, etwas kürzer als die der meisten kleinen Intensivlandwirte. Wenn ich den Platz für 30m-Beete hätte, würde ich sie gerne nutzen, weil ich diese Menge an Produkten oft wöchentlich pflanze und ernte. Leider finde ich selten eine städtische Parzelle, die so groß ist, dass sie ein 30m-Beet aufnehmen könnte. Ich ziehe es vor, kürzere Beete zu verwenden, und dafür gibt es mehrere Gründe.

Eine Breite von ca. 76 cm ist für Kleinbauern mit Intensivlandwirtschaft zum Standard geworden, und es ist oft die Breite kleiner Maschinengeräte. Ein sehr wichtiger Vorteil eines Beetes dieser Größe ist, dass es schmal genug ist, um darauf zu grätschen. Das ist sehr hilfreich, wenn du die Beete so oft bearbeitest – sei es, wenn du zum Ernten darüber stehst oder wenn du Unkraut jätest oder andere Aufgaben erledigst. Ein schmales Beet kann von beiden Seiten erreicht werden, und es gibt viele verschiedene Positionen, die man für die Arbeit an solchen Beeten nutzen kann. Ich finde, das hilft, einen ergonomischen Arbeitsablauf zu schaffen. Ich möchte in der Lage sein, ein Beet von verschiedenen Positionen aus zu bearbeiten, damit mein Körper nicht von der immer gleichen Position belastet wird. Sieh dir die Fotos Nr. 31-33 im Abschnitt *Fotobeilage* an. Sie zeigen verschiedene Möglichkeiten, ein Beet zu bearbeiten.

Beete, die ca. 1.2 m breit sind (oft die Breite, die Kleinbauern verwenden), sind schwer zu überbrücken, geschweige denn zu überqueren. Wenn du einen Hof mit Handwerkzeugen bewirtschaftest, ist ein 1.2 m breites Beet ein sicheres Mittel, um sich den Rücken kaputtzumachen. Einige Landwirte bezeichnen 1.2m-Beete als *Doppel-Reichweiten-Beete*, weil man von beiden Seiten hineinreichen kann. Das Problem hier ist die Ergonomie. Willst du deinen Körper tatsächlich tagein, tagaus in einer ausgestreckten Position halten? Ich weiß, dass ich das sicher nicht will. Ich habe nach neun Jahren Baumpflanzen einen schrecklichen Rücken, und ich möchte deshalb alles auf meinem Hof so rückenschonend wie möglich machen. Doppelte Reichweite ist für mich doppelter Rückenschmerz.

Im Hinblick auf die Länge eines Beetes ist die Verwendung von Zahlen, die durch 100 teilbar sind, aus verschiedenen Gründen der beste Ansatz. Zunächst einmal sind die meisten Bewässerungs- und Saisonerweiterungsgeräte in Längen erhältlich, die durch 100 teilbar sind, sodass es ideal ist, Beete in 25-er, 50-er oder 100-er Längen zu haben. Ein ca. 7.6 m oder 15.2 m (25- oder 50-Fuß) Beet enthält in der Regel auch eine Produktmenge, die ich wöchentlich bewegen kann. Erstens ist es besser, ganze Beete auf einmal auszuschneiden, sodass eine Pflanze (wie im Fall von Schnittgrün) in ihrer Länge beständig ist, wenn sie nachwächst. Zweitens kann man den gesamten Inhalt herausschneiden und sofort etwas anderes an seiner Stelle pflanzen. Die effiziente Nutzung jedes Beetes ist nicht so sehr ein Problem für diejenigen, die über ca. 4000 m^2 Land bewirtschaften, aber für mich (auf ca. 1350 m^2) müssen all meine Beete die ganze Zeit in Produktion sein.

Hätte ich zum Beispiel ein ca. 30m-Beet mit einer Nutzpflanze und würde jede Woche ¼ davon ernten, würde es vier Wochen dauern, bis ich dieses Beet umgraben könnte, um etwas anderes anzupflanzen. Ein ca.7.6 m-Beet mit Radieschen entspricht 70 Bündeln; das kann ich in einer Woche leicht verkaufen. Für frischen Salatschnitt (ca. 9 kg) oder ein Beet mit scharlachrotem, gekräuseltem Senfgrün, das Teil einer Salatmischung sein soll, gilt dasselbe.

Produktionseinheiten

Die vielleicht nützlichste Anwendung zur Standardisierung der Beetgröße ist die Verwendung von Beeten als Produktionseinheiten. Mit unseren Hi-Rotations- und Bi-Rotationsbeeten schaffen wir Standards und Maßstabs-Zahlen, um leicht zu berechnen, wie viel Produktion jedes Stück Land erzeugen kann. Für den städtischen Landwirt geht es nicht darum, wie viel Land (in Hektar oder vielleicht Quadratmetern) du bewirtschaften musst, sondern darum, wie viele Beete du in jeden Raum unterbringen kannst.

Einzigartige Beete

Es gibt immer einen Grund, um Regeln zu brechen, und in diesem Fall gibt es eine Vielzahl von Gründen, warum wir sie brechen würden.

Ungerade Parzellen

Die Parzellen, die ich bewirtschafte, haben oft nicht die ideale Größe. Es ist selten, ein Stück Land zu finden, das ein perfektes Quadrat ist (ca. 15 x 15m). In den meisten Fällen ist ein städtisches Grundstück ein perfektes Quadrat oder Rechteck, aber es gibt physische Hindernisse, die dich daran hindern, ideale Abmessungen zu verwenden. Bäume, Balkone oder Schuppen sind oft im Weg, sodass es Zeiten geben wird, in denen du einfach keine Beete in Schritten von ca. 7.6 m (25 Fuß) schaffen kannst. In meinem Vorgarten zum Beispiel ist das Grundstück ca. 6.7 x 10.6 m groß und hat eine längliche Form.

Es ist besser, weniger und längere Beete zu haben als eine Reihe von kurzen, denn das bedeutet, dass es weniger Platz für Gehwege und dafür mehr für Beete gibt. In einigen Fällen können kurze Beete logisch sein. Siehe Foto Nr. 34 meines Vorgartens im Abschnitt *Fotobeilage*.

Kurze Beete

Manchmal kann die Verwendung von kurzen Beeten eine großartige Möglichkeit sein, Pflanzen anzubauen, von denen du nicht viel benötigst. Zum Beispiel könnte es Teil einer Salatmischung sein, bei der du wöchentlich nur ein paar Pfund oder weniger verkaufst. Ich habe kurze Beete für Kulturen wie Mikro-Karotten (etwas, das ich in kleinen Mengen für bestimmte Köche anbaue) und für Mikro-Feldgrün verwendet. Kurze Beete können eine gute Möglichkeit sein, eine ungünstige Fläche optimal zu nutzen. Selbst wenn ich kurze Beete baue, versuche ich, sie in ca. 7.6 m Unterteilungen zu gestalten (wie zum Beispiel ½ Beet [ca. 3.8 m] und ¼ Beet [ca. 1.8 m]). Viertelbeete verwende ich für alle meine feldbasierten Mikro-Grüns, und ich benutze die ½ Beete für Salatmischungszutaten und Einzelkulturen. Siehe Foto Nr. 35 im Abschnitt *Fotobeilage*.

Doppelbeete

Es gibt Zeiten, in denen der Wegfall des Gehwegs zwischen zwei Beeten der gleichen Kultur zusätzliche Produktionsreihen ermöglichen kann. Für den städtischen Landwirt zählt jeder Zentimeter! Meiner Erfahrung nach funktionieren Doppelbeete nur bei Schnell-Gemüse in Hi-Rotation, bei denen man eine bestimmte Kultur als Vielfaches von zwei anpflanzt und sie dann schnell aus dem Boden kommt. Wenn du beispielsweise jede Woche zwei Beete nebeneinander mit Radieschen pflanzt, kannst du den Weg zwischen den Beeten fräsen oder umgraben und dort zusätzliche Reihen pflanzen. Der Gehweg wird in diesem Fall nicht benötigt, da du die Pflanzen auf einmal ernten und die Beete nach der Pflanzung nicht mehr bearbeiten musst (in den meisten Fällen wachsen Radieschen schneller als Unkraut).

Du kannst alle Schnell-Gemüse, die auf einmal geerntet werden, in Doppelbeete pflanzen, aber ich würde dies nicht für ständige oder sogar Schnell-Kulturen empfehlen, die mehr als einmal geerntet werden (wie geschnittenes Salatgrün). Der Schlüssel ist, dass ein Doppelbeet am besten für einmalige schnellwachsende Kulturen geeignet ist. Siehe Foto Nr. 36 im Abschnitt *Fotobeilage*.

In den Beispielen unten siehst du, wie du durch die Herstellung eines Doppelbeetes aus zwei Beeten mit 7 Reihen pro Beet weitere drei Reihen dazwischen erhalten kannst. Das entspricht einer zusätzlichen Produktion von 21%. Im Falle von zwei neunreihigen Beeten kannst du weitere vier Reihen hinzufügen. Das bedeutet eine zusätzliche Produktion von 22 %.

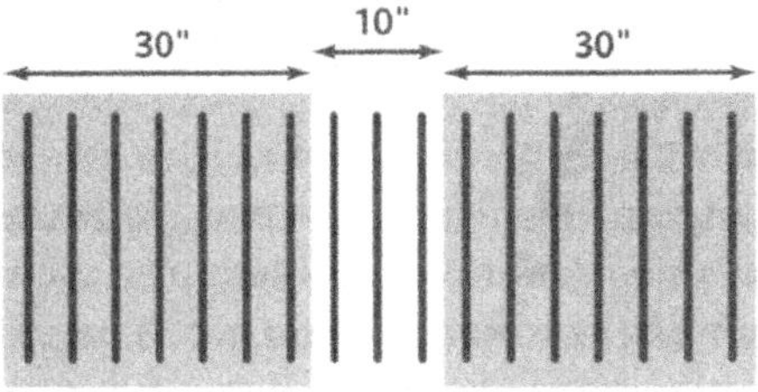

Abb. 46: Zwei Radieschenbeete mit je sieben Reihen nebeneinander. Wenn du den Weg als Doppelbeet verwendest, kannst du weitere drei Reihen auf den Weg einbauen. Quelle: Curtis.

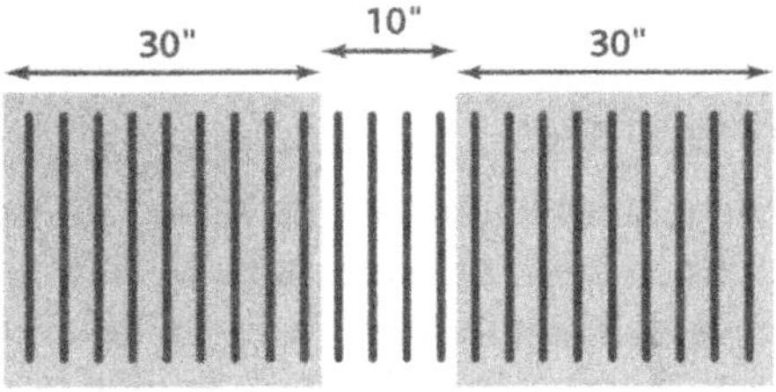

Abb. 47: Zwei Rucola-Beeten mit jeweils neun Reihen nebeneinander. Wenn du den Weg zur Herstellung eines Doppelbeetes nutzt, kannst du weitere vier Reihen auf den Weg einbauen. Quelle: Curtis.

Lange Beete

Ich betrachte alles, was ca. 15.2 m oder mehr hat, als ein langes Beet. Ich habe einige Grundstücke, auf denen ich nur lange Beete habe, nur weil zwölf ca. 15.2 m-Beete das Land besser nutzen als 24 ca. 7.6 m-Beete. In einigen Fällen gehe ich bei einem langen Beet wie bei einem Doppelbeet vor: Wenn ich jede Woche genug von einer bestimmten Kultur pflanze, um ein längeres Beet zu rechtfertigen, verbinde ich manchmal zwei separate Segmente und mache eine vorübergehende Gruppe von langen Beeten, ähnlich wie beim Doppelbeet. Siehe Fotos Nr. 7, 10, 34 und 52 im Abschnitt *Fotobeilage*.

Zwischenpflanzung

Eine andere Möglichkeit, die Produktion auf einem städtischen Hof zu maximieren, besteht darin, nach Möglichkeiten zu suchen, die Ernte zu verdoppeln, ohne dass sich die Pflanzen im selben Gebiet gegenseitig stören. Einige Biobauern gehen die Verdoppelung auf Grundlage von Bedarf und Nutzen der Pflanzen an: Sie paaren einen Stickstoff-Fixierer mit einer stickstoffabhängigen Pflanze oder einer, die Schädlinge abwehrt, die eine andere Pflanze anzieht. Obwohl ich glaube, dass dieser Ansatz durchaus sinnvoll ist, ist das nicht der Grund, warum ich eine Zwischenpflanzung verwende. Ich verbinde eine kurze Saison mit einer langen Saison, um eine überlappende Produktion im selben Gebiet zu erreichen. Nachfolgend zwei Beispiele für gängige Zwischenpflanzungsstrategien, die ich in meinem Betrieb angewendet habe.

Tomaten

Wenn in meinen Gewächshäusern die Tomaten in den Boden kommen, werden sie zwischen Frühsaisonkulturen, wie Salat, Rucola, Radieschen und Spinat gepflanzt. Bei einigen Beeten, die wie Radieschen auf einmal geerntet werden, würden wir das ganze Beet für Tomaten verwenden und gleichzeitig Basilikum zwischen die Tomaten pflanzen. Bei anderen Kulturen, die mehrfach geschnitten werden (wie Rucola, Spinat oder Roter Russischer Grünkohl), verlieren wir manchmal ein oder zwei Reihen der Ernte, um Platz für eine Tomatenreihe zu schaffen. Wenn du dies einmal gemacht hast, musst du bei der Ernte deiner Grünpflanzen sehr vorsichtig sein, um sicherzustellen, dass du deine Tomaten nicht verletzt. Sobald die Tomaten etwa einen Meter hoch sind, werden alle anderen Frühjahrskulturen entfernt, da die Tomaten mehr Platz benötigen, um richtig zu wachsen.

Wenn du in ein kleines Gewächshaus umpflanzt, musst du sehr vorsichtig vorgehen. In einigen Fällen haben wir Tomaten in die Gänge zwischen den Kulturen, wie Radieschen und Rüben, eingepflanzt. Wo du pflanzt, hängt davon ab, wo die Stützdrähte für dein Spalier angebracht sind. In meinen ca. 5.5 m breiten Tunneln pflanzen wir vier Reihen Tomaten ein: zwei an der Außenseite, etwa 1 m von den Seiten entfernt, und zwei Reihen in der Mitte im Abstand von ca. 45 cm. Dann pflanzen wir Basilikum in die Tomatenreihen, sofern Platz dafür vorhanden ist. In den ca. 3.6 m breiten Tunneln pflanzen wir drei Tomatenreihen ein, die sich direkt in den Gängen zwischen den vier Beeten der Frühjahrskulturen befinden. An den Seiten werden die Reihen näher am Rand der Beete liegen, sodass man während der Ernte der übrigen Frühjahrskulturen etwas Platz zum Gehen hat. Diese Art der Intensivbepflanzung ist definitiv nicht für jedermann geeignet, da sie für die zwei- bis dreiwöchige Periode, in der sich die Frühjahrskulturen mit den Tomaten kreuzen, etwas schwierig zu bewerkstelligen sein kann. Siehe Fotos Nr. 21, 22, 24, 37 und 43 im Abschnitt *Fotobeilage*.

Sommerkürbisse

Eine gute Möglichkeit, den Raum zwischen den Kürbispflanzen in einem BR-Bereich zu nutzen, ist die Bepflanzung zwischen den Kürbispflanzenreihen. Ich pflanze die Kürbispflanzen in ca. 76 cm-Beete mit einem Fußweg dazwischen; die Reihen befinden sich in der Mitte des Beetes, sodass zwischen jeder Kürbispflanzenreihe ca. 1 m Platz ist. Wenn diese Kürbisse zum ersten Mal in den Boden verpflanzt werden, kannst du einen ca. 76cm-Streifen in der Mitte mit ca. 15 cm breiten Stegen auf beiden Seiten fräsen und dort eine sehr schnell wachsende Pflanze wie Radieschen, Spinat oder Rucola pflanzen. Diese Zwischenkulturen werden in 21 Tagen erntereif sein, also gerade dann, wenn die Kürbispflanzen groß genug sind und um mehr Platz benötigen. Damit verdoppelt sich eine Fläche mit Bi-Rotation mit einer zusätzlichen Kultur!

Abb. 48: Hier ist ein Beispiel für das Pflanzen einer Schnellkultur mit einer Dauerkultur. Die kleinen Pflanzen in der Mitte der Zeichnung werden reifen und geerntet werden, bevor der Sommer-Kürbis groß genug ist, um zu stören.

Bodenbearbeitung durch Fräsen

Kultivieren oder nicht kultivieren, das ist die Frage. Heute, in der Bio- und Kleinlandwirtgemeinschaft, hat die Bodenbearbeitung einen wirklich schlechten Ruf bekommen, und das aus einigen guten Gründen. Es gibt viele nachteilige Auswirkungen durch Bodenbearbeitung: Schädigung der Bodenmikroben und Würmer, die Hartschwamm erzeugen und die Umkehrung von Bodenschichten, die Unkrautsamen hochbringen. Ich habe viele dieser Auswirkungen selbst gesehen, jedoch nicht so beträchtlich, wie es von anderer Seite behauptet wird.

Die Realität für einen Kleinbauern wie mich ist, dass der Einsatz eines Rototillers ein praktischer Weg ist, um die Arbeit viel schneller zu erledigen. Wenn es meinen Rototiller nicht gäbe, hätten Landwirte wie ich schlechtere Chancen, so viel zu erreichen, wie ich es täglich tue.

Fräsen hat sich für meinen Betrieb als vorteilhaft erwiesen, weil ich neue Grundstücke umgraben und das Land und die physische Zusammensetzung von schlechten Böden schnell verändern kann. Ich glaube überhaupt nicht, dass Fräsen eine langfristige Strategie sein sollte. Einige städtische Landwirte befinden sich jedoch häufig nicht mehr als drei Jahre auf einem Stück Land. Unsere Gartenparzellen können entweder auf Rasen zurückgebaut oder als Bauland entwickelt werden. Ich mache auf dem Land anderer Leute alles so kurzfristig, was ich nur kann. Und so wird dann der Betrieb eines Rototillers beim wöchentlichen Fräsen wahrscheinlich keine signifikanten negativen langfristigen Auswirkungen haben.

Der Hauptgrund, warum ich bei einer konsequenten Beetrotation nicht mehr fräse, ist das Unkraut. Jedes Mal, wenn du den Boden durch die Bodenbearbeitung umkehrst, bringst du neue Unkrautsamen von unten nach oben. Die oberste Bodenschicht ist oft mit Unkrautsamen gepfeffert, und jedes Mal, wenn du den Boden durch die Bodenbearbeitung wendest, bringst du neue Samen nach oben. Wenn du Unkraut auf wöchentlicher Basis bearbeiten musst, kann dies viel mehr Arbeit für dich bedeuten. Bei einigen Schnellkulturen, wie Radieschen und Rüben, ist Unkraut kein so großes Problem, weil diese Pflanzen schneller wachsen als Unkraut; sie werden meist geerntet und aus dem Boden entfernt, bevor sich das Unkraut selbst vermehren kann. Bei Schnellkulturen, die mehrfach geschnitten werden, behindern Unkräuter jedoch die Produktion. Wenn du viele Unkräuter in Rucola- oder Salatbeeten hast, bedeutet das, dass du Zeit damit verbringen wirst, nach der Ernte Unkraut heraus zu sortieren.

Wie man Beete mit der Bodenfräse umdreht

Wenn du deine Beete mit einer Fräse umdrehst, ist es am besten, eine Maschine in der Breite deiner Beete zu haben. Ziehe oder gable zunächst alle tief verwurzelte Unkräuter aus, sonst werden sie einfach wiederkommen. Stelle sicher, dass es nicht allzu viele Ernterückstände von der Vorfrucht gibt, weil diese für deine nächste Ernte Probleme verursachen können. Rückstände können auch die Bodenbearbeitung erschweren, da sich einige davon in den Zinken der Deichsel verheddern. In manchen Fällen ist es besser, die Vorfrucht herauszuziehen und zu kompostieren, als sie unterzugraben. Nicht in vollen ca. 12 cm hohen Salatbeeten fräsen, wenn sie schon Samen gebildet haben, denn du musst die Beete vielleicht so viele Male fräsen, um alles unterzugraben, dass es weniger Aufwand ist, die

Pflanzen vor der Kultivierung zu ziehen. Kleine oder moderate Erntemengenrückstände sind zum Untergraben jedoch völlig in Ordnung. Sobald du beschlossen hast, ob du die vorherige Ernte entfernst oder untergräbst, ist es an der Zeit, deine Bodenzusätze hinzuzufügen und diese dann einzufräsen.

Die Bodenbearbeitung auf städtischen Grundstücken kann manchmal schwierig sein, da man sich oft zwischen physischen Hindernissen wie Mauern, Hecken oder Zäunen bewegt. Du musst aufpassen, dass du dich nicht in Ecken hinein manövrierst. Gib dir immer genügend Raum, dich umdrehen zu können. In Situationen, in denen Beete gegen einen Zaun laufen, halte ich die Pinne drei Meter vor dem Beetende an und drehe mich vor dem Ende des Beetes um 180° um, lasse dann die Pinne wieder herunter und fahre fort. Das bedeutet zwar, dass ein Ende des Beetes vielleicht etwas weniger gefräst wird als der Rest, aber es macht kaum einen Unterschied.

Wenn ich Beete mit der Fräse umdrehe, drehe ich nur die Beete selbst um. Die Gehwege und Umrandungen bleiben statisch und werden nicht gefräst. Wenn du nach einigen Jahren der Bodenbearbeitung den Untergrund in deinen Beeten mit einer Breitgabel oder Heugabel auflockerst, kannst du die Verdichtung des Untergrunds vermeiden. Siehe Foto Nr. 38 der Bodenbearbeitung im Abschnitt *Fotobeilage*.

Beete ohne Bodenbearbeitung

Viele neue Landwirte beginnen, Strategien zu entwickeln, um die Bodenbearbeitung zu minimieren oder sie vollständig zu vermeiden. Die Herausforderung bestand bis vor Kurzem darin, wie diese Ideen auf einem Kleinbetrieb umgesetzt werden können. Direktsaatverfahren gibt es schon seit vielen Jahren auf einigen Großbetrieben. Sie verwenden große Traktoren, welche die Vorfrucht überfahren und das Saatgut anschließend direkt in den Boden ausbringen können. Für Kleinbauern schafft die Bodenbearbeitung saubere Saatbeete, in die ein kleines Aussaatwerkzeug die Samen vorsichtig und gleichmäßig fallen lassen kann. Ich habe noch kein Gerät gesehen, mit dem Saatgut in ein gemulchtes Beet ausgebracht werden kann. Wenn das Ziel ein sauberes, mit einer Sämaschine bestücktes Saatbeet ist, gibt es drei Möglichkeiten, die ich beschreiben werde, wie dies ohne Bodenbearbeitung erreicht werden kann.

Bei all diesen Methoden solltest du, wenn du deine Beete zum ersten Mal in der Saison vorbereitest, eine Breit- oder Mistgabel verwenden, um zuerst den Unterboden auf deinen Beeten zu lockern.

Ohne Bodenbearbeitung
Nicht mechanisierte Handwerkzeuge

Dies ist eine Technik, die ich seit Jahren anwende. Sie funktioniert und ist billig, aber es ist harte Arbeit und im Sommer kann die Hitze eine echte Belastung sein. Auf einem kleinen städtischen Hof von 1011 m^2 oder weniger kann die Bodenbearbeitung von Hand jedoch wirtschaftlich durchgeführt werden.

Schritt 1: Entfernen der Rückstände der Vorfrucht

Ziehe die gesamte Vorfrucht aus dem Beet heraus. Du musst alles entfernen, denn die Bodenbearbeitung von Hand funktioniert nicht, wenn es zu viele Rückstände gibt. Ziehe an der Basis der Pflanze und schüttele die Erde ab, sodass du keine Erde bewegst. Am besten ist es, so viel Erde wie möglich intakt zu lassen.

Schritt 2: Hacke die Wurzeln mit der Steigbügelhacke ab und lockere die oberen ca. 2.5 cm, um ein luftiges Saatbeet zu bekommen

Nimm eine Steigbügelhacke, führe sie das Beet auf und ab und lockere den Boden entlang des gesamten Beetes auf. Dies ist im Wesentlichen so, als ob man mit der Hand in sehr geringer Tiefe fräst. Auf diese Weise erreichen wir einen luftigen Oberboden, den wir später einebnen und in den wir wieder aussäen können. Stelle sicher, dass du jeden Quadratzentimeter der Beetoberfläche hackst.

Schritt 3: Streue Bodenzusätze ein und harke den Rest aus.

Füge als Nächstes geeignete Bodenzusätze für das Beet hinzu und harke diese ein. Wenn du mit deinem Rechen schräg gehst und beide Hände in einer *Daumen-hoch*-Position hältst, harkst du das Beet eben, mischst deine Ergänzungen ein und harkst alles, was nicht ins Beet gehört, zur Beetkante. Der Unrat landet auf den Wegen und das ist völlig in Ordnung.

Jetzt ist dein Beet wieder zum Bepflanzen bereit. Wenn du diese Technik gut beherrschst, indem du sie viele Male anwendest, solltest du in der Lage sein, ein ca. 7.6m-Beet in 30 Minuten umzudrehen.

Ohne Bodenbearbeitung, Einsatz des Tilthers

Für diese Technik benötigst du ein sehr spezielles Werkzeug, einen sogenannten Tilther. Es handelt sich dabei um eine elektrische, bohrkraftbetriebene Minifräse, die ca. 45 cm breit ist. Diese Fräse rotiert nicht auf die herkömmliche Art und Weise, da sie sehr flach ist – nur etwa 2.5 cm. Der Hauptzweck dieses Werkzeugs besteht darin, ein neues Saatbeet ähnlich wie bei einer Bodenfräse vorzubereiten, aber der Tilther lockert nur die oberste Bodenschicht auf, sodass dein Säwerkzeug reibungslos durch das Beet durchgehen kann und du gleichzeitig Bodenergänzungen in die Oberfläche einarbeiten kannst. Um dieses Werkzeug effektiv nutzen zu können, muss dein Beet frei von Ernterückständen sein.

1. Entferne die Ernterückstände der Vorfrucht. Dasselbe wie bei der vorherigen Methode.
2. Ergänzungen auf den Boden streuen.
3. Verwende den Tilther zum Einmischen von Ergänzungen. Dies kann je nach Bodenbeschaffenheit einige Überfahrten über das Beet erfordern.
4. Führe einen Durchgang mit einem Landschaftsrechen durch, um das Beet auszugleichen.

Siehe Fotos Nr. 39 und 40 in der *Fotobeilage.*

Ohne Bodenbearbeitung, Direktsaat mit einer Kreiselegge

Die Kreiselegge ist ein hinter einem Traktor laufendes Gerät, ähnlich wie eine Bodenfräse, außer dass sie den Boden nicht umkehrt. Sie hat Zinken, die sich um eine horizontale Achse drehen; sie lockert den Boden nur in der Nähe der oberen ca. 2.5 cm auf. Dadurch wird ein sauberes und ebenes Saatbeet vorbereitet. Wenn du eine Kreiselegge verwendest,

1. säuberst du die Rückstände der vorherigen Ernte,
2. fügst deine Ergänzungen hinzu,
3. dann verwendest du die Maschine, um die Beete vorzubereiten und einzuebnen.

Ein Rechen ist nicht erforderlich. Dieses Werkzeug kann für den Einsatz auf städtischen Höfen schwierig sein, da es sehr groß und schwer ist; es ist sehr schwierig, auf engem Raum zu manövrieren.

36 Das Pflanzen

Auf meinem Betrieb pflanze ich auf drei verschiedene Arten. Die erste und häufigste ist die *Direktsaat*. Ich säe die meisten meiner schnell wachsenden Pflanzen fast die ganze Saison über direkt aus. Ausnahmen sind frühe Kulturen wie Pak Choi und die erste Aussaat von Rüben, Kopfsalat und Frühlingszwiebeln. Sobald es warm genug ist, können alle diese Feldfrüchte, mit Ausnahme von Kopfsalat, direkt gesät werden. Den pflanze ich meist in Anzuchttöpfe.

Die zweite Pflanzmethode ist das *Umpflanzen*. Alle meine ständigen Kulturen wie Tomaten, Sommerkürbis, Paprika, Mangold und Grünkohl werden zu Beginn der Saison in der Gärtnerei gesät und dann auf das Feld gepflanzt, wenn es draußen wärmer wird.

Die dritte Methode ist die *Handpflanzung*. Die Handpflanzung ist die Direktsaat von Hand in einer ganz bestimmten Dichte. Bei einigen Gelegenheiten pflanze ich Grünkohl, Rüben und Kopfsalat von Hand.

Direktsaat

Während des größten Teils der Vegetationsperiode erfolgt die Direktsaat fast jede Woche auf dem Hof. Die Kulturen, die ich am häufigsten säe, sind meine wichtigsten Schnellkulturen wie Rucola, Spinat, asiatisches Grünzeug, Radieschen und Steckrüben. Karotten und Rüben werden ebenfalls direkt gesät, aber in etwas größeren Abständen als die anderen, vor allem weil sie eine viel längere Reifezeit haben, aber auch ein längeres Zeitfenster für die Ernte.

Mein gebräuchlichstes Aussaatwerkzeug ist die Jang-Sämaschine, die ich in Kapitel 27 beschrieben habe.

Wie man perfekte Reihen nach Augenmaß pflanzt

Manche Landwirte ziehen es vor, vor dem Pflanzen Reihen in einem Beet zu markieren. Ich hingegen pflanze alles nach Augenmaß. Wenn du ein Beet mit einer ungeraden Anzahl von Reihen (drei, fünf, sieben oder neun) bepflanzt, ist das sehr einfach. Beginne immer mit den äußeren Reihen. Beginne außen am Beet; du willst nicht bis zum Rand des Beetes pflanzen, sondern nur etwa ca. 5 cm von jedem Rand entfernt. Pflanze die äußeren Reihen auf jeder Seite des Beetes und teile dann den inneren Rest in der Mitte auf, um insgesamt drei Reihen zu pflanzen. Um fünf Reihen zu pflanzen, pflanze zuerst drei Reihen und teile dann die Differenz zwischen den drei Reihen auf, um fünf Reihen zu erhalten. Um sieben Reihen zu pflanzen, pflanze drei und dann zwei Reihen zwischen den drei Reihen. Nimm einfach den gleichen Abstand zwischen den drei Reihen. Das Pflanzen von neun Reihen funktioniert genauso wie das Pflanzen von fünf Reihen, aber teile die Differenz zweimal auf: pflanze vier Reihen zwischen jede der fünf Reihen, die du gerade gepflanzt hast. Beginne bei all diesen ungeraden Zahlenkombinationen immer mit den beiden äußeren Reihen.

Die meisten meiner Pflanzen werden in ungeraden Reihen direkt gesät. Dafür gibt es keinen besonderen Grund, außer dass diese Dichten bei mir gut funktioniert haben – und das Pflanzen ungerader Zahlen ist einfach. Es kann jedoch vorkommen, dass du irgendwann eine Kultur findest, die du in einer geraden Anzahl von Reihen pflanzen möchtest, und das ist etwas weniger einfach, aber auch nicht kompliziert.

Wenn du beispielsweise vier Reihen in ein Beet pflanzen möchtest, pflanze einfach zuerst die äußeren Reihen des Beetes und dann die nächsten beiden Reihen, indem du die Differenz in der Mitte aufteilst. Manchmal benutze ich meine Hand, um eine Linie in der Mitte zu markieren, und pflanze dann die nächsten beiden Reihen etwas versetzt zu dieser Mittellinie. Wenn deine Reihen nicht exakt sind, ist das keine große Sache. Bepflanzung ist keine Raketenwissenschaft! Siehe Foto Nr. 41 im Abschnitt *Fotobeilage*.

Umpflanzen

Unter Umpflanzen versteht man das Anpflanzen von Sämlingen, die in einer Gärtnerei gesät wurden. Der Hauptgrund für das Umpflanzen ist, einen Vorsprung bei einer Kultur zu bekommen, damit die Pflanzen weniger Zeit im Boden auf dem Feld haben. Dies ist notwendig, wenn du Flächen schnell umstellen musst; für einen städtischen Hof auf kleinem Grund und Boden ist dies von entscheidender Bedeutung. Ich habe auf meinem Hof keine Flächen mit nur einer Fruchtfolge (einer Kultur pro Saison). Es gibt immer mindestens zwei Fruchtfolgen für jedes Beet. Mithilfe von Setzlingen kann ich eine frühe Schnellkultur in den Boden einpflanzen und wieder auspflanzen, bevor ein anderer, langsamer wachsender Setzling (zum Beispiel Tomaten) eingepflanzt wird. Es kann auch andersherum sein. Im Falle von Grünkohl werden frühe Transplante gesetzt; dann ist diese Ernte bis zum Hochsommer fertig und etwas anderes kommt an ihre Stelle.

Bevor wir in den Boden verpflanzen, werden unsere Beete entweder mit der Technik des *frühen Saatbeets* für das vorzeitige Unkrautjäten vorbereitet, oder sie werden mit einem Landschaftsgewebe bedeckt, in das Löcher gestanzt werden, in welche dann die Setzlinge gepflanzt werden sollen. Wenn die Beete ohne Landschaftsgewebe bepflanzt werden, verwenden wir einen Landschaftsrechen mit kleinen Kunststoffrohren, die an den Zinken befestigt sind, um die Reihen zu markieren – oder wir verwenden ein Werkzeug, das als Saatbeetwalze bezeichnet wird. Siehe die Verpflanzungsfotos Nr. 42, 43 und 44 im Abschnitt *Fotobeilage*.

Gärtnerei

Die Gärtnerei auf meinem Betrieb arbeitet im Vergleich zu den meisten anderen Betrieben auf einer Mikroebene. Da wir uns in erster Linie auf schnellwachsende Pflanzen konzentrieren und der größte Teil unserer Pflanzung durch Direktsaat erfolgt, ist die Infrastruktur unserer Gärtnerei minimal. Siehe Kapitel 28 über die Infrastruktur der Gärtnerei und die Fotos Nr. 13-16, 45 und 46 im Abschnitt *Fotobeilage*.

Bodenblöcke oder Anzuchttöpfe

Viele Landwirte haben sich zu Beginn auf *Bodenblöcke* eingelassen, und nachdem ich sie selbst ein paar Jahre lang benutzt habe, kann ich verstehen, warum. Sie sind in vielerlei Hinsicht überlegen, ihre Herstellung ist jedoch weitaus zeitaufwendiger. Die meisten Landwirte verwenden Standard-Anzuchttopf-Platten in verschiedenen Größen (mit 200, 128 oder 72 Zellen pro Einheit). Sie lassen sich leicht mit Erde füllen und sind leicht erhältlich. Das Problem mit den Platten ist, dass deine Pflanzen wurzelbindend werden können, wenn sie zu lange in den Zellen stehen. (Das bedeutet, dass die Wurzeln beginnen, sich in der Zelle spiralförmig zu drehen, und wenn es Zeit zum Pflanzen ist, brauchen die Pflanzen viel länger, um weiterzuwachsen, wenn sie ihre Wurzeln in den Boden richten sollen). Bodenblöcke sprechen dieses Problem an, weil sich die Wurzeln, wenn sie bis zum Rand des Blocks wachsen, der Luft aussetzen. Ein Bodenblock ist im Wesentlichen ein eigenständiger Erdblock ohne Zellen oder Töpfe, die ihn an seinem Platz halten. Bodenblöcke behalten ihre Form aufgrund der

Art und Weise, wie der Boden zusammengemischt wird: Durch Zugabe der richtigen Menge an Wasser entsteht eine fast schlammähnliche Mischung, die in einen Mechanismus wie bei einer Keksdose verpackt wird, der kleine, durch Luft getrennte Bodenblöcke bildet. Wenn die Wurzeln bis an den Rand des Blocks wachsen, spalten sie sich wie Kapillaren in den Lungen ab, was tatsächlich mehr Oberfläche für die Wurzelmasse schafft, und das hilft den Pflanzen beim Verpflanzen in den Boden zu wachsen.

Ich bevorzuge etwas von beidem. Ich verwende Anzuchttöpfe für alle meine Kulturen der langen Saison, wie Tomaten und Sommerkulturen, aber ich bevorzuge Bodenblöcke für die laufende Gärtnereiproduktion wie Salat, Pak Choi, Rüben und sogar Basilikum. Für diese verwende ich einen Miniblock. Er gefällt mir, weil er 420 Blöcke in eine 25.4 mal 50.8 cm große Fläche passt. Wenn es darum geht, Pflanzen in Erdblocks umzupflanzen, geht es eigentlich schneller, weil man weniger Zeit braucht, um sie aus den Pflanzungen herauszuholen. Eine Liste des Gärtnereimaterials und meiner Bodenmischung für Anzuchttöpfe und Bodenblöcke findest du in Kapitel 28. Siehe Foto Nr. 46 im Abschnitt *Fotobeilage*.

Kultur	Ø DTM	Wann einsäen	Erster GH/ PLT PD	Erstes Feld PD (ohne Abdeckung)	Letztes Feld PD	Letztes GH/ PLT PD	Säplatte	Sätiefe	Reihen / Beet	Saat / 7.62cm -Beet in Gramm
Dill	60	04. – 08.	06.04.	13.04.	03.08	-	Spinat	1.27cm	9	24
Frühlingszwiebeln	70	05. – 08.	-	04.05.	03.08.	-	-	1.27cm	7	15
Karotten (Baby)	65	04. – 08.	13.04.	04.05.	03.08.	10.08.	-	1.27cm	7	7
Karotten (volle Größe)	78	04. – 08.	-	04.05.	03.08.	10.08.	-	1.27cm	5	5
Kopfsalat	45	03. – 10.	16.03.	04.05.	31.08.	05.10.	-	1.27cm	9	28
Koriander	30	04. – 09.	06.04.	13.04.	17.08	-	Mangold	1.27cm	9	78
Petersilie	70	06. – 07.	-	11.05.	03.08.	-	Spinat	1.27cm	5	15
Radieschen	28	03. – 09.	16.03.	04.05.	25.08.	-	-	1.27cm	7	20
Roter russischer Grünkohl	30	04. – 09.	-	27.04.	10.08.	31.08.	-	1.27cm	9	17
Rucola	35	03. – 10.	09.03.	04.05.	08.09.	22.09.	-	1.27cm	9	11.6
Rüben	72	06. – 08.	-	11.03.	03.08.	-	Mangold	1.27cm	4	5
Salatherzen	38	04. – 09.	16.03.	27.04.	17.08.	-	-	1.27cm	9	5
Schnittgrün	40	05. – 08.	-	01.06.	03.08.	-	Mangold	1.27cm	7	83
Senf	35	03. – 09.	09.03.	04.05	08.09.	15.09.	-	1.27cm	9	22
Spinat	45	03. – 10.	09.03.	06.04.	08.09.	05.10.	Mangold	1.27cm	5	54
Tatsoi	35	03. – 05., 09. – 10.	09.03.	13.04.	07.09.	05.10.	-	1.27cm	9	17

Abb. 49: Empfehlungen für die Saatgutaussaatdichte: DTM= Datum bis zur Reife, GH=Gärtnerei, PLT= Polyniedertunnel, PD= Pflanzdatum

37

Mikrogrün

Mikrogrün hat in den letzten Jahren an Popularität gewonnen, zumal immer mehr Landwirte sein Gewinnpotenzial erkennen. Es stimmt, dass Mikros einen sehr hohen Wert haben und dass eine unglaubliche Produktionsmenge auf sehr kleinem Raum anfallen kann, aber wie dir jeder Investor bestätigen würde, ist das Risiko umso größer, je schneller und höher die Rendite ist. Saatgut ist eine große Ausgabe, wenn es um Mikrogrün geht, und wenn du nicht alles verkaufst, was du produzierst, können diese Grüns sehr schnell zu einem Unternehmen werden, das Geld verliert.

Um sie in dein Pflanzenportfolio und deinen Kundenstamm einzuführen, fange klein an und teste die Gewässer. Skaliere erst dann, wenn du die Nachfrage wachsen siehst. Wenn du ständig viel Mikrogrün kompostierst, verlierst du höchstwahrscheinlich Geld. Mikrogrün ist für den durchschnittlichen Kunden auf dem Bauernmarkt immer noch ein ziemlich neues Phänomen. Wenn du es auf den Bauernmarkt bringst, musst du eine beträchtliche Aufklärungsarbeit leisten, damit deine Kunden lernen, sie zu verwenden und auch ihre gesundheitlichen Vorteile zu schätzen. Ich baue auf meinem Hof Mikrogrün auf zwei Arten an:

1. In Pflanzschalen mit einer Keimungstiefe von einem Zentimeter in Innenräumen oder in Gewächshäusern.
2. Direkt im Boden mit einer von mir entwickelten Technik, die ich die *Brett-Technik* genannt habe.

Die drei wichtigsten mikrogrünen Kulturen, die ich anbaue, sind Erbsensprossen, Sonnenblumensprossen und Radieschensprossen.

Indoor- und Gewächshausanbau

In Innenräumen züchte ich Mikrogrün auf einer mehrstöckigen Regaleinheit, die mit fluoreszierenden Wachstumsleuchten ausgestattet ist. Bei dieser Methode musst du Vorsicht walten lassen. Du musst die Luftfeuchtigkeit und die Wärme kontrollieren und einen konstanten Luftstrom gewährleisten, da du sonst Pilzprobleme bekommst, die dich ganze Ernten kosten können. Wir züchten in Innenräumen von November bis Anfang April.

Nach diesen Monaten, in denen nachts Temperaturen über dem Gefrierpunkt herrschen, kann ich die Pflanzschalen in meine hohen Tunnel verlegen, wo sie auf vertikalen T-Hängern von den Firststangen der Tunnel wachsen können. Wenn die Pflanzschalen bestückt sind, werden sie immer noch drinnen auf den Regalen stehen, keimen und Grün bilden. Dies dauert zwischen fünf und sieben Tagen. Siehe Fotos Nr. 14 und 47 im Abschnitt *Fotobeilage*.

Es gibt neun Phasen für das Wachstum von Mikrogrün in Pflanzschalen:

1. Den Samen sterilisieren.
2. Sechs bis acht Stunden einweichen.
3. Entleeren und Spülen.
4. Boden für das Saatgut vorbereiten.
5. Füllen der Pflanzschalen und Wässern.
6. Säen.
7. Mit sterilisierten leeren Pflanzschalen abdecken, dann zum Keimen stapeln.
8. Nach der Grünbildung freilegen und dem Licht aussetzen.
9. Ernten und Waschen.

1. Die Sterilisierung von Saatgut ist bei Sonnenblumenkernen am wichtigsten, da sie die größte Chance haben, dass sich Pilze entwickeln. Bevor ich die Samen einweiche, mische ich vier Teelöffel weißen Essig und vier Teelöffel Wasserstoffperoxid in Lebensmittelqualität in einem Liter Wasser und weiche die Samen zehn Minuten lang ein. Dann lasse ich sie abtropfen und spüle sie ab. Einige Gesundheitsbehörden empfehlen, alle eingeweichten Samen zu sterilisieren. Bei allen Samen, die beim Säen trocken sind, wie zum Beispiel Radieschen, kannst du diese Phase überspringen.

2. Nachdem wir unsere Samen sterilisiert haben, weichen wir sie zwischen sechs und acht Stunden ein. Normalerweise mache ich das vor dem Schlafengehen und spüle sie dann morgens aus. Bei Erbsensprossen weiche ich pro Pflanzschale ca. 340g Samen ein, bei Sonnenblumen ca. 170g pro Pflanzschale.

3. Die Samen nach dem Einweichen gründlich abtropfen lassen und abspülen und dann in einen sauberen Eimer geben. Wenn du sie nicht sofort säen kannst, kannst du diesen Prozess um ein oder zwei Tage verzögern, indem du sie weiterhin mehrmals täglich abspülst und abtropfen lässt und sie an einem schattigen und kühlen Ort aufbewahrst.

4. Zur Vorbereitung des Bodens für das Saatgut. Ich verwende mein Erdsieb aus ¼-Zoll-Stahlgeflecht, das in einem kleinen Holzrahmen gehalten wird, der so gebaut ist, dass er auf eine Tragetasche passt. Ich schaufle neues steriles Erdgemisch auf das Sieb und schiebe es mit meinen Händen durch. Auf diese Weise werden große Stücke Ablagerungen entfernt, sodass für die Saat eine sehr feine Erde entsteht. Normalerweise siebe ich viele Behälter auf einmal, sodass ich, wenn es Zeit zum Säen ist, diese Phase überspringen kann.

5. Jetzt fülle ich jede ca. 2.5 cm tiefe Pflanzschale mit ca. 2.8l fein gesiebter Erde. (Für Sonnenblumen benutze ich manchmal 5cm tiefe Pflanzschalen, vor allem wenn sie drinnen angebaut werden. Ich habe festgestellt, dass sie mit etwas mehr Boden etwas mehr Ertrag liefern und weniger anfällig für Pilzbefall sind. In diesem Fall verwende ich ca. 3.3l). Dann nivelliere ich die Erde in den Pflanzschalen mit meinen Händen. Nun nehme ich ein kleines Stück Sperrholz mit einem Griff an der Oberseite, das die gleiche Fläche wie die Pflanzschale hat, und drücke die Erde nach unten, um eine feste Pflanzfläche zu erhalten. Dann gieße ich die Beete mit einem feinen Gießstab kräftig. Um festzustellen, ob du genug gegossen hast, steckst du an einer Ecke der Fläche deinen Finger in die Erde, und wenn diese bis zum Boden nass ist, hast du genug gegossen.

6. Als Nächstes säe ich in die Pflanzschalen. Je nachdem, wie viel Saatgut du eingeweicht hast, verteilst du mit deinen Händen das Saatgut gleichmäßig auf deinen Flächen. Bei Radieschen streue die Samen trocken auf. Ich verwende fünf Esslöffel Radieschensamen pro Platte. Siehe Foto Nr. 47 in der Rubrik *Fotobeilage*.

7. Bedecke nun die Samen mit leeren Schalen und stapele sie zum Keimen. Es ist wichtig, dass du dabei Platten verwendest, die ordnungsgemäß gereinigt und sterilisiert worden sind. Kontaminierte Schalen können während der Keimung Pilzprobleme verursachen. Ich lege die Pflanzschalen mit einer Lage gesäten Mikrogrüns auf mein Regal, eine leere Schale direkt auf das Saatgut, dann eine Lage aus gewelltem Kunststoff darauf. Dann kannst du auf die gleiche Weise weitere Lagen von Pflanzschalen darüber legen. Ich staple nie mehr als drei Lagen. Auf die oberste Lage lege ich einige Bücher, um sie zu beschweren.

8. Wenn die Pflanzen Grün gebildet haben, nimm die Schalen, die sie bedeckt haben, ab und bringe die aufgekeimten Samen ans Licht. Ich warte einen halben Tag, um sie zu gießen, da der Boden in der Regel noch sehr feucht ist. Wenn ich in den wärmeren Monaten noch in Pflanzschalen keimen lasse, decke ich sie auf und halte sie für ein oder zwei Tage vom direktem Licht fern, damit sie sich ausdehnen können. Dann stelle ich sie ins direkte Licht.

9. Fünf bis sieben Tagen nach dem Aufdecken (je nach Jahreszeit) sind die Mikrogrüns erntereif und waschbar. Einzelheiten zur Ernte siehe Teil 10. Wie man sie wäscht, ist in Kapitel 33 *Verarbeitung nach der Ernte* beschrieben.

Feldmikros und die Brett-Technik

Im Laufe der Jahre habe ich mit schnelleren Methoden zum Anbau von Mikrogrün experimentiert. Ich stellte oft fest, dass es schwieriger wurde, die Zeit für den Anbau von Mikrogrün zu finden, sobald wieder Feldfrüchte in Produktion gingen. Aber die Nachfrage blieb, also kämpften wir darum, die Mikrogrünproduktion aufrechtzuerhalten. Zuerst begann ich mit der Direktsaat im Boden mit dem Earthway-Seeder. Das funktionierte bis zu einem gewissen Grad, aber die Reifezeitpunkte (DTM) waren im Frühling und Herbst uneinheitlich – zudem war der Ertrag pro Quadratmeter Fläche im Vergleich zum Anbau in Pflanzschalen sehr gering. Das lag vor allem daran, dass die Keimungszeiten in kälteren Nächten so unterschiedlich waren. Da ich mein Saatgut für die Produktion in Pflanzschalen bereits drinnen einweichen und keimen ließ und es in meinen hohen Tunneln auf den T-Bügeln anbaute, dachte ich mir, warum nicht die beiden Techniken kombinieren und einige der Aspekte des Anbaus in Schalen auf den Boden übertragen?

Der Hauptvorteil der Anzucht von Feldmikros besteht darin, dass sie wesentlich weniger Zeit zum Säen benötigen. Ein ca. 1.8m-Beet (das entspricht der Größe von zehn Pflanzschalen) kann in wenigen Minuten mit Saatgut bestückt werden. Außerdem brauchen wir keine Bodenmischung mehr zu kaufen, weil wir die Erde des Bodens verwenden. Ein weiterer großer Vorteil ist, dass all diese Ernterückstände dazu beitragen, massive Mengen an organischer Substanz in unseren Boden einzubringen. Mikrogrün zieht keine Nährstoffe aus dem Boden. Eine Pflanze ist in diesem Stadium ausschließlich auf die gespeicherte Energie aus ihrem Samen und der ersten auftretenden Photosynthese angewiesen. Aus diesem Grund war ich in der Lage, immer wieder dieselben Beete zu nutzen, indem ich die Erntereste mit der Fräse oder mit der Hand eingearbeitet und dann neu gesät habe. Im Laufe der Zeit hat all diese organische Restsubstanz dazu beigetragen, die Struktur des Bodens meines Betriebs aufzubauen. In gewisser Weise erhalte ich also die Vorteile eines Gründüngers und mache gleichzeitig einen guten und gesunden Gewinn. Ich habe schon früher in Gebieten mit schlechtem Boden Mikros gepflanzt und rotiert, um die organische Substanz proaktiv aufzubauen, und das hat unglaublich gut funktioniert. Ich würde jedoch davon abraten, diese Methode auf möglicherweise kontaminierten Böden anzuwenden.

Bei der Bretttechnik werden Sperrholzplatten von ca. 76 cm x 183 cm verwendet, wobei zwei ca. 183 cm lange 5 x 10 cm starke Kanthölzer an den Seiten jedes Brettes angebracht sind (damit die Platten leicht aufgenommen und gerade gehalten werden können, ohne sich übermäßig bücken zu müssen). Wir säen auf einer Fläche von knapp 1.4 m^2 (ungefähr das Äquivalent von zehn Pflanzschalen). Das Saatgut wird auf die gleiche Weise eingeweicht und abgespült und das Brett wird über das gesäte Beet gelegt, so wie leere Schalen auf neu gepflanzte Mikros gelegt werden. Die Bretter tragen im Wesentlichen dazu bei, dass die Pflanze schnell keimt und ein perfekt ebener Bestand entsteht. Ich lege ein Brett auf die neu gesäten Pflanzen und nehme es nach vier Tagen weg. Damit wird die Pflanze dem Licht ausgesetzt und reift je nach Jahreszeit in fünf bis sieben Tagen heran.

Die Wachstumsphasen der Feldmikros sind fast die gleichen wie die der pflanzschalenbasierten Mikros, und ich werde nur die Phasen hervorheben, die sich unterscheiden:

1. Sterilisieren des Saatguts.
2. Sechs bis acht Stunden einweichen.
3. Entleeren und Spülen.
4. *Boden für das Saatgut vorbereiten.*
5. *Verdichten und wässern.*
6. *In eine dünne Erdschicht aussäen.*
7. *Mit dem Brett abdecken, andrücken und erneut gießen.*
8. Nach dem Keimen aufdecken und dem Licht aussetzen.
9. Ernten und Waschen.

Die einzigen Stufen, die sich bei dieser Methode unterscheiden, sind 4, 5, 6 und 7. Alle anderen Stufen sind gleich. Auch die Ernte erfolgt auf die gleiche Weise, außer dass man vom Boden aus schneidet.

4. Den Boden für die Pflanzung vorbereiten, fräsen oder per Handarbeit umwenden. Hier gibt es nichts anderes als die üblichen Techniken der Beetvorbereitung, außer dass wir uns nicht um die Verbesserung des Bodens kümmern müssen. Wenn du jedoch dort neu säen willst, wo vorher Feldmikros waren, musst du sicherstellen, dass dein Saatbeet frei von Rückständen auf der Oberfläche ist. Dies kann durch Direktsaat geschehen, indem man die Rückstände der Vorfrucht mit einem Steigbügel hackt, sie untergräbt und das Feld dann bepflanzt. Ich persönlich ziehe die Bodenfräse vor, weil sie viel schneller ist und wir uns hier überhaupt nicht um Unkraut kümmern; die Mikrogrüns wachsen viel schneller als jedes Unkraut. Ich bereite oft ganze ca. 7.6 m bis 15.2 m-Beete für die Feldmikros vor und fräse so mindestens vier ca. 1.8 m große Beete auf einmal.

5. Nachdem das Beet vorbereitet ist, nimm dein(e) Brett(er) und lege es (sie) auf den Boden. Laufe ein Stück auf ihnen, um die Bodenoberfläche herunterzudrücken und ein festes und flaches Beet zu erhalten; genau wie bei den Pflanzschalen. Bewässere dann den Boden kräftig mit deinem Gießstab.

6. Verteile nun das Saatgut, wie du es auch bei den Pflanzschalen tust. Der einzige Unterschied besteht darin, dass du auf dem Feld viel mehr Saatgut ausstreust – ansonsten ist der Prozess derselbe. Danach streust du einen kleinen Eimer mit fein gesiebter Erde über das Saatgut; du kannst Erde aus dem Boden oder deine auf Torf basierende Bodenmischung verwenden. Ich mach dies, weil ich festgestellt habe, dass ich eine bessere Keimung erhalte. Die Erde hilft, die Lücken zwischen den Samen zu füllen, um das nachzuahmen, was auf natürlichem Wege passieren würde. In Innenräumen muss man dies nicht machen, weil die Temperaturen und die Feuchtigkeit viel stabiler sind.

7. Decke nun das Beet mit dem Brett zu, laufe wieder darauf herum und hebe das Brett dann wieder hoch, um das Beet einzugießen. Decke es nun erneut mit dem Brett zu – und lasse es zwischen fünf und sieben Tagen liegen.

Siehe Fotos Nr. 48 und 49 im Abschnitt *Fotobeilage*.

38

Die Saison verlängern

Die Verlängerung der Vegetationsperiode ist entscheidend für die Maximierung der Produktion auf einer kleinen Landfläche. In diesem Teil beschreibe ich Techniken und Geräte, mit denen du deine Saison bis an den Rand des Winters und sogar über den Winter hinaus verlängern kannst.

Wenn es um die Verlängerung der Saison geht, hat die Landwirtschaft in der Stadt einige eigene Vorteile. Durch den *Wärmeinseleffekt* haben Landwirte in Städten nachts bis zu 5°C wärmere Temperaturen als Landwirte außerhalb einer Stadt. Das bedeutet, dass städtische Landwirte zu Beginn der Saison oft mehr produzieren können als andere. Obwohl mein Hof im Vergleich zu den meisten anderen sehr klein ist, habe ich auf den ersten Bauernmärkten mehr zum Verkauf als die meisten anderen Landwirte, und dazu gehören sogar Bauern, die auf ca. 4047 m^2 Land wirtschaften.

Das Erste und Wichtigste, was man verstehen muss, ist, dass bestimmte Feldfrüchte zu bestimmten Zeiten des Jahres besser gedeihen. Zum Beispiel ist es nicht immer die beste Strategie, die Anbausaison zu verlängern, indem Tomaten früh in die Erde gebracht werden, auch wenn sie unter Polytunneln stehen. Verlängern bedeutet nicht unbedingt, dass Tomaten länger oder früher als alle anderen wachsen, obwohl das ein Teil davon ist. In kühlen Zeiten im Jahr ist es besser, sich auf das zu konzentrieren, was zu dieser Jahreszeit am besten wächst. Zu Beginn der Saison konzentriere ich mich daher auf Kulturen wie Rucola, Tatsoi, Senf, Spinat, Radieschen und Steckrüben. In vielen nordamerikanischen Bioregionen gedeihen diese Nutzpflanzen in einem kalten Frühling sehr gut und überstehen sogar milde Fröste.

Polytunnel-Gewächshäuser

Polytunnel können tiefe Temperaturen mildern und ermöglichen eine frühe Produktion deiner Felder. Hohe Tunnel haben ein größeres Luftvolumen im Inneren, und die Temperaturschwankungen sind weniger radikal als in niedrigen Tunneln. Sie sind jedoch sehr viel teurer, und man kann nicht immer ein Bauwerk wie ein Gewächshaus in den Hinterhof eines anderen Menschen stellen. Siehe die Polytunnel-Fotos Nr. 50 und 51 im Abschnitt *Fotobeilage*.

Niedrige Polytunnel

Die beste Methode, die ich gefunden habe, um die Jahreszeiten auf meinem Hof zu verlängern, ist die Verwendung eines Polytieftunnels. Siehe Foto Nr. 52 im Abschnitt *Fotobeilage*.

Mit diesen Tunneln kann ich meinen gesamten ca. 1350 m^2-Hof zu Beginn und gegen Ende der Vegetationsperiode unter Kunststoff betreiben. Ich kann damit die Vorteile von Gewächshäusern nutzen, ohne durch den Standort meiner Gewächshäuser eingeschränkt zu sein. Niedrige Tunnel ermöglichen auch eine Saisonverlängerung, wenn du sie brauchst. Kommt jedoch der Sommer und du musst deine Kulturen nicht mehr abdecken, dann kannst du die Tunnel entfernen und die Kulturen im Freien wachsen lassen.

Niedrige Tunnel erfordern im Frühling viel Arbeit beim Aufbau und im Herbst, wenn der Schnee fällt, etwas Arbeit bei der Instandhaltung. Deine Beete müssen vollständig vorbereitet und bepflanzt werden, bevor du sie abdecken kannst. Auch die Bewässerung der Beete unter den niedrigen Tunneln kann eine Herausforderung sein: Du musst sie dafür zumindest teilweise öffnen.

Abb. 50: Handbewässerung von Polyniedertunneln im Frühling

Die Verwendung von Tropfbewässerung unter den Tunneln wird dir zu Beginn der Saison eine beträchtliche Zeitersparnis bringen. Die Niedertunnel in meinen BR-Bereichen sind alle mit Tropfbewässerung ausgestattet, und die Niedertunnel in den HR-Bereichen werden in den ersten Wochen von Hand gegossen, da diese Bereiche über Kopf bewässert werden. Glücklicherweise ist bei kühlen Temperaturen nicht viel Bewässerung erforderlich.

An Tagen, an denen die Temperaturen steigen, ist es jedoch am besten, niedrige Tunnel zu öffnen, damit sie richtig belüftet werden können. Vorsicht ist geboten bei Feldfrüchten, die dazu neigen, unter Stress zu schießen (wie Pak Choi und Radieschen). Manchmal funktioniert es am besten, ein Ende jedes Tunnels aufzumachen, damit sie in solchen Situationen nicht überhitzen.

Im Herbst ist es dann wichtig, dass man niedrige Polytunnel richtig aufräumt. Wenn du sie für überwinterte Kulturen, wie Spinat oder Möhren, verwendest, lasse am besten ein Beet zwischen deinen Tunneln brachliegen. Stehen deine Tunnel zu dicht beieinander, wird sich dieser Schnee zwischen den Tunneln stauen und den Kunststoff so stark eindrücken, dass er deine Ernte erstickt. Wenn du ein Beet dazwischen lässt, ist es einfacher, mit größeren Mengen Schnee umzugehen.

Benutzung von Tunneln in warmen Klimazonen

Der Begriff *Saisonverlängerung* kann auch auf warme Klimazonen wie Südkalifornien und Florida angewandt werden, wo die Sommer oft zu heiß sind, um etwas anzubauen, oder die Verdunstungsraten so hoch sind, dass es schwierig ist, die Feuchtigkeit im Boden zu halten. Alle hier beschriebenen Techniken können auch in diesen Klimazonen angewendet werden, indem man Schattierungsgewebe auf Gewächshäusern oder Polytieftunnels verwendet. Ich glaube, dass die Tropfbewässerung der beste Ansatz für die Bewässerung in heißen Klimazonen ist. Daher würde ich eine kombinierte Strategie aus Schattengewebe und niedrigen Tunneln begleitet von Tropfbewässerung empfehlen, um während der heißen Sommermonate weiter anbauen zu können.

Winteranbau bei Kälte, Klimata in Nordamerika

Landwirtschaft während des Winters in den Klimazonen 7 oder weniger ist mehr eine Redensart als eine Realität. Technisch gesehen betreibt man Landwirtschaft, wenn man etwas produziert und verkauft. Aber in den meisten Fällen werden die Pflanzen in kalten Klimazonen während des Winters nicht wachsen. Man kann sie jedoch am Leben halten und ernten. Dieser Abschnitt ist für Klimazonen von 5 bis 7 relevant.

Der Schlüssel dazu ist eine Strategie, die aussagt, was genau du in dieser Zeit zur Verfügung hast und wie viel du pro Woche ernten wirst. Da die von dir geernteten Feldfrüchte (wie Spinat, Grünkohl und manchmal Kopfsalat) so und so lange brauchen, bis sie sich nach dem Schnitt regenerieren, musst du genau wissen, wie viel du pro Woche ernten wirst, falls sie sie sich nicht regenerieren. Alles, was du planen musst, ist eine Gruppe von Pflanzungen. Du wirst nicht – wie in der Hauptwachstumszeit – schrittweise pflanzen können. Möglicherweise kannst du deine Pflanzungen zu Beginn ein wenig staffeln, aber du wirst die Beete nicht mitten im Winter wechseln. Es gibt einfach nicht genug Tageslicht und Wärme.

Die Bewirtschaftung über den Winter auf meinem Hof war keine Vollzeitbeschäftigung. Es ist etwas, das ich gemacht habe, um einen gewissen Cashflow zu erhalten, aber er ist im Vergleich zur Hauptanbausaison sehr gering, vor allem, weil man einfach nicht annähernd das gleiche Produktionsniveau vom Land bekommen kann. Das Schöne an der Winterlandwirtschaft ist, dass es wöchentlich sehr wenig Arbeit zu erledigen gibt. Wenn die Kulturen erst einmal etabliert sind, gibt es sehr wenig weitere Pflanzung oder Pflege, die durchgeführt werden muss. Wenn die Pflanzen reif sind, setzt die Kälte ein, und dann ruhen diese Pflanzen eigentlich nur noch. Die Hauptarbeit im Freien besteht dann darin, den Schnee von den Tunneln fernzuhalten und zu ernten.

Die Ausrüstung und Infrastruktur, die du für die Winterlandwirtschaft benötigst, unterscheidet sich nicht viel von dem, was du für die Landwirtschaft im Allgemeinen brauchst, außer dass du einen Innenbereich haben musst, um dein Gemüse zu verarbeiten und zu verpacken, sonst wird es sehr unangenehm sein, zu waschen oder irgendeine andere Art von nasser Arbeit zu verrichten. Du musst einige Polyhochtunnel und/oder Polyniedrigtunnel haben. In hohen Tunneln ist es viel angenehmer zu arbeiten als in niedrigen Tunneln, da du dich in einer isolierten Umgebung befindest und dir keine Sorgen über das Hin- und Herschieben von Schnee machen musst.

Was die Bewässerung anbelangt – wenn sich deine Wintertemperaturen um den Gefrierpunkt bewegen, brauchst du keine deiner Kulturen zu bewässern, da diese meist reif oder zumindest gut etabliert sein sollten, bevor der Winter richtig einsetzt. Die allgemeine Regel lautet, dass du bei Temperaturen von 10°C oder weniger nicht gießen solltest, da dies mehr schaden als nützen kann.

Ich gehe den Winteranbau an, indem ich einen Produktionsplan erstelle, der darauf basiert, wie viele Beete ich für den Winter bepflanzt haben möchte. Diese Information sollte von dem stammen, was du glaubst, in deiner Wintervermarktungsperiode verkaufen zu können, und wie viel von diesen Pflanzen du wöchentlich ernten wirst. Da die Pflanzen so lange brauchen, um sich über den Winter zu regenerieren, hängt es davon ab, wie viele Beete von jeder Pflanze du hast, wie lange sie in der Produktion bleiben oder wie viel du pro Woche verkaufen kannst.

In einer Wintersaison zum Beispiel besuchte ich den ganzen Winter über einen Samstags-Bauernmarkt und verkaufte an zwei Restaurants. Dieser Vermarktungszeitraum begann am 1. November und dauerte bis Mitte März, wenn die Produktion für meine Hauptsaison beginnt. Die von mir angebotenen Produkte waren Erbsensprossen, Sonnenblumensprossen, Radieschen-Mikrogrün, Grünkohl, Spinat, Salatmischung und Karotten.

Ein Großteil der Produkte, die ich angebaut habe, waren Indoor-Mikrogrün, da ich diese ganzjährig anbauen kann, ohne auf einen warmen Winter hoffen zu müssen, aber vier Feldfrüchte können den ganzen Winter über im Boden gehalten werden und überleben sogar Temperaturen bis zu -15°C.

Die Vorbereitungen für den Winteranbau beginnen im Hochsommer, und die erste Winterkultur, die ich vorbereite, ist Grünkohl. Einzelheiten zum Pflanzen von Wintergrünkohl findest du in Teil 10.

Die nächste Winterfrucht, die ich pflanze, sind Möhren; Einzelheiten zum Pflanzen von Wintermöhren findest du ebenfalls in Teil 10.

Da sie schnell wachsen, sind Spinat und Kopfsalat die letzten Kulturen, die für den Winter gepflanzt werden. Bei diesen beiden kann es notwendig sein, in zwei Schritten zu pflanzen. Eine Gruppe in der dritten Septemberwoche und die andere in der darauffolgenden Woche. Je kürzer die Tage bis in den Herbst hinein werden, desto länger wird die Zeit zwischen den Erntereifen. Was tatsächlich passiert, ist, dass zwei Pflanzungen im Abstand von einer Woche Mitte September tatsächlich viele Wochen oder sogar im Abstand von einem Monat oder mehr reif werden. Dies liegt daran, dass die Tage nach oder nahe der Tagundnachtgleiche im Herbst exponentiell kürzer und die Abende viel kühler werden. Je weiter du nach Norden gehst, desto mehr merkt man, wie jeder Tag sichtbar kürzer wird als der vorangegangene. Salat kann als Winterkultur prekär sein, wenn es zu kalt wird. Ich finde, dass er die Tendenz hat, sich einzufalten, wenn die Temperatur zu weit unter den Gefrierpunkt sinkt, und dann wird er, wenn es sich im Laufe des Tages erwärmt oder wenn es sonnig ist, an sich selbst verfaulen. Spinat scheint dieses Problem nicht zu haben, weil die Blätter viel dicker und robuster sind.

Überwinterungskulturen für eine frühe Frühlingsernte

Das *Überwintern* ist ein Prozess, bei dem eine kältetolerante Kultur spät in der Saison gepflanzt wird, mit der Absicht, sie über den Winter am Leben zu erhalten. Die Hauptkulturen, die ich überwintere, sind Spinat, Grünkohl, Kopfsalat und Möhren. Bei der Überwinterung gibt es zwei grundlegende Ansätze:

1. Pflanze eine Kulturpflanze so, dass sie dann reif wird, wenn die Kälte eintrifft. Dann wird sie sich über den Winter in einer Art Schlaf befinden.
2. Pflanze spät in der Saison, damit die Kultur nur wenig wächst, bevor es kalt wird; sie wird im frühen Frühjahr des Folgejahres bereit sein, energischer zu wachsen. Dies funktioniert für Spinat und Kopfsalat. Diese Technik funktioniert nicht in extrem kalten Klimazonen, wie in den Kanadischen Prärien oder nördlichen Regionen. Es wird in den meisten Teilen der USA funktionieren. Wenn die Temperaturen längere Zeit niedriger als -15°C sind, dann kann es auch nicht funktionieren.

Beim Pflanzen für eine Ernte im folgenden Frühling beginnt man im Herbst. Spinat und Kopfsalat siehe Teil 10 für die jeweiligen Kulturarten.

Lagerkulturen

Lagerkulturen sind meistens Hackfrüchte, die über den Winter in einer kontrollierten Umgebung wie einem Wurzelkeller oder einem begehbaren Kühler gelagert werden können. Das ist nichts Neues: Die Menschen machen das schon seit Tausenden von Jahren. Kartoffeln, Möhren, Rüben, Knollensellerie, Zwiebeln und Pastinaken sind gängige Kulturen, die Landwirte über den Winter lagern und vermarkten. Auf einem städtischen Hof kann die Kühllagerung eine Herausforderung darstellen, da du einen erweiterten Kühlbereich benötigst, um eine beträchtliche Menge an Erntegut für den Markt monatelang lagern zu können. Bei der spezialisierten Pflanzenproduktion, auf die sich mein Betrieb konzentriert, kann ich nur Rüben und Karotten lagern. In der Vergangenheit habe ich viele Beete mit Rüben und/oder Karotten im Spätsommer gepflanzt, um im Frühherbst eine große Ernte zu erzielen. Wenn die Möhren geerntet werden, werden sie gewaschen und trocknen gelassen (damit sich kein stehendes Wasser auf ihnen befindet), und dann werden sie im Kühler gelagert. In der Kühlbox werden die Möhren etwas trocken. Deshalb ist es gut, sie gleich zu waschen, sonst sind sie später schwer zu reinigen. Rüben können schmutzig geerntet und gelagert werden (sie lagern besser, wenn sie schmutzig sind), und Rüben sind leichter zu reinigen. Wenn du keinen Wurzelkeller hast, was für die meisten städtischen Landwirte kompliziert ist, kannst du einen kleinen Heizlüfter in deinen begehbaren Kühler stellen, um die Temperatur während der kalten Monate zwischen 1.6 - 1.9°C zu halten.

Bei der Größe meiner Anbaufläche habe ich festgestellt, dass es für mich profitabler ist, mich auf schnell wachsende Kulturen mit einigen Überwinterern für die Vermarktung im Winter zu konzentrieren, begleitet von einer soliden Produktion von Mikrogrün. Auf meiner winzigen Landbasis ziehe ich es vor, Steckrüben für die Lagerung anzubauen und meine Möhren über den Winter im Boden zu halten. Wenn es um den besten Plan für die Saisonverlängerung deines Betriebs geht, benötigst du eine variable Herangehensweise.

TEIL 9

GRUNDLEGENDE ERNTEPLANUNG

Ich plane meinen Betrieb ganz anders als die meisten anderen Marktgärtner oder Kleinlandwirte. Dafür gibt es einige Hauptgründe:

1. Ich habe nur eine sehr kleine Landfläche und kann es mir nicht leisten, an einem starren Betriebsplan festzuhalten. Wenn eine bestimmte Feldfrucht geplant war, um eine Fläche zu besetzen, sich aber diese Feldfrucht nicht verkauft, dann kann ich es mir nicht leisten, dieses Land besetzt zu lassen, wenn es keinen Gewinn abwirft.
2. Ich betreibe kein traditionelles CSA. Die Planung eines landwirtschaftlichen Betriebs um eine CSA herum ist einfacher: Du planst, was du in jede Box für jede Woche der Saison legen willst, und dann arbeitest du rückwärts, um zu sehen, wie sich das auf das Vorhandensein von Feldfrüchten für diese Boxtermine bezieht.
3. Meine Marktnachfrage ändert sich ständig. Wenn du mit Restaurants zu tun hast, musst du in der Lage sein, dich auf eine sich ändernde Nachfrage einzustellen. Was in einem Jahr trendy war, kann im nächsten Jahr schon wieder Schnee von gestern sein. Da Restaurants ihre Speisekarten oft auf die Nachfrage ihrer Kunden ausrichten (wie es jeder gute Geschäftsmann tun würde), bin ich den Launen meiner Restaurantkunden ausgeliefert. Es gibt viele Gewissheiten – Dinge, von denen ich weiß, dass ich sie jedes Jahr

anbauen kann – aber die Gesamtkulturpflanzenlisten ändern sich von Jahr zu Jahr, sogar in der Mitte der Saison.

39

Bestimme dein Ergebnis

Bei jedem landwirtschaftlichen Plan ist zunächst zu bestimmen, wie viel Geld du verdienen möchtest. Wir wissen, dass Flächen in der HR konservativ $800 pro ca. 76 cm x 7.6 m-Beet und BR $400 pro Beet erwirtschaften können. Bestimme also, wie viel Geld du verdienen kannst, indem du die Anzahl der Beete quantifizierst und dabei die HR- und/oder BR-Kennzahlen verwendest. Sehen wir uns einige Beispiele an.

Abb. 51: Sechs städtisch-landwirtschaftliche Betriebe

Beispiel	**Land in Produktion**	**HR-Beete $800, (4 Kulturen mit je $200)**	**BR-Beete $400, (2 Kulturen mit je$200)**	**Bruttogewinn pro Saison**	**Durchschnitts-einkommen pro Woche**
1	Ca. 1010 m² (alles Schnellkulturen)	100		$80.000	$2.667
2	Ca. 1010 m²	60	40	$64.000	$2.133
3	Ca. 1350 m² (alles Schnellkulturen)	130		$104.000	$3.467
4	Ca. 1350 m²	70	60	$80.000	$2.667
5	Ca. 2020 m² (alles Schnellkulturen)	210		$168.000	$5.600
6	Ca. 2020 m²	110	100	$124.000	$4.267

Diese Tabelle zeigt sechs Beispiele für landwirtschaftliche Betriebe Größen von ca. 1010 m^2 bis ca. 2020 m^2, alle mit einer 30-wöchigen Saison.

Die Spalte auf der rechten Seite repräsentiert das durchschnittliche wöchentliche Zieleinkommen. Wenn deine Saison weniger als 30 Wochen dauert, multipliziere einfach die Wochen in deiner Saison mit dem durchschnittlichen Wocheneinkommen, um einen Richtwert für das gesamte Saisonergebnis zu haben. Zum Beispiel, eine 20-wöchige Saison in Beispiel 1 wäre 20 multipliziert mit $2.667, was $53.340 ergibt. Diese Zahl entspricht dann deinem Zieleinkommen für eine 20-wöchige Saison.

Abb. 52: Saisonkulturen für die Ernte verfügbar

Kultur	Für die Ernte verfügbar
Basilikum	Sommer
Dill	Frühling
Frühlingszwiebeln	Frühling
Karotten	Sommer
Kohl	Vorfrühling
Koriander	Frühling
Mangold	Frühling
Pak Choi	Frühling
Rucola	Vorfrühling
Rüben	Frühling
Rübengrün	Sommer
Salat	Frühling
Salatherzen	Frühling
Senf	Frühling
Sommerkürbis	Sommer
Spinat	Vorfrühling
Tatsoi	Vorfrühling
Tomaten	Sommer

Denke daran, dass diese Zahlen anzustrebende Ziele sind, und dass es keine Garantie dafür gibt, wo du letztlich ankommst. Es gibt viele Variablen in der Landwirtschaft: Wetter, Marktnachfrage und Arbeitsmoral. All diese Dinge zusammen können dein Ergebnis im Nachhinein wirklich bestimmen. Verwende diese Zahlen als anzustrebende Ziele.

In meiner ersten Saison habe ich etwa 33 % dieser Zahlen, dann in meinem zweiten 65 % und in meinem dritten 100 % erreicht. Betrachten wir Beispiel 1, wenn du in der Landwirtschaft noch völlig neu bist, könnte ein realistisches Zieleinkommen 33 % von $80.000 betragen ($26.400) – eine konservative Zahl für dein erstes Jahr – dann $52.000 im nächsten und $80.000 in deinem dritten Jahr.

Im restlichen Teil dieses Kapitels werde ich Beispiel 2 aus dieser Tabelle als unser Landwirtschaftsmodell verwenden.

Kulturverfügbarkeit in der Saison

Bevor wir entscheiden können, was wir während der Saison verkaufen werden, müssen wir zunächst bestimmen, was während jeden Teils der Saison verfügbar ist. Für die Kulturverfügbarkeit teile ich meine Saison in drei Ernte-Startperioden ein: Vorfrühling, Frühling und Sommer. Dies sind die Hauptzeiten, in denen bestimmte Kulturpflanzen verfügbar werden, basierend auf dem, was ich weiß, was in meiner Region wachsen kann. Mitte März bis Mitte April ist Frühlingsanfang in meiner Gegend. Während dieser Zeit bin ich hauptsächlich mit der Ernte von Indoor-Mikrogrün und überwinterten Feldfrüchten wie Spinat, Grünkohl und manchmal Kopfsalat und Möhren, die im Herbst gepflanzt wurden, beschäftigt. Die Frühjahrssaison ist auf meinem Hof von Mitte April bis Mitte Juni. Dies ist der Zeitraum, in dem der größte Teil meiner Pflanzenauswahl verfügbar wird: Radieschen, Steckrüben, Rüben, frühe Möhren, einige Kräuter, neuer Grünkohl und viele Arten von Grünzeug. Der Sommer ist die Zeit, in der Tomaten, Sommerkürbis und viele Karotten beginnen hohe Stückzahlen zu produzieren.

Plane die Grundlage für eine Saison von einer Tabelle wie dieser; von hier aus musst du bestimmen, wie viele Marktwochen du haben wirst. Denke daran, dass die Anbausaison für deine eigene Bioregion anders sein kann. Ich würde vorschlagen, dass du vor Ort entsprechende Informationen suchst.

Sobald du weißt, welche Kulturen in deinem eigenen Bereich zu welchem Zeitpunkt der Saison verfügbar sind, kannst du diese Informationen in feinere Details aufschlüsseln: wann genau du diese Kulturen haben willst und wie viel du pro Woche verkaufen möchtest. Dies ist so ähnlich wie die Planung eines CSA. Zu bestimmen, was gepflanzt werden soll und vom Erntezeitpunkt rückwärts zählen bis zum Pflanzdatum.

Wenn ich zum Beispiel Rettich haben möchte, der für den 1. Juli verfügbar sein soll, kann ich einfach das durchschnittliche Fälligkeitsdatum (DTM) dieser Kultur (28 Tage) nehmen, und komme dann, 28 Tage rückwärts gezählt vom 1. Juli am 3. Juni an. Also ist mein Aussaatdatum für eine Radieschenernte am 1. Juli der 3. Juni.

Im zeitigen Frühjahr ist die durchschnittliche DTM jedoch nicht unbedingt relevant, da die Temperaturen wesentlich kühler und die Tage kürzer sind. Der Einsatz von Saisonverlängerungstechniken mit hohen oder niedrigen Tunneln kann dazu beitragen, die DTMs deiner Kulturen näher an den Durchschnitt heranzuführen. Andernfalls solltest du eine bestimmte Anzahl von Tagen zu deinem erwarteten DTM hinzufügen. Diese Information ist für jede Bioregion einzigartig. Lerne Landwirte in deiner Region kennen, die dir eine bessere Vorstellung davon vermitteln können, wie sich Temperaturänderungen bei Tag und Nacht auf die Erntezyklen in deiner Region auswirken. Dieses Konzept wird in Kapitel 40 ausführlicher behandelt.

Sobald du dieses Prinzip und seine Variablen verstanden hast, besteht die grundlegende Kulturplanung lediglich darin, zu planen, welche Produkte du verkaufen und wie viel du wöchentlich zur Verfügung haben willst –

und dann von diesen Daten zurückzuzählen, um deine Pflanzdaten zu bestimmen. Ein klares Verständnis der zu erwartenden Erträge ist ebenfalls entscheidend. Auf diese Weise weißt du, wie viel du pflanzen musst, je nachdem, was du verkaufen möchtest.

40

Der Basisplan

Siehe Beispiel 2 zur Betriebsmodell-Tabelle (Abb. 51). Dieser Hof hat ca. 1010 m^2, das Einkommensziel beträgt $64.000. Dies ist herunter gebrochen auf 60 Beete in HR und 40 in BR. Der HR-Bereich wird dynamisch sein, d.h. der Plan wird aus Gruppen von Kulturpflanzen bestehen, die wir wöchentlich pflanzen und verkaufen (zum Beispiel Radieschen, Steckrüben und verschiedene Arten von geschnittenem Salatgrün). Ich weiß, dass es bestimmte Dinge gibt, die ich auf der Grundlage früherer Verkaufsjahre zur Verfügung haben will. Zum Beispiel weiß ich, dass ich vom 1. April bis zum 1. Juni bis zu 400 Bündel Radieschen pro Woche verkaufen kann. Das heißt also, dass ich in diesem Zeitraum jede Woche vier bis sechs Radieschenbeete abzuernten habe. Ich weiß, ich kann jede Woche ca. 18kg Rucola verkaufen, und das bedeutet, ich muss jede Woche etwa vier Beete abernten. Aber ich werde nicht unbedingt vier Beete pro Woche säen, weil Grüns mehrfach geschnitten werden können.

Ich plane meine Hi-Rotationsbereiche ebenfalls nicht, weil ich nicht garantieren kann, wie viele Schnitte ich aus einem Beet von Grün bekommen werde. Der Ernteertrag kann sich auch mit dem Wetter ändern. Die ständige Überwachung der Pflanzenentwicklung in allen meinen HR-Bereichen und das Vornehmen notwendiger Änderungen im Verlauf der Zeit ist der beste Weg, den ich gefunden habe, um Ernteerträge zu verwalten. Zum Beispiel könnte ich seit einigen Wochen vier Rucola-Beete pflanzen und dann stelle ich fest, dass ich mehr Schnitte aus diesen Beeten bekomme, als ich dachte. Also überspringe ich vielleicht eine Woche Bepflanzung. In den meisten Fällen geht das so.

Im Sommer bekomme ich jedoch nicht so viele Schnitte, weil viele der Grüns, die ich anbaue, Frühjahrskulturen sind, die bei heißem Wetter zur Samenbildung neigen. Aber auch hier ist das Wetter jedes Jahr ein wenig anders; es ist wie das Sprichwort: „Die einzige Konstante ist die Veränderung." Ich habe dies akzeptiert, und das ist zum Teil der Grund, warum ich meinen Betrieb nicht so plane, wie es die meisten Landwirte tun. Dieses System der Betriebsplanung ist für den Erfolg eines städtischen Hofes nicht ganz entscheidend, aber ich glaube, es war Teil meines Erfolges, denn es hat mir ermöglicht, mich anzupassen und die Produktion spontan zu ändern.

Die einzigen Aspekte meines Betriebs, die ich im Detail plane, sind die Primärkulturen in meinen Bi-Rotation-Gebieten – vor allem, weil sie so lange brauchen, bis sie reifen und in der Gärtnerei begonnen werden müssen. In BR-Bereichen sind die Dauerkulturen die Primärkultur, und Sekundärkulturen sind nicht geplant. Warum? Weil die Nachfrage nach einer bestimmten Kultur während des Sommers steigen kann, und ich könnte mich entscheiden, einige Schnellkulturen in einem BR-Gebiet anzupflanzen, nachdem die Primärkultur geerntet worden ist. Im Spätsommer zum Beispiel, wenn eine primäre Dauerkultur wie Grünkohl aus dem Boden gezogen wird, weil der Druck der Blattläuse zu groß wird, um sie zu bewältigen, pflanze ich manchmal schnell wachsende Kulturen an seiner Stelle, um mich durch den Herbst zu bringen. Das könnte so etwas wie Kopfsalat sein, Herbstrüben und Karotten. Dass ist jedoch nicht geplant, sondern wird auf die gleiche Weise angegangen, wie ich die HR-Bereiche verwalte.

Eine Kultur, die ich im Detail plane, sind Karotten. Ich weiß nicht immer, inwieweit das klappt, da ich die meiste Zeit Karotten in HR-Bereichen anpflanze. Aber ich weiß, wie viele Beete mit Möhren ich pflanzen möchte und wie oft. Da Karotten eine längerfristige Kulturpflanze sind, ist es schwierig, die Produktion auf der Grundlage der sich ändernden Marktnachfrage schnell zu steigern. Ich gehe den Karottenanbau mit einem bestimmten Ergebnis an. Ich entscheide, wie viel ich jede Woche für die Saison zur Verfügung haben möchte, und pflanze danach. Zum Beispiel plane ich, ab dem Beginn der Karottensaison jede Woche ein Beet mit Möhren für die Ernte zur Verfügung zu haben. Normalerweise ist das Anfang Juni oder Ende Mai.

Nachfolge-Pflanzung

Die Nachfolgebepflanzung kann eine der schwierigsten Aspekte der Landwirtschaft sein, denn sie bezieht dein Verständnis deiner Marktnachfrage ein, Änderungen der Tageslänge und Temperatur von Saison zu Saison, was du an Ernteerträgen erwarten kannst und wie lange du sie ernten kannst. Ein Landwirt muss Nachfolgepflanzungen machen, um eine konsistente Ernte von seinem Betrieb zu erreichen. Um ein regelmäßiges Einkommen aus deinem Hof zu ziehen, musst du während der gesamten Saison konsequent säen und ernten.

Bevor du mit der Nachfolgepflanzung beginnen kannst, musst du eine Vorstellung davon haben, welche Nachfrage für eine bestimmte Kultur besteht (wie viel du glaubst, wöchentlich verkaufen zu können). Sobald du eine Vorstellung davon hast, wie viel du verkaufen kannst, musst du dir ansehen, wie viel Ertrag du benötigst – und dann wirst du wissen, wie viel du pflanzen kannst. Der Teil, der die Sache kompliziert macht, ist, wann du pflanzt, wie sich die wechselnden Tageslängen und Temperaturschwankungen im Laufe des Jahres darauf auswirken und wann diese Pflanzen fertig sind.

Nehmen wir an, dass ich auf einem wöchentlichen Bauernmarkt und an ein paar Restaurants etwa 150 Bündel Radieschen pro Woche verkaufen könnte. Aufgrund meiner Informationen über das Ernteprofil weiß ich, dass ich zwei ca. 7.6 m^2-Beete pro Woche benötigen würde, um erfolgreich so viel zu ernten. Wenn ich diese Radieschen bis zum 1. Mai fertig haben muss, dann kann ich im Saatgutkatalog nachsehen, dass Radieschen eine Reifezeit (DTM) von etwa 30 Tagen haben. Wenn dies tatsächlich zuträfe, dann könnte ich Radieschen 30 Tage vor dem 1. Mai säen, und dann wären sie fertig. Es würde auch bedeuten, dass ich für eine kontinuierliche Ernte danach jede Woche säen könnte. Das ist jedoch nicht der Fall.

Je weiter nördlich oder südlich du dich vom Äquator befindest, desto extremer ändert sich die Tageslänge von einer Saison zur anderen. Wenn du deine eigenen Ernteinformationen verfolgst, indem du die Pflanz- und Erntedaten aufschreibst, hast du nach einer Saison eine viel klarere Vorstellung davon, wie unterschiedliche Tageslängen in deinem Gebiet die Nachfolgebepflanzung beeinflussen.

Wenn ich in der Innenstadt von Kelowna, BC, (Zone 6B) Radieschen am 1. April auf dem Feld säen würde, ist mein voraussichtliches Reifedatum nach 41 Tagen. Wenn ich zwei Wochen später säen würde, am 14. April, ist mein DTM nun 32 Tage. Die Tageslänge wird während dieser Phase des Jahres exponentiell länger und auch die Temperaturen steigen, wodurch sich das Fälligkeitsdatum für Feldfrüchte verkürzt. In meinem ersten Jahr als Landwirt habe ich in dieser frühen Frühjahrsperiode den Fehler gemacht, jede Woche zu säen. Kulturen, die ich am 1. April gepflanzt hatte und dann wieder am 8. April waren beide zur gleichen Zeit reif.

Was ich gelernt habe, ist, nach *Pflanzenentwicklung* zu säen, nicht nach einem bestimmten Zeitplan. Anstatt mich dafür zu entscheiden, eine Kulturpflanze wie Rettich an festgelegten Tagen zu säen, säe ich die nächste Folge, wenn die erste ein bestimmtes Wachstumsstadium erreicht hat. Wenn ich zum Beispiel am 1. April Radieschen säe, säe ich erst wieder, wenn die erste Partie aus der Erde aufgetaucht ist und zwei echte Blätter getrieben hat. Dann weiß ich, dass es genug Vorlaufzeit für die nächste Kultur gibt, sodass sie nicht gleichzeitig reifen werden. Ich säe auch eine Zwei-Wochen-Ernte auf einmal, anstatt jede Woche eine. Wenn das Wetter kühler ist, können Radieschen länger im Boden bleiben, ohne zu schnell zu reifen. Im Frühling säe ich mehrere Beete auf einmal mit größeren Zeitabständen zwischen den Aussaaten.

Sobald warmes Wetter einsetzt und sich die Tages- und Nachttemperaturen stabilisieren, gehe ich zu einem einheitlichen wöchentlichen Pflanzplan über. Zu diesem Zeitpunkt säe ich nicht mehr nach Pflanzenentwicklung. Im Falle der Radieschen wird das DTM nach der zweiten Maiwoche konsistenter. Zu diesem Zeitpunkt werde ich jeweils nur die Ernte einer Woche säen, weil ich sie innerhalb einer Woche aus dem Boden holen muss. Radieschen können im Sommer so schnell wachsen, dass sie innerhalb weniger Tage verholzen. Aus diesem Grund müssen sie schnell geerntet werden. Im Sommer werde ich kleine Mengen in engeren Abständen säen, während es im zeitigen Frühjahr umgekehrt ist (große Mengen in größeren Abständen säen).

Schnittgrün

Grüngemüse wie Rucola, Senf, Kopfsalat und Spinat bezeichne ich als *Schnittgrün*. Sie können mehrfach geerntet werden, da sich die gleiche Pflanze zwei Wochen oder weniger nach der ersten Ernte der Blätter wiederholt regeneriert. Diese Regeneration kann deine Erträge erheblich steigern, denn wenn du jede Woche konsequent säst, stehen dir neue Grüns zur gleichen Zeit zur Verfügung wie der zweite und dritte Schnitt aus früheren Aussaaten. Wenn du diesen Prozess verstehst, kannst du ihn zu deinem Vorteil nutzen. Ich habe ein paar Jahre gebraucht, um das herauszufinden, da ich in meinen ersten Saisons oft zu viele Grüns hatte, die ich nicht verkaufen konnte, oder ich habe sie in den Beeten untergegraben, weil ich das wusste. Das solltest du ganz und gar vermeiden.

Es gibt mehrere Nachsaatstrategien für Schnittgrün, die ich verwende. Je nachdem, wie viele Grüns ich zu verkaufen gedenke, bietet sich für jede ein etwas anderer Ertrags- und Aussaatplan an. Abbildung 53 legt meine Strategie für das Säen von Rucola und Spinat dar. Abbildung 54 zeigt, wie ich losen Kopfsalat säe. Abbildung 55 beschreibt das Säen für Senf und roten russischen Grünkohl.

Jede Kultur kann mindestens dreimal, roter russischer Grünkohl und Kopfsalat können viermal oder noch öfter geschnitten werden. Die Grüns regenerieren nicht immer in denselben zweiwöchigen Abständen und es wird Unterschiede bei deinem Klima und der Jahreszeit geben, aber diese Tabellen veranschaulichen die Zyklen des Regenerationsprozesses und wie er sich auf die Kulturplanung bezieht.

In Abbildung 53 stehen unsere Aussaatdaten für Rucola und/oder Spinat in der obersten Reihe: 4. Mai, 11. Mai, 18. Mai und so weiter. Unsere Erntedaten für jede dieser Aussaaten sind in den Spalten unten aufgeführt, und die Zahl in jedem Kasten vor dem Datum stellt die Reihenfolge der Ernte dar. Fangen wir von vorn an: Nehmen wir an, wir säen ein Rucola-Beet pro Woche und das ergibt ca. 4.5 kg. Wenn wir am 4. Mai und jede Woche danach säen, beträgt unsere erste Ernte am 28. Mai ca. 4.5 kg und die Ernte der nächsten Woche ist der 4. Juni von einer Aussaat am 11. Mai. Unsere dritte Ernte in Folge ist der 11. Juni. Beachte, dass es sowohl der erste Schnitt vom 18. Mai als auch der zweite Schnitt vom 4. Mai ist. In dieser Woche ernten wir ca. 9 kg, weil wir von zwei Aussaaten schneiden. Auf diese Weise werden sich die Nachaussaaten mit den vorherigen Saaten überschneiden. Die erste Aufeinanderfolge findet am 11. Juni statt, wobei sich der erste Schnitt vom 18. Mai und der zweite Schnitt vom 4. Mai überschneiden. Die zweite Aufeinanderfolge findet am 18. Juni statt. Beachte, dass wir am 25. Juni einen Punkt erreichen, an dem drei Erntefolgen auf einmal geerntet werden, das wären ca. 13.6 kg Rucola oder Spinat. Dies ist der kritische Punkt, an dem deine Produktion aus diesen Kulturen ihren Höhepunkt erreichen wird. Von diesem Punkt an kannst du von drei Aussaaten auf einmal ernten.

Meine zweite Nachfolgetechnik besteht darin, zwei Wochen zu säen und eine Woche auszulassen. Das war mein wichtigster Zeitplan für den Blattsalat, und ich erhalte immer mindestens drei und manchmal vier Schnitte. In den Sommermonaten bekomme ich höchstwahrscheinlich nur drei Schnitte, weil die Hitze den Salat stresst und ihn zum Schießen bringt. Ich säe am 4. Mai und 11. Mai und überspringe dann die nächste Woche. Ich setze am 25. Mai und 1. Juni fort und überspringe dann wieder die nächste Woche. Der Höhepunkt der Produktion ist nach diesem Zeitplan der 18. Juni, an dem ich den ersten Schnitt meiner Aussaat vom 25. Mai und den zweiten Schnitt der Aussaat vom 11. Mai ernte. Der Zweck dieses Zeitplans besteht darin, nur zwei Aussaaten auf einmal zu ernten, im Gegensatz zu drei bei Technik 1.

Abbildung 55 ist ein Schema, das ich zum Säen von rotem russischem Grünkohl und Senfgrün verwende. Während meiner Hauptsaison regenerieren sich diese Grüns in einer Woche und liefern mindestens drei Schnitte.

Dieses Schema bietet eine gleichmäßige Produktion mit wenig oder keiner Überlappung. Wenn es einen vierten Schnitt gibt, überlappen sich der vierte Schnitt der ersten Aussaat und der erste Schnitt der dritten Aussaat. Wenn du einen sehr heißen Sommer erlebst, musst du diesen Plan möglicherweise leicht modifizieren. Im Juli und August würde ich vorschlagen, deine Saatintervalle zu verkürzen, um weniger wiederholte Schnitte unterzubringen. Möglicherweise musst du auf wöchentliche oder zweiwöchige Intervalle umstellen.

Saatdatum	4. Mai	11. Mai	18. Mai	25. Mai	1. Juni	8. Juni	15. Juni	22. Juni	usw ...
1. Schnitt	1 28. Mai	2 4. Juni	3 11. Juni	4 18. Juni	5 25. Juni	6 2. Juli	7 9. Juli	8 16. Juli	...
2. Schnitt	3 11. Juni	4 18. Juni	5 25. Juni	6 2. Juli	7 9. Juli	8 16. Juli	9 23. Juli	10 30. Juli	...
3. Schnitt	5 25. Juni	6 2. Juli	7 9. Juli	8 16. Juli	9 23. Juli	10 30. Juli	11 6. August	12 13. August	...

Abb. 53: Rucola und Spinat, Folgeplan

Saatdatum	4. Mai	11. Mai	WA	25. Mai	1. Juni	WA	15. Juni	22. Juni	usw...
1. Schnitt	1 28. Mai	2 4. Juni		4 18. Juni	5 25. Juni		7 9. Juli	8 16. Juli	...
2. Schnitt	3 11. Juni	4 18. Juni		6 2. Juli	7 9. Juli		9 23. Juli	10 30. Juli	...
3. Schnitt	5 25. Juni	6 2. Juli		8 16. Juli	9 23. Juli		11 6. August	12 13. August	...
4. Schnitt	7 9. Juli	8 16. Juli		10 30. Juli	11 6. August		13 20. August	14 27. August	

Abb. 54: Loseblatt Salat, Folgeplan (WA= Woche auslassen)

Saatdatum	4. Mai	WA	WA	25. Mai	WA	WA	15. Juni
1. Schnitt	1, 28. Mai			4, 18. Juni			7, 9. Juli
2. Schnitt	3, 11. Juni			6, 2. Juli			9, 23. Juli
3. Schnitt	5, 25. Juni			8, 16. Juli			11, 6. August
4. Schnitt	7, 9. Juli			10, 30. Juli			13, 20. August

Abb. 55: Senf/roter russischer Grünkohl, Folgeplan (WA= Woche auslassen)

TEIL 10

KULTUREN FÜR DEN STÄDTISCHEN LANDWIRT

Dieser Teil enthält eine umfassende Liste der Hauptkulturen, die ich auf meinem Hof anbaue. Seit 2010 habe ich etwa 80 einjährige Gemüsesorten angebaut, aber ich habe festgestellt, dass diese hier die lukrativsten und realistischsten für einen städtischen Landwirt auf kleinem Land sind. In Kapitel 5 habe ich die fünf Hauptpunkte umrissen, die eine Kulturpflanze für den Anbau in der Stadt geeignet machen. Ich nenne diese *Bewertung des Erntewertes* (CVR). Wenn dein Ziel darin besteht, auf einer kleinen Landfläche so viel Einkommen wie möglich zu erwirtschaften, dann solltest du dein Pflanzenportfolio auf höherwertige und schnell wachsende Pflanzen konzentrieren.

Art der Kulturpflanze	Schnell oder beständig
Produktionszeiten	Monate, in denen du die Kultur ernten kannst
Erntewert-Rate (CVR)	Wie viele CVR-Merkmale diese Kulturpflanze besitzt
Aussaat	Einzelheiten der Dichte und Saatguts, das in einem Beet verwendet wird
Sorten	Bevorzugte Sorten zum Anbau

Art der Kulturpflanze	Schnell oder beständig
DTM	Durchschnittliches Reifedatum (Direktsaat und Pflanzung)
Durchschnittlicher Ertrag pro Beet	Der Gesamtertrag, den du erwarten kannst, einschließlich mehrerer Pflückungen oder Schnitte
Durchschnittlicher Bruttogewinn pro Beet	Wie viel kannst du pro Beet erwarten?

Basilikum

Du kannst für Basilikum einen hohen Preis verlangen, wenn du es bis Mitte des Frühjahrs fertig hast. Aber wenn es im Sommer alle anderen auch haben, wird der Preis weniger als die Hälfte dessen betragen, was du für Frühverkäufe erhalten kannst. Nach meiner Erfahrung ist Basilikum eine beliebte Kulturpflanze auf meinen Bauernmärkten, aber weniger beliebt bei Köchen. Ein- oder zweimal pro Saison kaufen die Köche große Mengen, um Pesto zu machen. Und in den späteren Monaten des Sommers werden die Marktkunden ebenfalls große Mengen kaufen, um während der Einmachsaison Pesto für sich selbst herzustellen. Meistens mache ich nur zwei Aussaattermine für Basilikum. Die Frühkultur, begonnen in der Gärtnerei Anfang März, wird Anfang April ins Gewächshaus gepflanzt. Ende Mai kann ich kleine Mengen pflücken, und zu diesem Zeitpunkt verkaufe ich Basilikum in kleinen 57g-Beuteln für $3. Das sind $24 pro ca. 453g. Die zweite Aussaat für eine Sommer-Herbst-Ernte beginnt im Juni. Zu diesem Zeitpunkt kann ich nur $8 pro ca. 453g erhalten. Also gebe ich der frühen Aussaat den Vorrang und versuche für Zeiten der Knappheit viel zur Verfügung zu haben.

Produktion: Ich säe in ca. 15cm-Zentren und pflücke ohne viel Stängel viel in hoher Frequenz. Ich pflanze Basilikum oft zwischen meine Tomaten: eine oder zwei Reihen im Abstand von ca. 15cm, etwa 20cm von der Tomatenreihe entfernt. Die Tomaten schirmen das Basilikum erst später im Sommer ab; zu diesem Zeitpunkt kannst du dann eine weitere Ernte haben.

Ernte: Meiner Meinung nach wird die erste Ernte nur sehr leicht ausfallen, aber sie wird sich nach jeder Ernte bis zu einem Punkt im Sommer verdoppeln, an dem du jede Woche 9kg pro Beet erntest. An diesem Punkt, an dem ich so viel pflücke und der Preis so niedrig geworden ist, gebe ich manchmal für den Rest des Sommers auf, um etwas anderes von höherem Wert zu bekommen. Mein Ansatz war schon immer, niemals über niedrige Preise zu konkurrieren.

Kulturart: Beständig

Produktionszeiten: Juni bis September

CVR: 3/5 (hoher Ertrag, hoher Preis, beliebt)

Aussaat: Säen in ca. 76 cm-Zentren im Beet; 2-3 Samen pro Zelle; vier Reihen pro Beet

Sorten: Süß, Italienisch

DTM: 76 Tage aus Samen; 24 Tage ab Verpflanzen

Durchschnittsertrag pro ca. 7.6m-Beet: 11.3 kg; kann mehrfach gepflückt werden.

Durchschnittlicher Bruttogewinn pro Beet: $250 bei $10 pro 0.45 kg.

Pak Choi

Pak Choi ist eine großartige Vorsaison-Kultur und kann auch für die Herbstproduktion gut sein. Ich verkaufe kleine Bündel Pak Choi während des frühen Frühlings auf dem Markt, finde aber, dass die Kunden bis zum späten Frühjahr ihr Interesse daran verlieren. Zu diesem Zeitpunkt baue ich es für Köche weiter an. Feine Restaurants suchen in der Regel den kleinsten Typ, den man wachsen lassen kann. Köche brechen gerne ein ganzes Blatt mit Stängel von der Basis der Pflanze ab und sautieren oder dämpfen es, damit es so ganz aussieht. Meine Lieblingssorte heißt Shiro, eine kleine und kompakte Sorte mit einem sehr kurzen DTM. Die größte Herausforderung bei Pak Choi ist, ihn vor dem Schießen zu bewahren, deswegen lasse ich es nicht wirklich über Ende Mai hinaus wachsen. Es wächst gut in kühlem Boden und schmeckt besser, bevor wärmeres Wetter die Pflanzen belastet.

Produktion: Ich beginne mit Pak Choi immer mit einer Verpflanzung, auch bei einer Herbsternte. Bei den heißen und trockenen Sommern kann ich in meiner Gegend Pak Choi auch Anfang September nicht zum Keimen bringen, daher wird eine Herbsternte besser mit Stecklingen im Schatten begonnen und im September ausgepflanzt. Die Monate, in denen ich Pak Choi aus Gewächshäusern oder Polytieftunneln vermarkte, sind April und Mai. Ich setze sie im Oktober-November als Setzlinge ins Feld und bedecke sie dann bis Anfang Oktober mit Polytieftunneln, woraufhin Pak Choi seine Größe halten kann, wenn das Wetter kühler und die Tage kürzer werden.

Ernte: Mit einem einfachen kleinen Messer schneide ich die Wurzel direkt unter der Pflanze ab und verpacke die Pflanzen sorgfältig aufrecht. Pak Choi ist schnell zu ernten, aber man muss beim Waschen vorsichtig sein.

Vor allem bei den kleinen Sorten musst du vorsichtig vorgehen, da die Blätter leicht brechen können.

Kulturart: Schnell

Produktionszeiten: April bis Mai, Oktober bis November.

CVR: 3/5 (kurze DTM, hohe Ausbeute, hoher Preis)

Bepflanzung: Vier Reihen pro Beet; Gärtnerei – Aussäen von 1-3 Samen pro Zelle, umpflanzen mit 7.5cm Abstand im Beet

Sorten: Shiro für kleine Köpfe, Joi Choi für mittlere Köpfe

DTM: Frühling, 80 Tage ab Gärtnerei-Aussaat; Sommer, 50 Tage von direkter Aussaat

Durchschnittsertrag pro 7.62 m-Beet: ca. 22.6 kg

Durchschnittlicher Bruttogewinn pro Beet: $250 bei $5 pro 0.45 kg

Pak Choi

Frühlingszwiebeln

Frühlingszwiebeln, auch Schalotten genannt, sind eine vielseitige Kulturpflanze, die fast das ganze Jahr über geerntet werden kann. Ich verkaufe kleine 113 g-Bündel auf dem Bauernmarkt und in Großmengen an Küchenchefs. Es ist keine superbeliebte Kultur, ist jedoch Hauptkultur genug, dass jeder weiß, was sie ist und wie man sie benutzt. Was ich an Frühlingszwiebeln wirklich nicht mag, ist, sie zu waschen: Ich finde, sie sind für den Preis, zu dem sie verkauft werden können, sehr arbeitsintensiv. Wenn ich sie an Restaurants verkaufe, machen sie weniger Arbeit, weil sie nicht gebündelt und auch nicht so methodisch gereinigt sein müssen, wie wenn sie für den Markt fertig gemacht werden.

Produktion: Eine großartige Sache an dieser Kultur ist der Ertrag: Ein Beet kann bis zu $320 Wert in etwa 70 Tagen erbringen. Ich kann ein Beet drei Wochen lang ernten. Frühlingszwiebeln verkaufe ich nicht sehr viele, deshalb säe ich sie nur etwa vier Mal pro Saison. Ich beginne mit einer frühen Ernte der Setzlinge, die in die Hoch- oder Niedertunnel gepflanzt wurden. Danach säe ich sie direkt, einfach wie jede andere Salatpflanze. Diese Pflanzweise reduziert den Arbeitsaufwand erheblich und erhöht den Ertrag.

Ernte: Wir ernten Frühlingszwiebeln genauso wie Karotten. Ich lockere mit einer Gabel den Boden um sie auf, ziehe sie dann und lege sie in einen Eimer. Sobald ich einen Eimer voll geerntet habe, fülle ich den Behälter mit etwas Wasser und stelle die Frühlingszwiebeln aufrecht, sodass die Wurzeln einige Stunden lang in Wasser einweichen. Das macht ihre Reinigung viel einfacher.

Kulturart: Beständig

Produktionszeiten: fast ganzjährig

CVR: 3/5 (hoher Ertrag, lange Erntesaison)

Bepflanzung: Setzlinge: 6 Reihen, 10 cm auseinander; Direktsaat: 7 Reihen, 14 g, Jang-Walze F24

Sorten: Kincho

DTM: 70 Tage ab Start

Durchschnittlicher Ertrag pro Beet: 18 kg

Durchschnittlicher Bruttogewinn pro Beet: $320

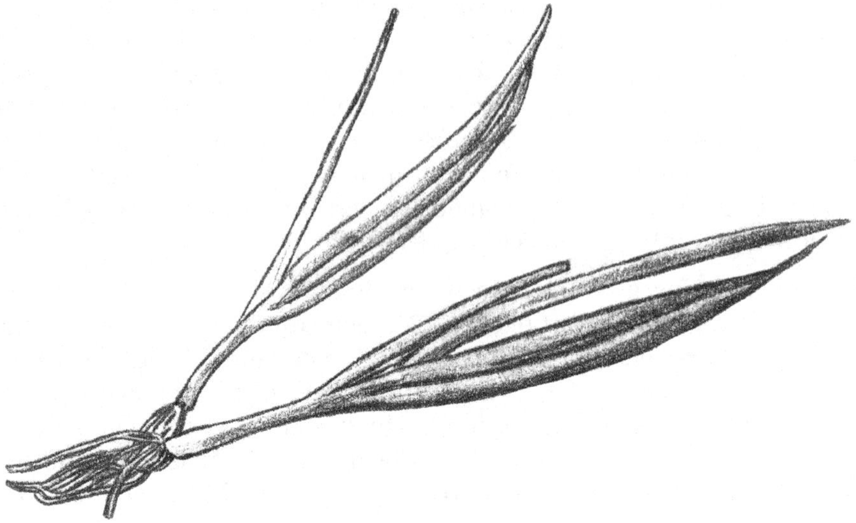

Frühlingszwiebeln

Grünkohl

Grünkohl hat sich in den letzten Jahren zu einer so trendigen Kulturpflanze entwickelt, dass es immer schwieriger wird, genügend Saatgut für den großflächigen Anbau zu finden. Ich habe einige Saatgutfirmen gesehen, die Saatgut für $1.000 pro ca. 450 g verkaufen. Er ist bekannt für seine vielen gesundheitlichen Vorteile und ist auch eine großartige städtische Kulturpflanze, die auf der CVR-Skala mit 4/5 bewertet wird. Ich baue eine Menge Grünkohl für den Markt für Händler und Köche an. In meinem Klima kann ich Grünkohl fast das ganze Jahr über anbauen. Der Blattlausdruck wird ab Juli so hoch, dass ich mich in diesen heißen sechs Wochen lieber nicht damit befassen möchte. Ich starte in der zweiten Juliwoche eine zweite Kultur mit Stecklingen und pflanze sie Mitte August aus. Normalerweise habe ich dann Mitte September eine schöne Ernte. Diese späte Auspflanzung von Grünkohl kann leicht überwintern. Wenn du genug pflanzt, um ihn zu überwintern, willst du auch, dass er voll ausgereift ist und vor dem ersten großen Frost mindestens 30 cm über dem Boden steht. Wenn du zuerst die unteren Blätter pflückst, ziehst du die Pflanze nach oben, wodurch sie hoch über dem Boden steht. In meinem Klima kann Grünkohl sechs Zentimeter Schnee auf dem Boden überleben und Mitte März wieder erntereif sein. Wenn ich im Spätsommer in meinem Gewächshaus pflanze, kann ich auch den ganzen Winter lang ernten. Obwohl Grünkohl keine besonders hochwertige Kulturpflanze ist, ist er für einen städtischen Anbauer eine sehr lohnende Kulturpflanze, weil er so viele Male geerntet werden kann und hohe Erträge pro Fläche bringt.

Produktion: Ich pflanze pro Jahr nur zwei Mal Grünkohl an, einmal im zeitigen Frühjahr (wenn Stecklinge in der ersten Aprilwoche ausgepflanzt werden) und einmal im Herbst (wenn in der ersten Augustwoche gepflanzt wird).

Ernte: Wenn die Pflanze voll ausgereift und kräftig ist, kannst du sehr viel auf einmal ernten, indem du deine Hände mit den Blättern nach unten in Richtung Boden drückst. Wenn die Pflanzen jung sind, musst du bei der Ernte sanfter vorgehen. Je mehr du erntest, desto stärker wird der Grünkohl.

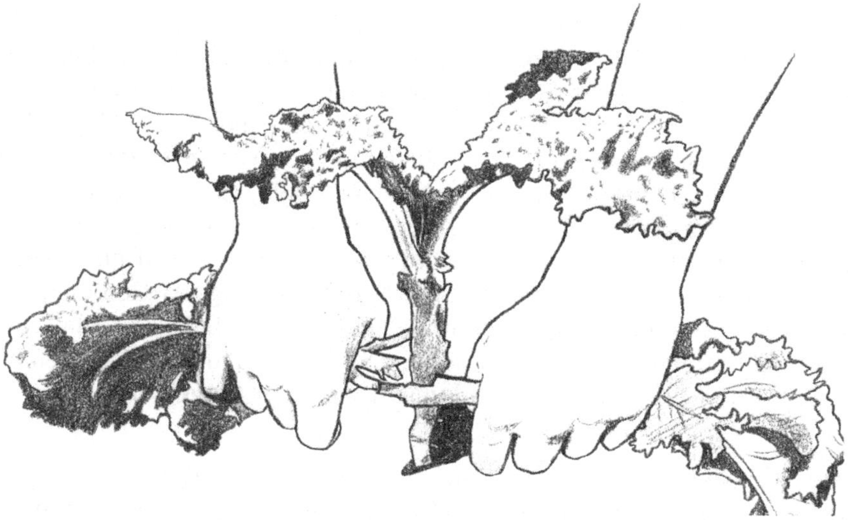

Grünkohl wird am besten von Hand geerntet, indem man die Blätter von der Basis der Pflanze nach unten abknickt.

Kulturart: Beständig

Produktionszeiten: Das ganze Jahr außer Mitte August bis Mitte September

CVR: 4/5 (kurze DTM, hohe Ausbeute, lange Ernte, populär)

Bepflanzung: Pflanzungen in 25cm-Zentren, 3 Reihen pro Beet

Sorten: Winterbor, Darkibor, Redbor und Toskanna

DTM: Frühling 74 Tage nach dem Start, 35 Tage nach dem Umpflanzen

Durchschnittlicher Ertrag pro Beet: ca. 52 kg, mehrere Ernten

Durchschnittlicher Bruttogewinn pro Beet: $575 bei $5 pro ca. 450 g

Hilfsgrün

Hilfsgrün wird ausschließlich für die verschiedenen Salatmischungen angebaut, die ich anbiete. Oft werden sie in kurzen Beeten, in unregelmäßigen Folgen angebaut. Sie haben keine Priorität, und so pflanze ich sie dort an, wo ich freien Platz habe. Die Hauptgrüns, die ich anbaue, sind Senf, Tatsoi und Rübengrün. Diese Grüns geben etwas mehr Farbe und Textur zur Salatmischung.

Produktion: *Tatsoi* ist ein ertragreiches, frühes Grün und kann Woche für Woche viele Schnitte liefern. Es ist eine der ersten Kulturen, die ich im Gewächshaus säe, und es wird sich jede Woche ab dem ersten Schnitt Anfang April vier bis sechs Wochen lang regenerieren. Sobald das Wetter warm wird, schießt es sehr schnell. Normalerweise mache ich Mitte März nur eine Aussaat Tatsoi im Gewächshaus und dann eine weitere Aussaat Anfang April auf dem Feld. *Senf* ist ein bisschen vielseitiger, denn ich kann ihn den ganzen Sommer über aussäen. Die ersten Gewächshaus- und Feldaussaaten liefern viele Schnitte, aber im Sommer ist Senf nur für maximal zwei Schnitte gut. *Rübengrün* ist mein wichtigstes Sommergrün. Rüben mögen warme Temperaturen und werden Woche für Woche viele Schnitte liefern. Die erste Aussaat ist im Juni, da ich auf optimale Temperaturen warte. Rüben brauchen bei kühlem Wetter zu lange, um zu keimen. Also warte ich, bis es warm wird.

Ernte: Für die Ernte all dieses Grüns bevorzuge ich den Quick Cut Greens Harvester, man kann aber auch von Hand schneiden. Senf wird nach jedem Schnitt höher, sodass man ihn höher schneiden muss, um weniger Stängel und mehr Blätter zu erhalten. Tatsoi- und Rübengrün bleiben ziemlich tief am Boden, sodass die Ernte einfach bleibt. Stelle sicher, dass du Rübengrün erntest, wenn es drei Zentimeter hoch ist. Es kann schnell zu groß werden, besonders wenn es heiß ist.

Kulturart: Schnell

Produktionszeiten: April bis Oktober

CVR: 5/5 (kurze DTM, hoher Ertrag, hoher Preis, lange Saison, beliebt)

Bepflanzung:

- **Senf, Mizuna, Tatsoi**: Direktsaat in 9 Reihen. Saatgutverwendung: 22.1 g. Sämaschine: Jang-Walze X24.

- **Rübengrün**: Direktsaat in 7 Reihen, Saatgutverwendung: 82.2 g, Sämaschine: Earthway, Mangold-Saatschalen.

Sorten:

- **Senf**: Scarlett frills, Mizuna
- **Rübengrün**: Bull‘s Blood, Early Wonder

DTM: Im Frühjahr 35 Tage, im Sommer 21 Tage

Durchschnittsertrag pro 7.62 m-Beet: ca. 9 kg aus bis zu drei Schnitten; der Durchschnittsertrag beträgt 2.7 kg pro Schnitt.

Durchschnittlicher Bruttogewinn pro Beet: $200 bei $10 pro 0.45 kg

Karotten

Möhren sind eine klassische Kulturpflanze. Das Beste an ihnen ist, dass sie von allen geliebt werden. Wir bauen eine Menge Möhren für Köche und Restaurants an, aber jede Verkaufsstelle hält nach unterschiedlichen Merkmalen Ausschau. Köche suchen fast immer eine Babykarotte, die einfach nur groß genug ist, um keinen Kern im Zentrum zu haben. Diese Möhren haben etwa die Breite eines Daumens und haben den meisten Geschmack. Regenbogensorten sind beliebt, aber die orangefarbene Standardkarotte ist immer noch am beliebtesten.

Die meisten Spitzenrestaurants suchen nach Karotten mit nur einem 1.5cm Grün oben dran, so wie sie auf den Teller kommen. Die Köche nehmen für besondere Ereignisse auch superkleine Karotten (die im Grunde genommen aus Ausdünnungen stammen). In diesem Fall pflanze ich neun Reihen in einem ca. 76 cm-Beet und verdoppele die Saat in jeder Reihe. Für die Märkte ziele ich auf eine leicht größere Karotte – kein Monster zum Entsaften, aber eine, die groß genug ist, um einen kleinen Kern in der Mitte auszubilden.

Produktion: Ich säe Karotten fünfmal pro Saison. Die erste Aussaat in der ersten Aprilwoche kommt unter Polyniedertunnel oder in Gewächshäuser, dann weiter zu jedem Monatsanfang, wobei die letzte eine überwinterte Pflanze ist, die am 1. August gesät wird. In meinem Klima kann ich Möhren überwintern und sie den ganzen Winter aus vom Boden ziehen. Der Schlüssel ist, den Boden während des Herbstes trocken zu halten. Wintermöhren sind vor der ersten Oktoberwoche voll ausgereift, dann werden sie mit Polyniedertunneln abgedeckt und nicht mehr bewässert. Wenn du den Winterniederschlag fernhalten kannst, dann wird dein Boden nicht einfrieren, wenn die Temperaturen unter den Gefrierpunkt fallen. Dies ist für die Lagerung von Karotten im Boden wichtig. Damit das funktioniert, brauchst du einen Boden mit guter Drainage. Befindet sich das Möhrenbeet in einem Tieflandgebiet, wo sich Wasser absetzt, wird dies nicht funktionieren, da die Karotten verfaulen, sobald der Boden nach dem Frost auftaut.

Ernte: Ich verwende eine handelsübliche Gartengabel zum Lockern des Bodens, eine Reihe nach der anderen. Ich beginne mit der äußeren Reihe eines Beetes zuerst und lockere den Boden etwa 2.5 cm bis 5cm von der Oberseite auf. Wenn die Karotten auf den Markt kommen, schnappe ich sie mir am Grün. Wenn sie an Köche gehen, drehe ich vom Grün so viel ab, dass nur ein paar Zentimeter dran bleiben. Köche ziehen es oft vor, dass 2.5 cm Grün an der Karotte verbleiben. Manchmal, wenn das Grün der Karotten zu lang wird, können sie deine Gehwege überwuchern, was dazu führen kann, dass man sich schwer in den Beeten zurechtzufindet. Um das Gehen in den Beeten leichter zu machen, kannst du das Grünzeug vor der Ernte kürzen. Nimm ein scharfes Messer und schneide das Grünzeug ab, während die Karotten im Beet verbleiben. Schneide es etwa 2.5 bis 5 cm über dem Boden ab, dann mache mit der Gabel weiter.

Kulturart: Beständig

Produktionszeiten: Juni bis März

CVR: 4/5 (hoher Ertrag, hoher Preis, lange Ernte, populär)

Bepflanzung: 7 Reihen für Baby-Möhren (7 g Saatgut), 5 Reihen für volle Größe (4.8 g Saatgut); Jang-Sämaschine, XY24-Walze

Sorten: Mokum, Rainbow, Purple Haze, Chantenay for Micros

DTM: Frühjahr 68 Tage; Sommer 54 Tage

Durchschnittlicher Ertrag pro Beet: 27.2 kg Babymöhren bis mittlere Größen; 34 kg in voller Größe

Durchschnittlicher Bruttogewinn pro Beet: $240 Babymöhren bis mittlere Größe bei $40 pro ca. 453 g; $225 volle Größe bei $3 pro ca. 453 g

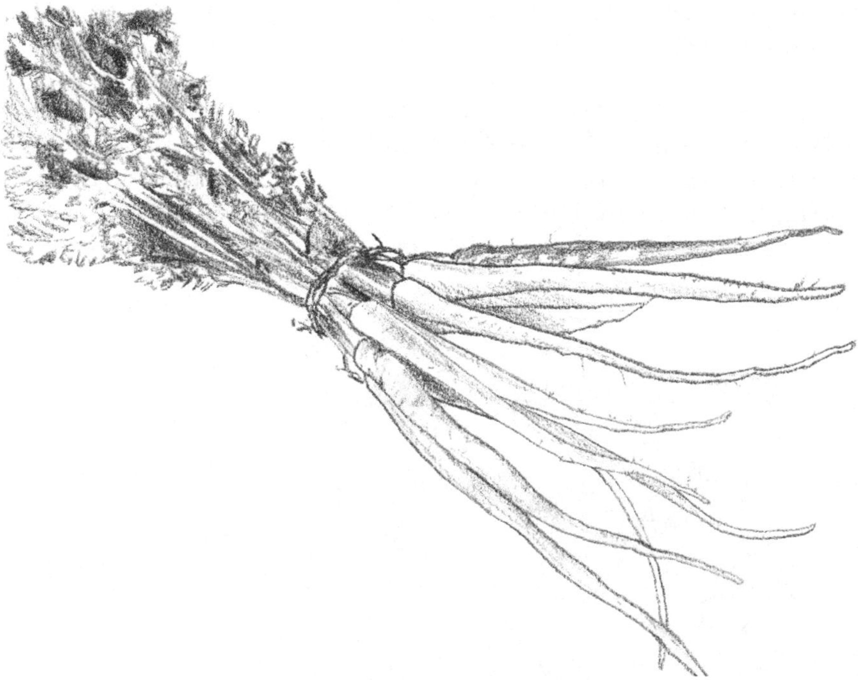

Karotten

Kopfsalat

Salat für Salatmischungen ist die wichtigste Hauptkultur auf meinem Hof. Ich verkaufe vielmals ca. 45 kg pro Woche an Köche und jede Woche hundert oder mehr Beutel auf dem Bauernmarkt. Wenn es um Kopfsalat für Restaurants geht, wollen die Köche Konsistenz und ein kleines Blatt, das sie in gemischten Salaten verwenden können.

Produktion: Hauptsächlich habe ich losen Kopfsalat direkt auf dem Feld ausgesät, und er funktioniert wie jede andere Schnittkultur, zum Beispiel wie Rucola oder Spinat. Für die Direktsaat säe ich während der Hauptsaison fast wöchentlich Kopfsalat. Normalerweise baue ich zwischen fünf und sieben Sorten losen Salat an, die in meinem Klima gut gedeihen und alle dasselbe Reifedatum haben. Auf diese Weise kann ich die Samen mischen und sie alle im selben Beet säen. Die Sorten haben sich im Laufe der Jahre verändert, und sie werden sich auch im Laufe der Saison verändern. Stelle sicher, dass du Sorten anbaust, die alle DTMs haben, die nur wenige Tage auseinander liegen, sodass die Ernte einheitlich ist.

In den letzten Jahren habe ich mit dem Anbau von Köpfen für Blattsalat experimentiert. Für diesen Ansatz baue ich eine Sorte namens Salanova® an. Wir pflanzen sie an, wie normale Kopfsalate, aber wir ernten sie von Hand und sie wachsen für viele weitere Schnitte nach. Ich habe festgestellt, dass die Qualität sehr beständig ist, und die Köche sie lieben. Diese Art von Salat wächst anders als jeder andere Kopfsalat, den ich gesehen habe: Die Blätter werden nicht größer, wenn der Kopf reift, es wachsen einfach mehr Blätter. Das Tolle daran ist, dass du dich nicht um die Ernte der Beete nach einem genauen Zeitplan kümmern musst, was dir viel Flexibilität für Zeiten bietet, in denen du vielleicht zu viel produzierst. Wir verwenden Landschaftsgewebe mit ausgebrannten 6 Zoll (15.24 cm) durchmessenden Löchern; dann pflanzen wir den Salat in die Löcher.

Kopfsalat

Ernte: Um den Salat von Hand zu ernten, verwenden wir ein scharfes gezacktes Steakmesser. Stelle dich auf das Beet und bewege dich während der Ernte rückwärts. Der Behälter, in den du erntest, bewegt sich auf dem Beet, in dem du bereits geschnitten hast. Dabei wird die Kultur in keiner Weise beschädigt. Wenn du Rechtshänder bist, hältst du das Messer in der rechten Hand und greifst mit der linken Hand nach dem Grünzeug. Ernte jeweils zwei Meter in einer Reihe, beginnend auf der rechten Seite. Nimm dein Messer und schneide 30 cm Grünzeug in der Reihe zu dir hin, während deine linke Hand das Grünzeug auffängt, und bewege dann deine Hand zu deinem Erntebehälter. Wenn du erst einmal den Dreh raus hast, ist es am effizientesten, so viel Erntegut wie möglich in deine Hand zu bekommen, bevor du es in deinen Behälter wirfst. Beginne mit der rechten Reihe, und während du 60 cm auf dich zu schneidest, schneidest du die nächsten Reihen nach links, bis du die gesamten 60 cm große Fläche vor dir geerntet hast. Gehe nun zwei Schritte zurück und wiederhole den Vorgang. Wenn du darin gut bist, kann ein Beet in 20 Minuten oder weniger geerntet werden. Siehe Foto Nr. 21 im Abschnitt *Fotobeilage*.

Kulturart: Schnell

Produktionszeiten: April bis November

CVR: 5/5 (kurze DTM, hoher Ertrag, hoher Preis, lange Ernte, beliebt)

Bepflanzung:

> **Direktsaat**: Neun Reihen pro Beet. 28.3 g Samen pro Beet. Jang-Rolle F24
>
> **Miniköpfe**: 4 Reihen, 15.4cm Abstand, als Stecklinge

Sorten: Salanova®, roter und grüner Salat, Oak Leave, Rouge D'hiver, Tango und Red Sails

DTM: Frühling 45 Tage für Baby-Grün, 21 Tage im Sommer

Durchschnittlicher Ertrag pro Beet: ca. 18 kg pro Beet von mehreren Schnitten (bis zu vier)

Durchschnittlicher Bruttogewinn pro Beet: $400 pro Beet bei $10 pro ca. 453 g

Kräuterbündel

Kräuterbündel können äußerst lukrative Kulturpflanzen sein, fast vergleichbar mit Mikrogrün auf der Basis von 30 x 30cm. Die Herausforderung bei ihnen besteht darin, dass nie jemand viel auf einmal braucht. Es gibt immer Ausnahmen, aber ich verkaufe nie Hunderte von Kräuterbündeln auf einmal. Da ich noch nie einen riesigen Markt für sie finden konnte, baue ich sie in halbgroßen Beeten an und produziere etwa 40 oder mehr Bündel pro Woche, um meinen Küchenchefs und den Kunden auf dem Bauernmarkt Abwechslung zu bieten. Die drei beliebtesten Kräuter in Bündeln sind Koriander, Petersilie und Baby-Dill. Koriander erzielt eine 5/5 beim CVR, wobei die anderen beiden immer noch bei 4/5 liegen, hauptsächlich weil sie eine etwas kürzere Saison haben.

Produktion: All diese drei Kräuter pflanze ich jeweils in 1.80m bis 3.60m-Beete.

Ernte: Ich bündle alle Kräuter auf dem Feld und schätze das Gewicht nach Augenmaß ein. Du endest meist bei einem Gewicht von etwa 57g pro Bund. Ich ernte sie mit einem sehr scharfen Messer und habe dafür einen kleinen Behälter mit Gummibändern dabei.

Koriander

Dies ist in der Saison meistens ein beliebtes Kraut für Küchenchefs und du solltest sicherstellen, dass du im Spätsommer viel auf dem Markt hast, wenn jeder Soßen einmacht. Koriander kann die meiste Zeit der Saison angebaut werden, wird aber während der wirklich heißen Monate etwas weniger werden. Zu diesem Zeitpunkt kann ich ihn immer noch säen, kann jedoch weniger schneiden. Deshalb pflanze ich häufiger kleinere Partien, so wie ich es mit Rucola mache.

Petersilie

Dies ist meist ein Kraut für Sommer bis Herbst. Im zeitigen Frühjahr gedeiht sie nicht so gut, aber wenn du mit Setzlingen anfängst, kannst du eine frühere Ernte haben. Ich warte mit der Direktaussaat meistens bis etwa Mitte Mai und mache eine wenige weitere Aussaaten bis zum Spätsommer. Petersilie kann überwintern, wenn sie abgedeckt wird.

Babydill

Ich baue eine sehr kleine Menge Dill an und lasse ihn nie groß werden. Ich ziele auf ein kleines blattreiches Bündel, das von unten nach oben nicht mehr als ca. 15cm misst. Das Saatgut ist teuer, aber die Köche lieben es. Dill kann wegen Blattläusen herausfordernd sein, wenn es in den Sommer hinein kommt, deshalb baue ich ihn nur im Frühjahr an.

Kulturart: Schnell

Koriander: Mitte Mai bis Oktober

Babydill

Produktionszeiten:

Petersilie: Mitte Juni bis Oktober

Babydill: Mitte April bis Mai

CVR: Verschieden

Bepflanzung: Verschieden

Sorten:

Koriander: Calypso;

Petersilie: italienisch;

Dill: Fern Leaf

DTM:

Koriander: 30 Tage

Petersilie: 70 Tage

Babydill: 55 Tage

Durchschnittsertrag pro Beet:

Koriander: 250 Bündel pro ca. 3.66 cm-Beet

Petersilie: 235 Bündel pro ca. 3.66 cm-Beet

Babydill: 200 Bündel pro ca. 3.66 cm-Beet

Durchschnittlicher Bruttogewinn pro Beet:

Koriander: $500

Petersilie: $470

Babydill: $400

Mangold

Mangold ist keine unglaublich beliebte Kulturpflanze auf meinem Hof, aber ich baue ihn gerne an, um Vielfalt für Köche und auf meinem Markttisch zu haben. Mangoldgewächse haben hohe Erträge und lassen sich leicht anbauen. Ich bevorzuge eine Sorte namens Bright Lights, die eine Mischung aus verschiedenen Farben hat. Die Köche scheinen sie zu mögen, und ich kann ihnen 4.5 kg oder mehr pro Woche (in 2.25 kg-Kisten) und 10-20 Bündel auf dem Markt verkaufen. Normalerweise pflanze ich nur ein Mangoldbeet pro Saison. Ich kann ihn viele Male schneiden, und die Pflanzen bilden nie Samen aus. Ich habe – mit Ausnahme einiger Schnecken im Frühjahr – auch nie größere Schädlingsprobleme gehabt.

Produktion: Mangold wird in der gleichen Art und Weise wie Grünkohl gepflanzt. Mangold kann fast das ganze Jahr über angebaut werden. Er kann überwintert werden, aber ich finde, dass er nicht ganz so widerstandsfähig ist wie Grünkohl.

Ernte: Ähnlich wie Grünkohl reißt man die unteren Blätter ab, aber für eine schnelle Ernte kann er auch mit einem Messer sauber abgeschnitten werden. Wenn du das machst, dauert es bei Mangold etwas länger, bis sich die Pflanzen regenerieren.

Kulturart: Beständig

Produktionszeiten: Mai bis Oktober

CVR: 3/5 (hoher Ertrag, hoher Preis, lange Saison)

Bepflanzung: Verpflanzungen: 3 Reihen, 25 cm Mitte

Sorten: Steady, Bright Lights

DTM: 65 Tage ab Start

Durchschnittlicher Ertrag pro Beet: 29.5 kg, vielfaches Abpflücken

Durchschnittlicher Bruttogewinn pro Beet: $325

Mikrogrün

Das Produktionspotenzial bei Mikrogrün kann enorm sein. Mit wenig Platz kann man mit sehr wenig körperlicher Anstrengung Tausende von Dollars zusätzliches Einkommen pro Woche generieren. Der Schlüssel liegt darin, es verkaufen zu können, sonst kann es sehr teuer werden. Ich verkaufe viele Mikros an Köche, Bauernmärkte und Händler, und sie haben meinem Betrieb viel Abwechslung gebracht und mir erlaubt, sehr schnell zu expandieren. Der Anbau in Innenräumen kann eine Herausforderung sein, weil man Feuchtigkeit, Luftstrom und Temperatur sorgfältig überwachen muss. Geringe Veränderungen können Pilzprobleme verursachen, die deine Ernte sehr schnell zunichtemachen. Mikrogrün erhält nur deshalb eine 4/5-Bewertung im CVR, weil es eine solche Nischenkultur ist, dass es eine Herausforderung sein kann, große Mengen zu vermarkten.

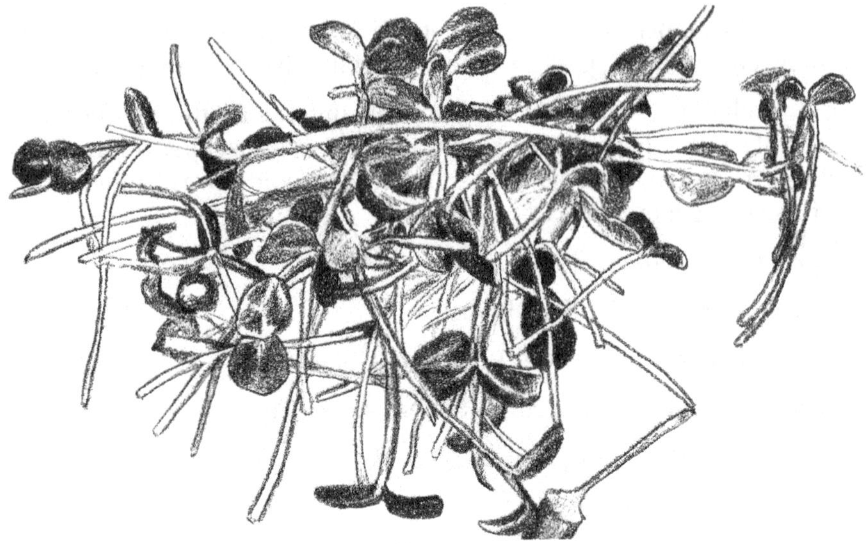

Sonnenblumensprossen

Produktion: Der einfachste Weg zum Mikrogrün ist, es während der Haupt-Anbausaison in deinem Gewächshaus oder im Freien anzubauen. Dann sind sie weit weniger riskant. Es kann schnell einen starken Geldfluss für deinen Hof bedeuten. Einzelheiten zum Anbau: siehe Kapitel 37.

Ernten: Bei der Ernte von Mikrogrün in Pflanzschalen benutze ich ein sehr scharfes Kochmesser. Ich greife ganz vorsichtig mit meiner linken Hand eine Handvoll Mikros auf der Fläche und schneide es dann mit der rechten Hand ab. Mit einem Schnitt schneide ich so etwa 1/6 der Fläche. Mit etwa sechs Handvoll ernte ich die Fläche sauber ab. Ich schneide so tief wie möglich in der Pflanzschale, um so viel Ertrag wie möglich zu erhalten. Aus diesem Grund verwende ich in erster Linie 1 cm tiefe Pflanzschalen. Auf diese Weise schneide ich die Pflanzen fast bis zum Boden ab.

Bei der Ernte von Mikros auf dem Feld ist es eine ähnliche Technik, aber ich benutze nicht das Kochmesser. Stattdessen verwende ich einen sauberen Kistenschneider. Halte ihn gewaschen und sterilisiert. Ich verwende einen Kistenschneider, weil ich kein scharfes Kochmesser mit mir herumtragen oder von Parzelle zu Parzelle mitnehmen möchte.

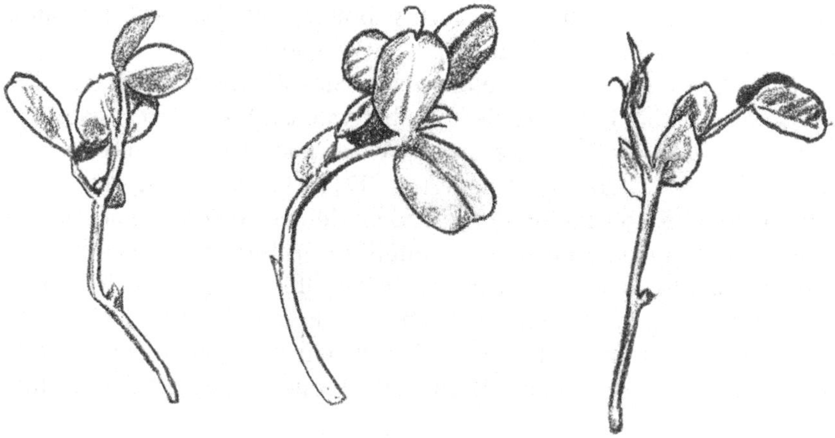

Erbsensprossen

Kulturart: Schnell

Produktionszeiten: Immer

CVR: 4/5 (kurze DTM, hohe Ausbeute, hoher Preis, lange Saison)

Bepflanzung:

> **Saatgut pro Fläche**: Erbsensprossen: 332 g; Sonnenblumensprossen: 170g; Radieschensprossen: 75 g
>
> **Saatgut pro 76.2 cm x 1.83 m-Beet**: Äquivalent bis 10 Pflanzschalen

Sorten: Speckled Pea, Black Oil Sunflower, China Rose Radish

DTM: 10-14 Tage

Durchschnittlicher Ertrag pro Pflanzschale: Erbsensprossen ca. 560 g, Sonnenblumensprossen: ca. 680 g; Radieschensprossen: ca. 453 g

Durchschnittlicher Bruttogewinn pro Pflanzschale: Erbsen: $18.75 bei $15/ca. 453 g; Sonnenblume: $22.50 zu $15/ca. 453 g; Radieschen: $20 zu $20/ca. 453 g

Radieschen

Ob du es glaubst oder nicht, Radieschen gehören zu meinen besten Kulturen. Ich verkaufe kaum welche an die Bauernmärkte, aber ich verkaufe Vielfache von ca. 45 kg pro Woche an Restaurants. Für Köche sind sie ein vielseitiges Gemüse: Sie können gewürfelt oder geschreddert werden; sie werden auch häufig leicht geschmort, gebraten und eingelegt. Ich handele mit mehreren Köchen, die jede einzelne Woche ca. 11 bis 23 kg kaufen. Das Beste daran ist, dass sie sie die ganze Saison über wollen, und das ist eine Kultur, welche die ganze Saison über wächst. Sie tut dies insbesondere gut in der Nebensaison. Am besten ist es, sie alle zu ernten, wenn sie bereit sind; bei einigen Sorten dauert die DTM bis zu 21 Tagen, und wenn sie bei heißem Wetter zu lange im Boden bleiben, verholzen sie und werden hohl. Radieschen können auch anfällig sein für einige Schädlinge wie die Kohlwurzelmaden. Um dies zu bekämpfen, verwende ich ein 80-Gramm-Insekten-Netzgewebe zur Abdeckung der Kultur. Das Geflecht lässt Licht, Wasser und Luft durch, aber es hält die Fliegen der Wurzelmaden von der Landung auf dem Blattwerk ab und verhindert deren Etablierung.

Produktion: In einem ca. 9 m-Beet pflanze ich Radieschen in sieben Reihen, aber im Sommer, pflanze ich manchmal eine oder zwei Reihen weniger, um ihnen ein wenig mehr Raum zu geben. Ich finde, dies hilft den Radieschen, alle zur gleichen Zeit zu reifen, sodass ich bei der Ernte das gesamte Beet komplett abräumen kann. So kann ich dieses Beet nicht nur für etwas anderes frei machen, sondern auch dafür sorgen, dass die Qualität gleichbleibend ist.

Ernte: Wenn wir Radieschen für Bauernmärkte pflücken, bündeln wir sie auf dem Feld nach Augenmaß. Beim Packen für Restaurants, ernten wir sie lose und reißen das Grün ab. Wenn ein Radieschenbeet einmal komplett reif ist, ernten wir das gesamte Beet gleichzeitig ab. Wir arbeiten uns durch das Beet, wir legen die Bündel in einen Erntebehälter, der auf dem abgeernteten Teil des Beetes steht. Manchmal reißen wir das Grün gleich nach dem Bündeln ab und werfen es in einen anderen Behälter, der zum Kompost geht. Der andere Weg ist die Ausdünnung der Kultur. Während kühlerer Monate werden die Beete nicht alle zur gleichen Zeit reifen. Normalerweise werden die äußeren Reihen zuerst bereit sein. Wir ernten diese zuerst und werden dann im Laufe der nächsten Woche das Beet fertig machen. Wenn wir ausdünnen, haben wir keinen Platz für einen Erntebehälter, weil unsere Gehwege zu schmal sind. In diesem Fall legen wir die Bündel in kleinen Stapeln auf die Gehwege und sammeln sie dann auf einmal in einem Behälter, nachdem wir unseren Weg durch das Beet gemacht haben.

Radieschen

Kulturart: Schnell

Produktionszeiten: April bis November

CVR: 4/5 (kurze DTM, hohe Ausbeute, lange Ernten, beliebt)

Bepflanzung: 5-7 Reihen; Jang-Rolle F24; 19.8 g pro Beet

Sorten: Easter Egg, French Breakfast, White Icicle, Raxe

DTM: 28 Tage

Durchschnittlicher Ertrag pro Beet: 70 Bündel (15.9 kg)

Durchschnittlicher Bruttogewinn pro Beet: $175

Roter Russischer Grünkohl

Roter Russischer Grünkohl ist ein schönes, robustes und ergiebiges Salatgrün. Es kann zu voller Größe angebaut werden, ganz wie jeder andere Grünkohl, aber ich finde, dass es sich am besten als Baby-Grün für Salatmischungen oder als eigenständiges Salatgrün eignet. Es ist eine großartige Kultur, die Köchen angeboten werden kann, weil sie die ganze Saison über verfügbar ist; es ist also etwas, das auf deren Menüs ganzjährig angeboten werden kann und das man nicht oft im Lebensmittelgeschäft findet. Köche mögen das. Die Form der Blätter sieht auf einem Teller wunderschön aus. Das Grün kann mit nur wenigen Blättern auf einem Teller minimalistisch serviert werden, aber es funktioniert auch gut als Salatkomponente und sogar leicht geschmort oder angewelkt. Wir zielen auf ein Premium-Produkt, also ernten wir es klein: Blatt und Stängel sollten zwischen 7.5 und 10 cm lang sein.

Produktion: Roter Russischer Grünkohl ist unglaublich widerstandsfähig und hält Wintertemperaturen von -15°C aus. Es ist eines der ersten Grüns, das ich jeden Spätwinter in den Gewächshäusern aussäe; meine früheste Aussaat ist Ende Februar. Ein Beet kann viele Male geschnitten werden; ich habe bis zu neun Schnitte gezählt. Du kennst das, wenn es sich dem Ende seiner Lebensdauer nähert: Es färbt sich dunkelviolett, und dann werden die Ränder gelb. Es sieht immer noch schön aus, fängt dann jedoch an, bitter zu werden. Im Gegensatz zu anderem Grünkohl finde ich, dass Roter Russischer Grünkohl viel weniger anfällig für Sommerläuse ist. Wenn du ihn in einem Gebiet neben normal großem Grünkohl anbaust, wird er eher Blattläuse anziehen, die sich auf deinem Hauptkohl befinden. Ich gehe dieses Problem wie die meisten anderen Schädlingsprobleme an. Ich beginne einfach mit der Anpflanzung von Rotem Russischem Grünkohl auf einer anderen Parzelle, wo es keine Blattläuse gibt. Aus diesem Grund konnte ich Roten Russischen Grünkohl die ganze Saison lang ohne Probleme anbauen. Nach der ersten Aussaat Ende Februar oder Anfang März säe ich ihn während der gesamten Saison alle drei Wochen.

Ernte: Wir ernten auf die gleiche Weise wie Rucola: entweder mit scharf gezackten Messern für die Ernte von Hand oder mit dem Quick Cut Greens Harvester. Wir schneiden ihn in einem jungen Stadium, und auf diese Weise erhalten wir viele Schnitte. In den Sommermonaten ist die Kultur in 21 Tagen nach der Aussaat erntereif. Roter Russischer Grünkohl liefert im Sommer weniger Schnitte als im Frühjahr und Herbst.

Kulturart: Schnell

Produktionszeiten: April bis November

CVR: 5/5 (kurze DTM, hoher Ertrag, hoher Preis, lange Saison, beliebt)

Bepflanzung: Direktsaatgut in 9 Reihen; Saatgutverwendung: 17 g; Sämaschine: Jang F24-Walze

Sorten: Roter Russischer Grünkohl

DTM: 30 Tage

Durchschnittlicher Ertrag pro Beet: Frühjahr: 19 kg pro Beet ab 4-9 Schnitten; Sommer: 11.3 kg ab 3 Schnitten

Durchschnittlicher Bruttogewinn pro Beet: $250 pro Beet

Roter Russischer Grünkohl

Rucola

Rucola ist eine der beliebtesten Nutzpflanzen. Ich baue ihn für Köche und den Bauernmarkt an. Er ist in der kulinarischen Industrie sehr trendy. Ich verkaufe ihn einzeln, und er ist Bestandteil meiner Salatmischungen. Meine Lieblings-Rucola-Sorte zum Anbau ist der mit dem gezackten Blatt, allgemein als Wilder Rucola bezeichnet.

Produktion: Rucola wächst stark und bringt im Frühjahr und Herbst hohe Erträge, nimmt aber in den heißen Sommermonaten ab. Ich beginne mit dem Anbau bereits in der ersten Märzwoche mit der Frühjahrsaussaat für die Gewächshausproduktion und in der dritten Märzwoche für die Feldproduktion unter Polytieftunneln. Nach diesem Zeitpunkt säe ich sukzessive auf Grundlage der Pflanzenentwicklung, was normalerweise zwei Aussaaten im Abstand von etwa zwei Wochen sind. Von Mai bis September säe ich jede einzelne Woche. Wenn die Tage länger werden, erhöhe ich die Häufigkeit der Aussaaten, verringere jedoch die Anzahl der Beete, auf denen ich säe. Im Frühling bekomme ich mit Rucola manchmal mehr als drei Schnitte pro Beet. Aber im Sommer bekomme ich nur zwei Schnitte, in manchen Fällen nur einen. Rucola ist eine erstklassige Kultur für die städtische Produktion, da sie im CVR mit 5/5 bewertet wird. Rucola ist ein Muss für städtische Landwirte.

Ernte: Ich versuche, eine Babypflanze anzubauen, damit ich sie kurz schneiden und so viel wie möglich in Form des Blattes ohne zu viel Stiel erhalten kann. In den Sommermonaten bedeutet dies, dass ich sie sehr jung schneiden muss und damit einen geringeren Ertrag erziele. Bei heißem Wetter muss Rucola früh geschnitten werden, da er sehr schnell zu schießen anfängt. Das bedeutet manchmal, dass man ihn vor dem Haupterntetag ernten muss. Mitte Mai wird sich ein frisch geschnittenes Rucola-Beet in einer Woche regenerieren. Wenn ich ihn an einem Donnerstag schneide, sollte er am nächsten Donnerstag wieder schnittbereit sein. In den kühleren Monaten regeneriert sich das Rucola-Beet langsamer, in etwa zehn Tagen bis zwei Wochen. Zur Aufrechterhaltung einer konstanten Wochenproduktion ernte ich an einem Montag in einer Woche, dann am Donnerstag oder Freitag der nächsten Woche. So gibst du den Pflanzen mehr Tage zum Nachwachsen. Sobald du mehrere Beete hast, ergeben sich weniger Produktionslücken durch die verschiedenen Nachfolgesaaten. Zum Schneiden verwenden wir den Quick Cut Greens Harvester oder sehr scharfe gezackte Steakmesser für das Ernten mit der Hand.

Kulturart: Schnell

Produktionszeiten: April bis Oktober

CVR: 5/5 (kurze DTM, hohe Ausbeute, hohe Preis, lange Saison, beliebt)

Bepflanzung:

Direktsaatgut in 9 Reihen;
Saatgutverwendung: ca. 11.6 g;
Sämaschine: Jang YYJ24-Walze,
Sorten: Rakete, Voyager, Sylvietta

DTM: Im Frühjahr 35 Tage; im Sommer 21 Tage

Durchschnittlicher Ertrag pro 7.62m-Beet: 13.6 kg von bis zu drei Schnitten

Durchschnittlicher Bruttogewinn pro Beet: $300 bei $10 pro 0.45 kg

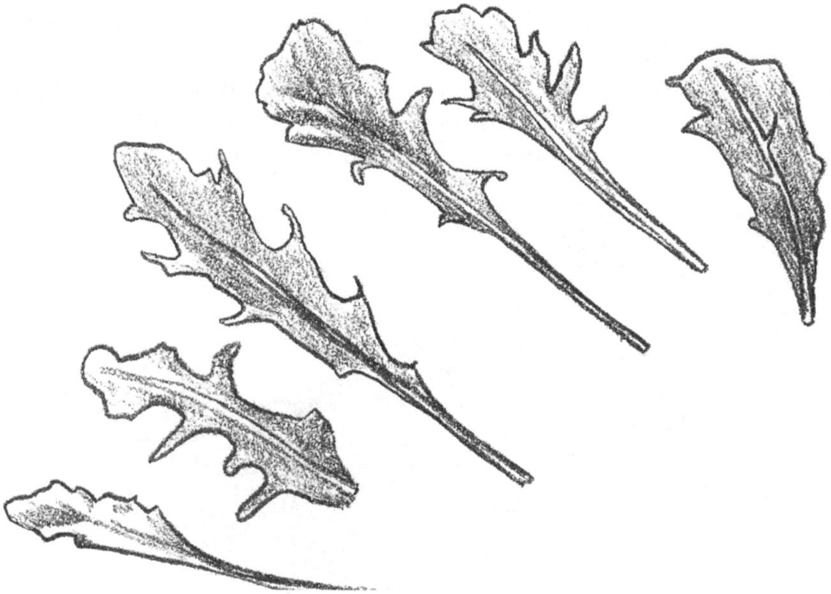

Rucola

Rüben

Auf meinem Hof sind Rüben eine Hauptkultur. Ich verkaufe Baby-Rüben in erster Linie an Küchenchefs und bringe sie auch bis Juni auf den Markt. Bis dahin hat jeder zweite Landwirt normal große Rüben, und ich möchte auf diesem gesättigten Markt lieber nicht konkurrieren. Meiner Meinung nach bedeutet der Anbau von großen Rüben, dass ich nicht den besten Preis erziele, weil sie zu lange im Boden bleiben müssen. Auf einem städtischen Hof ist es besser, diesen Boden für weitere Kulturen zu verwenden, als langsam wachsende Pflanzen bis zur vollen Reife stehenzulassen. Die meisten Köche bevorzugen golfballgroße Rüben mit einem Zentimeter Grünanteil. Rüben werden oft leicht geschält und in zwei Hälften geteilt und mit noch ein wenig Grün daran auf einem Teller angeboten. Goldene Rüben sind unter Köchen, die ich kenne, favorisiert, weil sie nicht wie rote Rüben ausbluten. Chioggia-Rüben sind ähnlich, aber ich habe weniger Nachfrage nach ihnen, weshalb ich sie nicht so oft anbaue.

Produktion: Da ich eine kleinere Rübe anstrebe, säe ich sie in hoher Dichte an. Ich säe vier Reihen in ein ca. 76 cm-Beet; ich pflanze dann meine erste Kultur um und säe den Rest direkt aus. Ich säe etwa viermal im Jahr Rüben. Die erste Aussaat beginnt in meiner Gärtnerei etwa Anfang März und die letzte Pflanzung wird in der ersten Augustwoche direkt gesät: Das wird dann eine Herbst-/Winterkultur. Ich säe genug für die Zeit bis Ende November. Rüben überwintern nicht so gut, vor allem, wenn wir kalte Winter haben (unter -15°C). Es hat aber auch Zeiten gegeben, in denen ich den ganzen Winter lang Rüben unter Polyniedertunneln gehalten habe. Wenn deine Winter konsequent über dem Gefrierpunkt liegen, ist es möglich, sie den ganzen Winter über in der Erde am Leben zu halten.

Rüben

Ernten: Bei der Rübenernte dünne ich die Rüben aus, um die größten zuerst zu ziehen, wodurch Platz für die kleineren Rüben frei wird, damit diese wiederum bis zur nächsten Woche größer werden können. Ich kann ein Beet jeweils drei Wochen lang ernten. Ich verpacke die geernteten Rüben locker in perforierte Behälter, wasche sie und bündele sie dann für den Markt. Wenn nicht anders gewünscht, verkaufen wir die Rüben an Köche, bei denen alles Grün bis auf ca. 5cm entfernt ist. Wir lassen das Grün dran, damit es beim Verkauf auf dem Markt schön zur Geltung kommt.

Kulturart: Beständig

Produktionszeiten: Juni bis November

CVR: 4/5 (hoher Ertrag, hoher Preis, lange Ernte, beliebt)

Bepflanzung: Vier Reihen pro Beet; die Gärtnerei sät 1-3 Samen pro Zelle, drei Zentimeter Abstand im Beet

Sorten: Red Ace, Touchstone Golden, Chioggia

DTM: Frühjahr – 80 Tage ab Aussaat in der Gärtnerei; Sommer – 50 Tage ab Direktsaat

Durchschnittsertrag pro 7.62 m-Beet: 100 Bündel, Mehrfachpflückung

Durchschnittlicher Bruttogewinn pro Beet: $300 zu $3 pro Bund

Salatmischungen

Salatmischungen sind meine größten und lukrativsten Erntegüter. Sie sind eine Hauptkultur auf Bauernmärkten, aber den größten Teil des Erntevolumens transportiere ich in die Restaurants. Salate und Salatmischungen sind zweifellos die profitabelste Kultur, die man auf kleinem Land anbauen kann: Sie wachsen schnell und können mehrfach geschnitten werden. Das Großartige am Anbau von Mischungen ist die Tatsache, dass man nicht jede Woche genau die gleiche Menge Grünzeug in die Mischungen geben muss; das bietet eine große Flexibilität, wenn man mehr oder weniger einer bestimmten Kultur hat, die Teil der Mischung sein kann. Die Ausweitung meiner Salatmischungen hat dazu geführt, dass mein Betrieb seinen Bruttogewinn von einem Jahr zum anderen mehr als verdoppelt hat, und es war die Einbeziehung von Restaurantkunden, die manchmal bis zu ca. 45 kg pro Woche kauften, welche diese Erweiterung ermöglichte.

Ich biete drei Arten von Salatmischungen an: Schmorbratenmischung, Frühlingsmischung und Gewürzmischung. Jede hat ihre eigene Hauptsaison. Die meisten meiner Kunden mögen die Tatsache, dass die Grüns saisonal sind.

Die *Schmorbratenmischung* ist eine der ersten Mischungen, die ich während der Saison anbiete. Sie besteht aus Tatsoi, rotem Grünkohl, Rucola und Senfgrün. Sie wird Schmormix genannt, weil sie als Teil von Suppen und Pfannengerichten geschmort (leicht gekocht) werden kann. Weil alle diese Grüns sehr kältetolerant sind, gedeihen sie in den kühleren Monaten. Schmorbratenmix ist ab der ersten Woche des April bis Mitte Mai verfügbar. Ab diesem Zeitpunkt wird dann das Wetter zu heiß, um Tatsoi wachsen zu lassen, der ein kritischer Teil der Mischung ist. Nach Mai kann ich die anderen Komponenten weiter anbauen, und Rucola und Senf werden zur Gewürzmischung. Eine Sommerversion des Schmormixes umfasst Rübengrün, Senf, Rucola und Roter Russischer Grünkohl.

Gewürzmischung besteht aus Senfgrün und Rucola. Sie ist verfügbar ab der gleichen Zeit wie der Schmormix, kann aber in der Saison weiter angebaut werden, weil Senf und Rucola nicht so schnell schießen wie Tatsoi.

Die *Frühlingsmischung* ist meine Grundmischung. Sie besteht aus einigen wenigen Salatarten und je nach Saison aus Grüns, die ich zu dieser Zeit habe. Im Frühling besteht sie aus Salat, Tatsoi, Rucola, Senf und Rotem Russischem Grünkohl. Im Sommer wird es, weil die Grüns, die in kühlerem Wetter besser wachsen und in den heißen Monaten ihre Produktion verlangsamen, mehr Salate und weniger andere Grüns geben. Ich produziere Baby-Rübengrün zum Hinzufügen zur Mischung, die zu 90 % aus Kopfsalat besteht.

Jede der Komponenten wird separat angebaut. Tatsoi, Senfgrün und Rübengrün werden nur für Mischungen verwendet, wobei der Rote Russische Grünkohl und Rucola getrennt auch einzeln vermarktet werden können.

Produktion: Der Erfolg mit der Frühlingsmischung erfordert es, eine sehr starke Salatproduktion zu haben (weiter oben in diesem Teil skizziert). Sieh deine Salatproduktion als Hauptbestandteil der Mischung an und alle anderen Grüns als zweitrangig. Wenn du in einer Woche einen Überschuss an Rucola hast und du mehr produzierst, als du verkaufen kannst, dann kannst du mehr zu deinen Mischungen hinzufügen. Es gibt im Sommer auch Zeiten, in denen meine Frühlingsmischung zu 100 % aus Salat besteht.

Kulturart: Schnell

Produktionszeiten: Mitte April bis November

CVR: 5/5 (DTM, hoher Ertrag, Preis, Saison, beliebt)

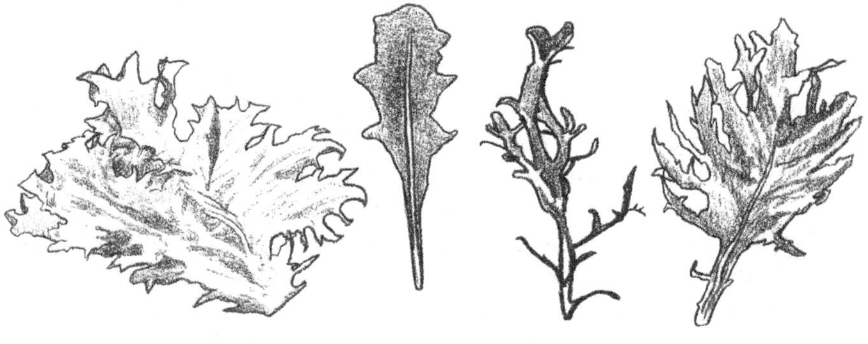

Salatmischung

Salatrüben

Meiner Erfahrung nach sind Hakurei- oder Tokio-Rüben (wie einige Köche sie nennen) bei Spitzenrestaurants unglaublich beliebt, jedoch auf Bauernmärkten weniger. Trotzdem baue ich sie gelegentlich für den Markt an. Nach meiner Erfahrung bevorzugen die Kunden dort etwa drei tennisballgroße Rüben in einem Bündel. Köche bevorzugen kleine tischtennisballgroße Rüben im Bündel mit einem Gewicht von etwa 230 g mit ein paar Zentimetern Grün an ihnen. Wenn Köche diese Rüben auf einem Teller servieren, wollen sie, ähnlich wie bei anderen Wurzeln, 2.5 cm oder weniger Grün an der Rübe belassen. Der Anbau von Hakurei kann eine Herausforderung sein, weil im Frühling Kohlwurzelmaden ein wichtiges Thema sein können, und während des Sommers kann heißes und trockenes Wetter eine schlechte Keimung verursachen.

Aus diesen Gründen berechne ich einen Premium-Preis für diese Kultur. Zusätzlich habe ich Wege gefunden, um auch diese Probleme abzuschwächen. Im Frühjahr schütze ich alle Pflanzungen mit Insektennetzen.

Produktion: Es gibt zwei Möglichkeiten, wie ich in der Vergangenheit Salatrüben gepflanzt habe, und beide funktionieren gut. Die erste besteht darin, fünf Reihen in einem Beet mit engen Reihenabständen zu säen, etwa zwei Samen pro 0.6 cm. Das bedeutet, dass sie in der Reihe zusammengedrängt sind, aber in den größeren Reihenabstand auseinandergedrückt werden. Ich habe dafür die Earthway-Sämaschine mit der Radieschenplatte verwendet. Mit dieser Sämethode habe ich mehr als 200 Sträuße aus einem Beet gezogen. Das Problem ist, dass das Gedränge die Kultur manchmal mit Pilzproblemen beeinträchtigen kann.

Salatrüben

Der beste Weg, den ich gefunden habe, ist die Aussaat von neun Reihen mit einem etwas breiteren Reihenabstand, etwa ein Samenkorn pro 0.6cm. Hierfür verwende ich die Jang-Sämaschine mit der YYJ24-Walze. Das gibt dem Erntegut den perfekten Platz und ermöglicht eine schnellere und gleichmäßigere Ernte. Der Ertrag ist etwas geringer, aber immer noch etwa 100 Bündel pro Beet.

Ernte: Wir ernten Salatrüben auf zwei Arten, je nachdem, wohin sie gehen. Für Märkte bündeln wir sie auf dem Feld wie Radieschen. Für Restaurants verkaufen wir sie im 2.7kg-Karton. In diesem Fall werden sie überhaupt nicht gebündelt. Bei der Ernte reißen wir das Grünzeug ab, lassen jedoch ein paar Zentimeter übrig und werfen es dann in unseren Behälter. Wenn sie zur Heimatbasis zurückkommen, werden sie gewaschen und in Kartons mit Kisten verpackt.

Kulturart: Schnell

Produktionszeiten: Mai bis Oktober

CVR: 5/5

Bepflanzung: 9 Reihen pro Beet; 4.8 g Samen; Jang-Sämaschine YYJ24

Sorten: Hakurei

DTM: 38 Tage ab Start

Durchschnittlicher Ertrag pro Beet: 100 Bündel zu je 227 g, Grün entfernt

Durchschnittlicher Bruttogewinn pro Beet: $300

Sommerkürbis und Zucchini

Sommerkürbis ist eine der Kulturen, die ich hauptsächlich für Köche anbaue. Ich bringe sie während der Saison ein paar Mal mit auf den Markt, aber in den meisten Fällen sind sie eine Hauptkultur für Spitzenrestaurants. Ähnlich wie Steckrüben und Rüben, zielen wir auf ein weiteres Kleingemüse. Die optimale Größe beim Sommerkürbis für Köche ist die Größe eines Tischtennisballs mit etwas Stiel. Sie wollen in der Lage sein, sie sowohl in Hälften aufzuspalten oder sie ganz zu servieren. Zucchini pflücke ich zwischen 7.5 und 10 cm Länge. Ich versuche immer mein Bestes, sie so klein zu ernten, sodass ich $4 pro ca. 450 g erhalten kann. Aber manchmal verpasst du einige, und in diesem Fall berechne ich $2.50 pro ca. 450 g für mittlere Größen und $1.50 pro ca. 450g für die großen Formate. Ich nehme die mittleren und großen mit auf den Markt, die kleinen sind ausschließlich für Küchenchefs bestimmt.

Produktion: Sommerkürbis und Zucchini gelten als beständige Kulturen, sie werden in BR-Gebiete gepflanzt. Die Pflanzen sind von Mitte Mai bis Mitte Oktober (oder bis zum ersten Frost) im Boden. Sommer-Kürbis ist die Primärkultur, wenn er in BR-Gebieten angepflanzt wird. In den meisten nordamerikanischen Klimazonen gibt es eine Gelegenheit, eine sekundäre Kulturpflanze anzupflanzen, bevor die Kürbispflanzen als Setzlinge in die Erde kommen. Feldfrüchte wie Radieschen, Rucola und Spinat sind gute Sekundärkulturen, die vor der Primarstufe in den Boden gepflanzt werden sollen (in diesem Fall Sommerkürbis). Einmal eingepflanzt, ist es möglich, zwischen die Reihen ein weiteres Beet mit Schnellkulturen zu säen (siehe Teil 8 über Zwischenpflanzungen).

Ernte: Wenn Sommerkürbis oder Zucchini zu lange an der Pflanze bleiben, sind sie zu groß und du erhältst nicht den besten Preis dafür. Wenn das Wetter heiß ist, pflücke ich sie gerne sehr früh am Morgen, weil ich Hosen, lange Ärmel und Handschuhe trage, denn die Pflanzen sind etwas dornig und können Hautreizungen verursachen. Beim Pflücken von Sommerkürbis muss man die Pflanzen vorsichtig umherbewegen, um die Früchte freizulegen, die sich oft an der Basis der Pflanze befinden und versteckt sein können. Versuche, beim Pflücken so viele Früchte wie möglich in die Hände zu nehmen, bevor sie wieder in deinen Korb zurückgehen. Gleich nach dem Pflücken reiße ich die Blüten mit den Daumen ab und behalte dann einige Früchte in der Handfläche, während meine Finger weiter pflücken. Das Pflücken von Zucchini ist ähnlich, außer dass es gut ist, ein kleines Messer oder eine Gartenschere zu haben, um die Früchte von der Pflanze zu schneiden, besonders bei der Ernte von Babyfrüchten. Wenn man nicht am Stiel schneidet, kann man einen Teil der Frucht abbrechen, wenn man versucht, sie abzudrehen.

Sommerkürbis

Kulturart: Beständig

Produktionszeiten: Juli bis September

CVR: 3/5 (kurze DTM, hohe Ausbeute, populär)

Bepflanzung: Einreihig, 5.48m Abstand.

Sorten: Sommerkürbis: Sunburst; Zucchini: Raven, Golden Delight

DTM: 60 Tage nach der Aussaat; 42 Tage nach dem Auspflanzen

Durchschnittlicher Ertrag pro Beet: ca. 36.3 kg pro Beet

Durchschnittlicher Bruttogewinn pro Beet: $320 pro Beet bei $4 pro ca. 453 g

Spinat

Spinat ist eine der Hauptkulturen auf meinem Hof. Ich kann davon eine Menge auf sehr kleinem Raum produzieren. Ich verkaufe während der Nebensaison und im Winter viel Spinat. Ich vermarkte zwei Arten von Spinat: Baby- und Breitblattspinat. Der Babyspinat ist ein Premium-Produkt, das meistens an Restaurants geht, die ihn für Salate im Frühling verwenden, und ich verkaufe es in 170g-Beuteln auf dem Markt für $3. Der Breitblattspinat wird sowohl auf Märkten als auch an Restaurants verkauft, aber der Preis ist anders, weil er mehr zum Kochen und Entsaften verwendet wird. In diesem Fall, ist der Preis erheblich niedriger ($5-$7 pro ca. 450g), abhängig von der Jahreszeit. Spinat ist in Bezug auf Art und Preis eine profitable Kulturpflanze, weil die Erträge für die breitblättrige Kulturpflanze viel höher sind.

Produktion: Ich pflanze Spinat zu allen Jahreszeiten außer im Sommer. Meine erste große Ernte ist etwa Mitte März; diese kommt von einer überwinterten Aussaat, die Anfang Oktober in die Erde kam. Diese Beete schneide ich, bis die erste Feldaussaat im Frühjahr bereit ist. Die erste Feldaussaat findet etwa in der dritten bis vierten Märzwoche statt. Von da an säe ich bis Mitte Juni wöchentlich und zweimonatlich Spinat an. Zu dieser Zeit ist es für Spinat zu heiß, um gut zu keimen, deshalb mache ich bis Mitte September eine Pause. Mitte bis Ende September werde ich noch zwei weitere Aussaaten vornehmen, die eine Herbsternte sein werden. Dann beende ich die Saison, indem ich in der ersten Oktoberwoche meinen Spinat zum Überwintern ausbringe.

Ich säe fünf Reihen für einen vollen Bestand, der in den kühlen Monaten mehrfach abgeerntet werden kann. Wenn das Wetter wärmer wird, beginnt der Spinat an Geschmack und Form zu verlieren. Spinat gedeiht am besten während der kühlen Monate, und selbst im Winter hat er einen süßen Geschmack. Bei der ersten Ernte des überwinterten Spinats im März können die Beete bis zu viermal geschnitten werden – je wärmer das Wetter wird, desto weniger. Ich weiß, dass es an der Zeit ist, mit dem Säen von Spinat aufzuhören, wenn ich nur einen Schnitt bekomme, bevor er Samen bildet.

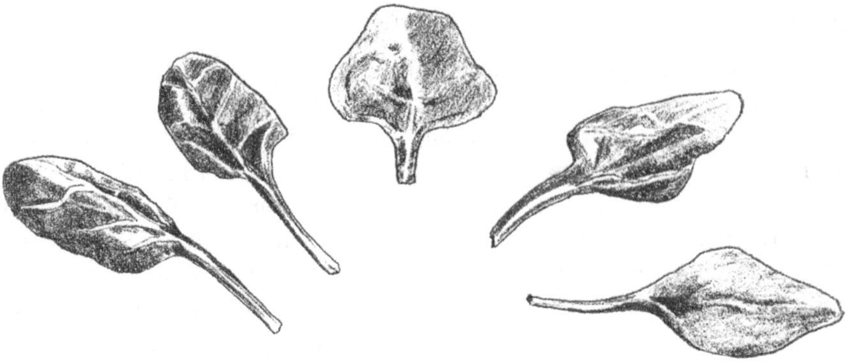

Spinat

Ernte: Wir ernten Spinat von Hand und mit dem Messer, wie die meisten anderen Grüngewächse auch. Ich habe festgestellt, dass der Quick Cut Greens Harvester bei Spinat nicht gut funktioniert, da er die unteren Blätter verfehlt. Ich finde, dass ich durch manuelle Ernte mehr Ertrag und ein besseres Produkt erziele.

Kulturart: Schnell

Produktionszeiten: März bis Anfang Juni; Mitte September bis Dezember

CVR: 5/5 (DTM, hoher Ertrag, Saison, Preis, beliebt)

Bepflanzung: Direkt gesäte 5 Reihen; Earthway-Sämaschine, Mangoldplatte; 54 g pro Beet

Sorten: Space

DTM: 45 Tage

Durchschnittlicher Ertrag pro Beet: 15.9 kg 2 bis 4 Schnitte

Durchschnittlicher Bruttogewinn pro Beet: $245

Tomaten

Tomaten sind für die meisten Landwirte ein Sommer-Hauptprodukt. Die Herausforderung beim Anbau einer marktfähigen Tomate besteht darin, andere Sorten zu züchten als die, die alle anderen anbauen. Mein Betrieb ist im Sommer heiß und trocken, das Wetter für den Tomatenanbau ist perfekt. Aus diesem Grund bauen die meisten Landwirte in meiner Gegend sehr viele Tomaten an, und das bedeutet, dass der Markt in diesen heißen Monaten ziemlich gesättigt sein kann. Mir ist aufgefallen, dass es in meiner Gegend viele Biobauern gibt, die alle alte Sorten anbauen. Nur sehr wenige konzentrieren sich tatsächlich auf eine allgemeine Salattomate oder Schnitttomaten. Ich fand eine Nische, indem ich Hybrid- und Cherrytomaten für Restaurants und den Bauernmarkt anbaute. Ich züchte zwar einige alte Saftsorten, aber es sind keine alten Sorten. Meine Lieblingssorten sind Sun Gold und Sakura für Cherrys, Mountain Magic und Golden Rave für Salate, Oxheart und Vintage Vine für große Erbstücke und San Marzano für die Herstellung von Saucen.

Produktion: Ich baue nur unbestimmte Sorten auf meinem Hof an. Unbestimmte Sorten werden über einen längeren Zeitraum Früchte tragen, während Markensorten nur einmal Früchte tragen werden. Alle meine Tomaten werden mit einer Methode, die wir *Hartbeschnitt* nennen, angebaut. Die Tomaten werden in dichtem Abstand gepflanzt, nur 25cm in der Reihe auseinander. Sie sind, während sie wachsen, mit Schnur zu Spalier nach oben gebunden. Wir beschneiden jeden einzelnen Geiztrieb, der vom Hauptstamm ausgeht, sowie jeden einzelnen Zweig unter dem letzten reifenden Fruchtansatz. Das Abstreifen der Blätter hat eine vierfache Wirkung:

1. Wir zwingen die Pflanze, ihre Energie auf das Reifen der Früchte zu konzentrieren und keine Blätter zu bilden.
2. Durch das Entfernen der Blätter wird ein Luftstrom in der Nähe des Pflanzenbodens erzeugt, was zur Vorbeugung von Krankheiten und Pilzproblemen beiträgt.
3. Wir bringen mehr Licht auf den Boden, wenn die Sonne im Herbst weiter in den Südhimmel rückt; dies schafft Möglichkeiten, im September und Oktober Herbst- und Winterkulturen unter den Tomaten zu pflanzen.
4. Es macht das Aufräumen am Ende der Saison schnell und einfach.

Siehe Foto Nr. 53 in der Sektion *Fotobeilage*.

Ernte: Das Pflücken von Tomaten ist nicht sehr kompliziert, aber es ist wichtig, sie in flache Behälter zu ernten, damit sie nicht zu stark gestapelt werden. Zu viel Gewicht auf den Früchten kann zu Quetschungen führen. Wir ernten in flachen Behältern, sodass sich nur eine Schicht Tomaten ergibt. Bei Kirsch-Tomaten kann man sie ein paar Schichten hoch legen, aber nicht bei großen, weichen Sorten, wie Oxheart, oder anderen alten Sorten.

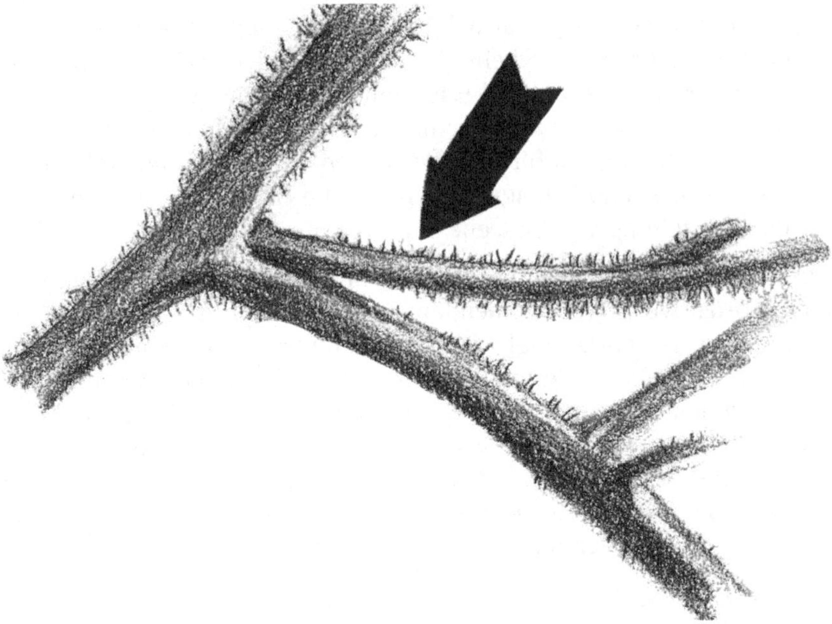

Der Pfeil zeigt auf eine Geizstelle. Diese müssen alle konsequent abgeschnitten werden, um die Pflanze nach oben zu trainieren.

Kulturart: Beständig

Produktionszeiten: Juli bis Oktober

CVR: 3/5 (hoher Ertrag, Preis, Popularität)

Bepflanzung: Einzelne Reihe, 25 cm Abstand

Sorten: Kirsch-Tomaten: Sun Gold, Sakura; für Salatteller: Mountain Magic, Golden Rave; Große, alte Sorten: Oxheart, Vintage Vine; Soße: San Marzano

DTM: 145 Tage ab Start

Durchschnittlicher Ertrag pro Beet: 81.6 kg

Durchschnittlicher Bruttogewinn pro Beet: $720

Tomaten

41

Nachwort und Danksagung

Rückblickend auf die Gründung meines Hofes gab es nie eine Zeit, in der ich mich völlig bereit fühlte. Tatsächlich war ich von der ganzen Idee so eingeschüchtert, dass ich mich die Nächte hindurch hin und her wälzte. Es gab so viele Unbekannte; was, wenn das nicht klappt? Was, wenn ich versage? Es gab so viele Dinge, von denen ich nicht wusste, wie ich sie tun sollte, und es blieben noch so viele Fragen unbeantwortet. Um ehrlich zu sein, hat sich bis heute nicht viel geändert.

Es gibt immer Unbekanntes und es gibt immer mehr Fragen. Durch Erfahrung gewinnt man mehr Selbstvertrauen, Aufgaben besser und schneller auszuführen, aber man hört nie auf zu lernen. Finde Trost in dem Wissen, dass es immer mehr zu wissen gibt, und lasse dich niemals durch Angst davon abhalten, etwas zu unternehmen oder etwas Neues auszuprobieren. Du musst nicht alle Antworten haben, um anzufangen. Du musst nur einen Fuß vor den anderen setzen und anfangen, dich zu bewegen. Finde die Details heraus, während du loslegst.

Bald wirst du sehen, dass andere dir folgen werden, und sie werden dir auf dem Weg dorthin helfen. Jeder Schritt auf dem Weg nach dem ersten wird einfacher und macht mehr Spaß. Genau das ist mir passiert, als ich mich auf den Weg in die Landwirtschaft machte, und es ist auch vielen anderen städtischen Landwirten passiert, denen ich im Laufe der Jahre geholfen habe. Unsere Welt braucht gute Nachrichten, und die städtische Landwirtschaft gehört zu den aufregendsten Nachrichten, die es in der Welt der nachhaltigen Landwirtschaft gibt.

Um eine bessere Welt aufzubauen, müssen wir nur Probleme als Chancen begreifen. Schließe dich mir an und lasse uns eine neue Definition dessen leben, was es bedeutet, Landwirt zu sein: einer, der an der Wurzel der Gemeinschaft steht, indem er den Bedürfnissen der Menschen in der Gemeinschaft dient. Wir Landwirte verbinden Menschen damit, woher ihre Nahrung kommt, und befähigen andere, selbst mit dem Anbau von Nahrungsmitteln zu beginnen. Landwirte können brachliegende Gebiete in schöne und produktive Bauernhöfe verwandeln, die Vorzeigebeispiele für die Widerstandsfähigkeit lokaler Lebensmittel sind.

Nehmen wir das Beste von dem, was es früher bedeutete, Landwirt zu sein – wie die Ethik harter Arbeit und Selbstbestimmung – und lassen wir das Bild des mürrischen, abgebrannten und mittellosen Bauern hinter uns, indem wir so profitabel und erfolgreich sind, wie wir nur können. Das Schöne daran ist, dass je produktiver dein Betrieb ist, immer mehr Menschen anfangen werden zu schauen, zuzuhören und Fragen zu stellen. Ein rentabler Hof braucht kaum eine Erklärung. Die Menschen werden vorbeilaufen und es sofort verstehen. Das ist sehr wichtig, wenn wir die Idee der städtischen Landwirtschaft in der ganzen Welt verbreiten wollen. Die Produktion braucht keine Einführung. Geh hinaus und fange an. Diese Revolution beginnt direkt in deinem eigenen Garten – oder in dem eines anderen!

Danksagung

Man sagt, dass man die Summe der fünf Personen ist, die dir am nächsten stehen und mit denen man sich umgibt. Ich habe das ungefähr zu der Zeit gehört, als ich mit der Landwirtschaft begann, und es hat mich wirklich inspiriert, mir Mentoren zu suchen und so viel wie möglich von deren Erfahrung aufzunehmen.

Zuerst möchte ich meinen Eltern danken. Meiner Mutter, Cheryl, für ihre Liebe und Unterstützung und dafür, dass sie immer an mich geglaubt hat. Meinem Vater, Glen, dafür, dass er mich immer den Wert harter Arbeit und die Tugend der Integrität gelehrt hat und dass er immer für mich da war, wenn ich Fragen zum Leben und zum Geschäft hatte.

Meine frühen Mentoren waren so großzügig mit ihrer Zeit. Ihre Weisheit, ihr Wissen und ihre Ermutigung waren entscheidend für meinen Erfolg: Gwen Steele, Jon Alcock, Wolfe Wesle und Wally Satzewich. Ich danke euch vielmals.

Glossar

Ausdünnen: Ernte reifer Pflanzen, die den Rest übrig lassen. Dies geschieht am häufigsten bei Rüben, manchmal auch bei Radieschen, vor allem zu Beginn der Saison.

Beet abräumen: eine Ernte vollständig vom gesamten Beet ernten und nichts zurücklassen.

Bi-Rotation: beschreibt ein Gebiet, in dem in einer Saison nur zwei Fruchtfolgen wachsen. Die im Netz am weitesten weg gelegenen landwirtschaftlichen Parzellen werden am häufigsten als BR bezeichnet, da BR weniger Arbeit erfordert. Gewächshäuser sind eine Ausnahme. Eine BR-Fläche besteht aus einer Primärkultur und einer Sekundärkultur. Die primäre Kulturpflanze ist die am längsten im Boden befindliche ständige Kulturpflanze (zum Beispiel Tomaten). Die Sekundärkultur ist in der Regel eine Schnellkultur, die entweder der Primärkultur vorausgeht oder auf sie folgt. Beispielsweise kann eine Schnellkultur wie Spinat auf derselben Fläche wie Tomaten gepflanzt und geerntet werden, bevor die Tomaten überhaupt in den Boden gesetzt werden.

Brett-Technik: eine Methode, um Mikrogrün direkt outdoor auf dem Boden anzubauen, wobei eine Sperrholzplatte zum Keimen der Samen verwendet wird.

BR: siehe Bi-Rotation

Community Supported Agriculture (CSA): eine Möglichkeit für Landwirte, über ein auf Mitgliedschaft basierendes Programm direkt mit Verbrauchern in Kontakt zu treten. Die Leute kaufen einen Anteil (wie Vieh) am Hofertrag und erhalten wöchentlich eine Kiste mit Gemüse der Saison, die vom Landwirt bestimmt wird (einfach das, was während der Saison verfügbar ist). Indem die Kunden im Voraus für das Gemüse bezahlen, beteiligen sie sich an den Risiken und Vorteilen des Betriebs. Heute erlauben mehr CSA-Landwirte die individuelle Anpassung der Kartons über webbasierte Bestellplattformen.

Erntebewertung (CVR): wird verwendet, um den wirtschaftlichen Wert einer Kulturpflanze für einen städtischen Hof zu bestimmen. Je kleiner deine Landfläche ist, desto höher sollen die von dir angebauten Pflanzen im CVR bewertet werden. Fünf Hauptmerkmale stellen jeweils einen Punkt in der Bewertung dar: (1) Kürzere Reifezeit; (2) Hoher Ertrag pro linearen 30 cm; (3) Höherer Preis pro ca. 453 g; (4) Lange Erntezeit; (5) Beliebtheit.

CSA: siehe Gemeinschaftlich geförderte Landwirtschaft

CVR: siehe Erntebewertung

Dauerkultur: hat mehr Tage bis zur Reife als eine Schnellkulturen; sie wird über einen langen Zeitraum kontinuierlich geerntet. Tomaten, Sommerkürbis und Grünkohl sind alle Dauerkulturen.

DTM (Days to Maturity): Die Zeit, die eine Kulturpflanze zum Wachsen von der Auspflanzung bis zur Ernte benötigt.

Feldmikros: Mikrogrün, das im Freien im Boden angebaut wird (in meiner Gegend zwischen Mitte Mai und Mitte September).

Feldwärme: Wenn Gemüse bei warmem Wetter geerntet wurde, wird es von der Sonne erwärmt. Um eine längere Haltbarkeit und ein konsumierbares Produkt zu gewährleisten, muss den geernteten Pflanzen die Feldwärme schnell entzogen werden. Kühllagerung und kühles Wasser sind in der Regel der beste Weg, um dies zu erreichen.

Hi-Rotation: Bereiche des Betriebs, auf denen in ständiger Folge angebaut wird. Jedes Beet in einem HR-Bereich wird bis zu viermal in einer Saison bepflanzt. HR-Bereiche bauen in der Regel nur Schnellkulturen an, wobei Rüben und Karotten in der Hochsaison eine Ausnahme bilden.

Hochsaison: die Jahreszeit, in der die Tage am längsten sind und der Betrieb in seinem produktivsten Zustand ist. Auf meinem Hof sind Feldfrüchte wie Rucola und Radieschen in 21 Tagen reif, und Sommerkulturen werden fast täglich gepflückt. In der nördlichen Hemisphäre ist die Hochsaison in den Monaten von Mitte Juni bis Mitte September.

HR: siehe Hi-Rotation

Nacherntephasen: beschreibt alle Phasen einer Ernte oder eines Produktes nach der Ernte. Dazu gehören Waschen, Sortieren und Verpacken.

Primärkultur: die Hauptkultur in einem Bi-Rotationsgebiet (zum Beispiel Tomaten, Grünkohl oder Sommerkürbis). Eine Primärkultur wird diese Parzelle für den größten Teil der Saison besetzen.

Schnellkulturen: Kulturen, die innerhalb von 60 Tagen oder weniger reif sind. Radieschen, Spinat, loser Salat und Salatrüben sind allesamt Schnellkulturen. Sie werden während der Hochsaison fast jede Woche gepflanzt und geerntet.

Schnittgrün: Loseblättrige Grüns, die für wiederholte Ernten wiederkommen. Alle Grüns, die mehrfach geschnitten werden können (zum Beispiel Rucola, Kopfsalat, Senf und Roter Grünkohl) sind Schnittgrün-Kulturen.

Schultersaison: Frühling und Herbst. Zu dieser Jahreszeit sind die Temperaturen kühler, und ein großer Teil der Produktion auf meinem Hof kommt aus Gewächshäusern und Polytieftunneln.

Sekundärkultur: Was vor oder nach einer primären Kultur in einem Bi-Rotation-Gebiet angebaut wird. Meistens handelt es sich um eine Schnellkultur, die (1) eine ausreichend kurze DTM hat, um vor der Primärkultur reif zu sein, oder (2) vor Saisonende reif sein wird, nachdem die Primärkultur herausgezogen wurde.

Verarbeitung: Waschen und Sortieren von Gemüse nach der Ernte. Siehe Nacherntephasen.

Curtis Stone ist der Eigentümer von Green City Acres, eines kommerziellen Stadthofs in Kelowna BC (Kanada). Er bewirtschaftet weniger als ca. 2020 m^2 auf mehreren städtischen Grundstücken.

Green City Acres produziert Gemüse für Bauernmärkte, Restaurants und den Großhandel. Nach sechs erfolgreichen Saisons hat Curtis demonstriert, dass man in einem Hinterhof eine außergewöhnliche Menge an Lebensmitteln produzieren kann und dabei gut seinen Lebensunterhalt verdienen kann. Während der weniger arbeitsreichen Monate arbeitet Curtis als öffentlicher Redner, Lehrer und Berater, und teilt dabei seine Geschichte, um eine neue Generation von Landwirten zu inspirieren.

Besuche bitte https://www.greencityacres.com, um mehr über Curtis und seine Arbeit zu erfahren.

Anmerkungen der Übersetzung

Lieber Leser, wir haben wegen der Umrechnung amerikanischer auf deutsche Maße und Gewichte der Übersichtlichkeit wegen immer Circa-Angaben gemacht, sodass man sich gleich vorstellen kann, um welche Längen oder Flächen es sich handelt. Bei der Währung haben wir den Dollar übernommen, weil durch die Währungsschwankungen kein aktueller Preis in EURO genannt werden kann.

Made in the USA
Las Vegas, NV
11 April 2026

45213526R00174